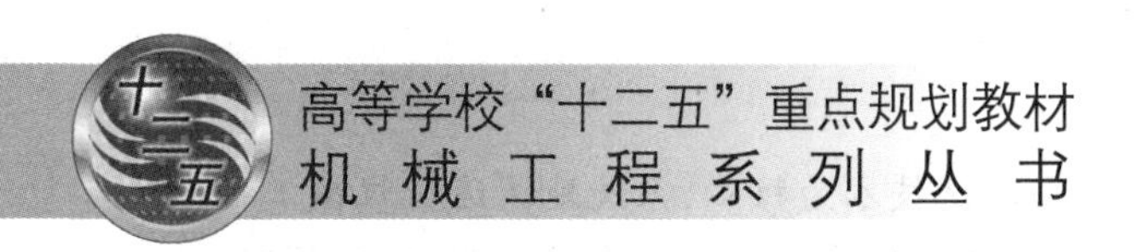

高等学校"十二五"重点规划教材

机 械 工 程 系 列 丛 书

机械工程测试与信息处理

(第2版)

主　编　张洪鑫 赵汗青 乔玉晶

副主编　刘玉波 王伟东

主　审　司俊山

HEUP 哈尔滨工程大学出版社

内 容 简 介

本书以非电量电测技术为主导，以动态测试技术为核心，系统地阐述了机械工程测试与信息处理的基本理论以及该理论在机械量测量中的应用。书中内容简明扼要，条理清晰，重点突出，适当引入工程案例，突出工程实用性，便于教和学。全书主要内容包括信号描述与频谱分析，测试系统的基本特性，常用传感器，信号调理与显示，信号分析与处理，测试技术在机械量测量中的应用和虚拟仪器技术等七部分。

本书既可作为高等学校机械类及相近专业本科生的教材，也可供大专、成人教育等相关专业使用，还可作为有关工程技术人员、学校教师的参考书。

图书在版编目(CIP)数据

机械工程测试与信息处理/张洪鑫，赵汗青，乔玉晶主编. —2版. —哈尔滨：哈尔滨工程大学出版社，2016.1(2024.7重印)
ISBN 978-7-5661-1207-1

Ⅰ. ①机… Ⅱ. ①张… ②赵… ③乔… Ⅲ. ①机械工程-测试技术-高等学校-教材 ②机械工程-信号分析-高等学校-教材 Ⅳ. ①TG806 ②TH

中国版本图书馆CIP数据核字(2016)第008339号

策划编辑 张晓彤
责任编辑 张晓彤 马中月
封面设计 语墨弘源

出版发行 哈尔滨工程大学出版社
社　　址 哈尔滨市南岗区南通大街145号
邮政编码 150001
发行电话 0451-82519328
传　　真 0451-82519699
经　　销 新华书店
印　　刷 哈尔滨午阳印刷有限公司
开　　本 787mm×1 092 mm 1/16
印　　张 12
字　　数 315千字
版　　次 2016年1月第2版
印　　次 2024年7月第6次印刷
定　　价 26.00元
http://www.hrbeupress.com
E-mail:heupress@hrbeu.edu.cn

第1版前言

工程测试与信息处理课是高等学校面向机械设计制造及自动化、机电工程，以及相近专业开设的一门专业技术基础课。本课程主要研究机械工程动态测试中，信号的描述、分析与处理方法，测试系统基本特性，常用传感器，信号调理电路与显示记录，以及常见机械量的测量方法等。通过对本课程的学习，学生能够熟练掌握工程测试所需要的基本知识和技能，具备选用传感器、搭建测试系统和进行测试实验操作与分析的能力。

本书各章节内容力求简明扼要，条理清晰，重点突出。第 1 章至第 5 章着重介绍了测试技术所需的基本知识，主要包括：信号描述与频谱分析，测试系统的基本特性，常用传感器，信号调理与显示，信号分析与处理。第 6 章介绍了测试技术在机械量测量中的应用。第 7 章介绍了虚拟仪器技术。

为了帮助学生理解和掌握教材中的重点和难点内容，在第 1 章至第 5 章增加了习题量，结合考试题型，习题分为填空题、选择题、简答题和计算题，书后给出了习题答案，便于教师指导学生课上练习、课后留作业和学生自学。

第 6 章测试技术在机械量测量中的应用，将应变、力、扭矩、振动、位移的测量作为主要内容展开，并重点介绍了测量方法和传感器的选用。6.4 节增加了机械故障诊断技术的内容，以旋转机械故障诊断为应用背景，引入了振动测量法和轴心轨迹法在转子故障诊断中的应用实例。

虚拟仪器技术已经成为测试技术智能化的必然趋势，由于虚拟仪器具有标准化的硬件接口和强大的模块化软件应用程序，因此虚拟仪器技术已经成为测控仪器的重要发展方向。本书将虚拟仪器技术单独纳入第 7 章，并非一般性介绍，而是就应用程序 LabVIEW 与测试技术密切相关的数据采集和信号分析两个环节重点展开，并配有信号采集与信号分析的实例，便于读者学习和理解。

本书由哈尔滨理工大学与黑龙江科技学院共同编写。哈尔滨理工大学张洪鑫教授主持制定大纲，负责全书的修改和统稿，并与时献江教授共同编写第 7 章；乔玉晶教授负责编写第 1 章和第 5 章；黑龙江科技学院赵汗青副教授负责编写第 2 章、第 4 章和第 6 章；刘玉波副教授负责编写绪论和第 3 章。哈尔滨理工大学司俊山教授担任全书的主审。

由于编者水平有限，书中难免出现错误和疏漏，希望同行专家和读者批评指正。

编　者

2011 年 10 月

第2版前言

工程测试与信息处理是高等学校面向机械设计制造及自动化、机电工程，以及相近专业开设的一门专业技术基础课。主要研究机械工程动态测试中，信号的描述、分析与处理方法，测试系统基本特性，常用传感器，信号调理电路与显示记录，以及常见机械量的测量方法等。通过本课程的学习，学生能够掌握工程测试所需要的基本知识和技能，具备选用传感器、搭建测试系统和进行测试实验操作与分析的能力。

第 1 版教材的使用，得到了广大师生的认可，收到了较好的效果。为了完善和充实教材内容，及时把科研与教研成果纳入工程案例，编者对第 1 版教材进行了修改，推出第 2 版。在内容上重新编写了绪论；第 2 章增加了对负载效应的介绍；第 7 章引入了 LabVIEW 在转子轴心轨迹识别中的应用，作为 LabVIEW 应用于数据采集与信号分析的一个工程实例；对于各章的课后习题也依据课程大纲进行了部分调整。

本书各章节内容力求简明扼要，条理清晰，重点突出。第 1 章至第 5 章着重介绍了测试技术所需的基本知识，内容包括：信号描述与频谱分析，测试装置基本特性，常用传感器，信号调理与显示，信号分析与处理。第 6 章介绍了测试技术在机械量测量中的应用，第 7 章介绍了虚拟仪器技术。

为了帮助学生理解和掌握教材中的重点和难点内容，第 1 章至第 5 章增加了习题量，结合考试题型，习题分为选择题、填空题、简答题和计算题，便于教师指导学生课上练习，课后留作业和学生自学。

第 6 章测试技术在机械量测量中的应用，将应变、力、扭矩、振动、位移的测量作为主要内容进行展开，并重点介绍了测量方法和传感器的选用。6.4 节增加了机械故障诊断技术的内容，以旋转机械故障诊断为应用背景，引入了振动测量法和轴心轨迹法在转子故障诊断中的应用实例。

虚拟仪器技术已经成为测试技术智能化的必然趋势，由于虚拟仪器具有标准化的硬件接口，和强大的模块化软件应用程序，因此虚拟仪器技术已经成为测控仪器的重要发展方向。本书将虚拟仪器技术单独纳入第 7 章，并非一般性介绍，而是就应用程序 LabVIEW 与测试技术密切相关的数据采集和信号分析两个环节重点展开，并配有信号采集与信号分析的实例，便于读者学习和理解。

本书由哈尔滨理工大学与黑龙江科技大学共同合作完成。哈尔滨理工大学张洪鑫教授主持编写，负责全书的修改和统稿，并负责编写绪论和第 7 章；乔玉晶教授负责编写第 1 章和第 5 章；司俊山教授负责编写第 6 章 6.1 ~ 6.3 节；黑龙江科技大学赵汗青教授负责编写第 2 章和第 4 章；刘玉波副教授负责编写第 3 章；哈尔滨地铁集团运营分公司王伟东负责编写 6.4 节。司俊山教授负责主审。

由于编者学术水平有限，书中难免出现错误，希望同行专家和读者给予批评指正。

编　者

2015 年 11 月

目 录

CONTENTS

绪　论

1. 测试技术

测试起着类似人类感觉器官的作用,定量地描述事物的状态变化和特征总是离不开测试。测试是测量和试验的统称,也可称作是具有试验性质的测量。测量是为了确定被测对象的量值而进行的全部操作。试验是对被研究对象或系统进行实验性研究的过程,通常是指在特定的环境条件下,通过实验数据或实验现象来探讨被研究对象性能的过程。

测试技术主要研究各种物理量的测量原理以及测量信号的分析与处理方法。测试技术是揭示事物的内在联系和发展规律的必要手段,通过各种科学实验研究和生产过程的参数检测,推动科学技术和加工制造技术的发展。测试技术是自动控制技术、微电子技术、通信技术、计算机技术等相关技术,与物理学、化学、生物学等基础学科有机结合、综合发展的产物。科学技术的发展历史表明,科学上许多新的发现和突破都是以测试技术为基础的。同时,用定量关系和数学语言来表达科学规律和理论需要测试技术,验证科学理论和规律的正确性同样也需要测试技术,因此现代社会的进步通常都与测试技术的应用相关联。而其他领域科学技术的发展又为测试技术提供了新的方法和装备,这也促进了测试技术的发展。

测试工作的任务就是获取有用信息。在科学研究和工业生产中,为了及时了解工艺流程、生产过程的情况,需要对能够反映生产对象特征的一些物理量,如位移、速度、加速度、温度、压力、流量、液位、应变、力矩、浓度和质量等进行测量,在测量过程中首先要通过传感器将这些物理量转换为电量。传感器获取的测试信号中携带研究者所需要的信息,但是同时也含有大量人们不感兴趣的其他成分。这些"其他成分"称为干扰。为了滤除干扰并提取有用信息,需要通过滤波、调制与解调、量值变换等方法对信号进行加工变换。因此测试工作是一项非常复杂的工作,需要多学科知识的综合运用。

随着现代工业技术的发展和科学研究的进步,测试技术已经成为工业生产中,监视、控制、预测和提高产品质量的重要手段,已经被广泛应用于机械、电子、航空航天、水利、电力、汽车、家电及轻工纺织等多个领域。测试技术在产品生产过程中的控制和改进产品质量、保证设备的安全运行以及提高生产效率、降低成本等方面起到了至关重要的作用,应该说,测试技术是推动现代工业和科学技术发展的重要技术之一。

2. 信息与信号

信息是客观世界中事物特征、状态、属性及其发展变化的直接或间接的反映,是事物运动的状态和方式。信息一般可理解为消息、情报或知识,信息的表现形式多种多样,如数字、文字、语言、声音、光、符号、图形或报表等都可以表示信息。从物理学观点出发,信息不是物质,也不是能量,是物质所固有的,是物质存在或运动的状态和方式。

信息是计划和决策的基础,是组织和控制过程的依据。测试是依靠一定的科学技术手段,定量地获取某种研究对象原始信息的过程。通过对研究对象中有关信息作出客观、准确的描述,使人们对其有一个恰当、全面的认识,以达到进一步改造和控制研究对象的目的。

信号是带有信息的某种物理量,如光信号、声信号和电信号等。人们通过对光、声、电信号进行接收,能够得到其中蕴含的信息。信号是承载信息的工具和载体,信号的变化反映了所携带信息的变化。信号是一种可以察觉的物理量,通过信号能传达消息或命令,因此信号是用来传递消息或命令的光、电波、声音或动作等的统称。

信息本身不具备传输、交换的功能,只有通过信号传递才能实现这种功能,因此测试技术与信号密切相关。测试的目的是获取信息,而信息蕴含于信号之中,信号是传输信息的载体。由于信号易于传输,易于测量或感知,因此,人类获取信息主要借助于信号的传播,例如,用电报、电话、无线电、雷达或电视传达情报、消息、声音、图像等。测试技术就是对信号的获取、加工、处理、分析及显示记录的技术手段。

3. 测试研究的主要内容

测试工作就是通过测试手段,对被研究对象的相关信息量作出比较客观、准确的描述,使人们对其有一个客观全面的认识,并达到进一步改造和控制被研究对象的目的。从复杂信号中提取有用的信息则是测试工作的首要任务。测试研究的主要内容包括测量原理、测量方法、测试系统和数据处理等。

(1)测量原理

测量原理实质上就是把所要测量的非电量(如位移、速度、加速度、温度、压力、应变、流量、液位、光强等)经过传感器转换为电量(如电阻、电容、电感等),再经过测量电路转换成可测量的电量(如电压或电流等)。测量的核心技术是传感器。由于被测量种类繁多,性质千差万别,因此采用怎样的原理去获取被测量是测试技术研究的内容之一。要确定和选择好测量原理,除了要有物理学、化学、电子学、生物学、材料学等基础知识和专业知识之外,还需要对被测量的物理化学特性、测量范围、性能要求和环境条件有充分的了解及分析。

(2)测量方法

测量方法是指为了获得被测量而采用的方式。

按照是否可直接测量被测量,可分为直接测量与间接测量。直接测量是将被测量直接与标准量进行比较,或用预先标定好的测量仪器进行测量,无需对所获取的数值进行运算的测量方法,如万用表测量电压,温度计测量温度等。间接测量是通过测量与被测量有确定函数关系的相关参量,对其进行计算分析得到被测量的测量方法,如要测量一台发动机的输出功率,必须首先测出发动机的转速 n 及输出扭矩 M,然后通过公式 $P = M \times n$ 可计算得到输出功率。

按照是否接触被测对象,测量方法可分为接触式测量和非接触式测量。接触式测量是指测量仪器可直接接触被测对象的测量,如测量振动时可将带有磁座的加速度计直接固定在振动物体的适当位置上进行测量。非接触式测量是指测量仪器不接触被测对象的测量,也称无损检测,可避免被测对象受到磨损。如用超声测速仪对行驶的汽车进行车速测量。

按照被测量是否随时间变化,测量方法可分为静态测量和动态测量。静态测量是指对静止不变或缓慢随时间变化的物理量的测量。动态测量是指对随时间变化的物理量的测量,在动态测量中需要确定被测量的瞬时值随时间变化的规律。

(3)测试系统的组成

测试系统是指由被测对象、测量仪器和装置有机组成的具有获取某种信息功能的整体,可分为模拟测试系统与数字测试系统,测试系统的组成如图 0.1 所示。

测试系统主要由被测对象、传感器、信号调理、信号分析与处理以及显示记录组成。各个组成部分作用如下。

传感器也叫敏感元件,它直接作用于被测量,并将被测量转换成电信号输出。由于传感器的主要作用是将非电量转换成与其具有一定关系的电量,因此传感器是测量系统与被测对象直接发生联系的关键器件。从图 0.1 中可以看出,传感器在测量系统中具有重要的作用,它直接关系到整个测量系统的测量精度。在工业生产过程中,几乎全靠各种传感器对瞬息变化的各种参数进行准确、可靠、及时地采集,满足生产过程中的随时监控,使设备和生产系统处于最佳的运转状态,从而保证生产的高效率和高质量。

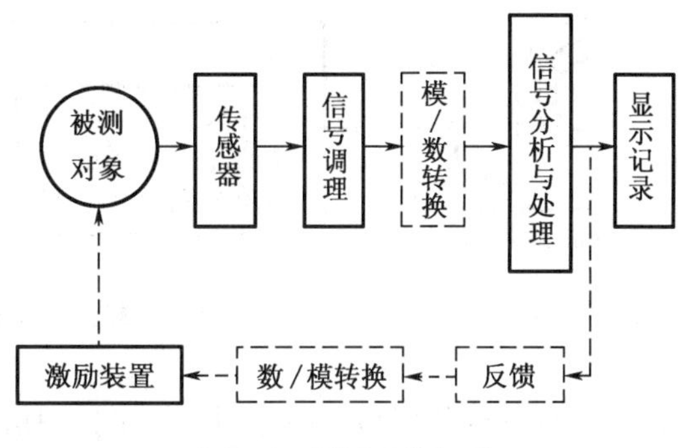

图 0.1　测试系统组成

信号调理电路的作用是将传感器输出的信号进行加工、变换和处理,将信号转换成适合传输和处理的形式。由于传感器输出的信号一般是微弱且混有干扰的信号,不利于处理、传输和记录,所以一般要经过放大、运算、调制与解调、滤波、数/模转换或模/数转换、线性化补偿等处理。信号调理环节的种类和构成是由传感器的类型决定的,不同类型的传感器要求匹配的信号调理环节也有所不同。

信号分析与处理的作用是对调理后的信号进行各种运算和分析,如数字滤波、频谱分析、相关分析等。例如,在对机械设备进行故障诊断时,需要对测量的振动信号进行傅里叶变换,将时域信号转换为频域信号,通过分析振动信号的频谱,判断设备故障的原因。

显示记录的作用是显示和存储。可以采用模拟显示,也可以采用数字显示,由记录装置自动记录或由打印机将数据打印出来,供测试者观察和分析。

当测试系统用于闭环控制系统时,除以上提到的组成部分之外,还应包括虚线所连接的反馈和激励装置。大多数测试系统的组成包括传感器、信号调理、信号分析与处理、显示记录等四个环节,但是并非所有测试系统必须包括这四个环节,在某些情况下,信号调理电路可以简化去掉;当测试系统构成自动控制系统的一个组成单元时,可能显示、记录设备也会被简化去掉,只有传感器是必不可少的。

模拟测试系统获取、传输和输出的信号均为模拟信号,而数字测试系统中,通过传感器和信号调理电路部分的信号仍为模拟信号,当经过模/数转换之后,就变为数字信号传输给计算机,由计算机对数字信号进行分析与处理,显示与存储。由于数字信号具有抗干扰能力强、运算速度快、精度高等特点,越来越多的测试任务采用数字测试系统。

图 0.2 所示为机床轴承故障检测系统。其中,传感器为压电加速度传感器,它负责将机床轴承的振动信号转换为电信号;放大器用于对传感器输出的信号进行放大;带通滤波器用于滤除传感器测量信号中的高、低频干扰信号;A/D 变换用于对模拟电信号进行采样,并将其转换为数字信号;FFT 变换为快速傅里叶变换,通过对数字信号进行 FFT 变换,得出信号的频谱;最后通过计算机的显示器对信号频谱进行显示。

(4)数据处理

通过测试系统获取的信号中携带的信息,只有通过信号的分析与处理才能获得。对测试中所获得的数据进行科学的分析和运算,才能够得到客观准确的测试结果。信号处理包括滤波、变换、识别和估值等,以便削弱信号中的干扰分量,增强有用分量。信号分析包括分析信号的类别、构成以及特征参数计算等,以便提取特征值,更准确地获取有用信息。由计

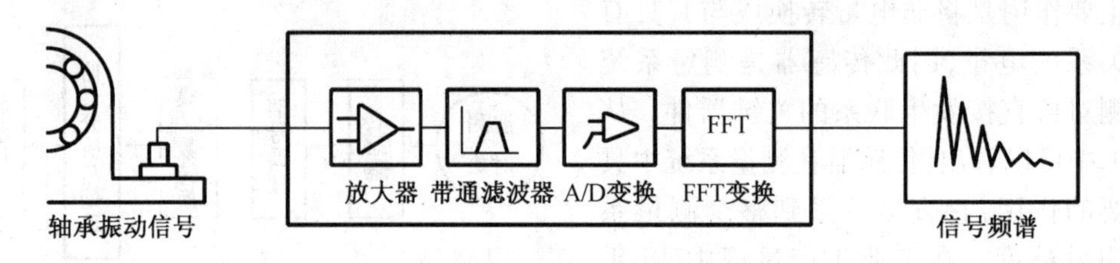

图 0.2　轴承故障检测系统示意图

算机对信号进行分析和处理是测试技术处理信号的主流。

4. 测试技术的特点、发展现状及作用

现代制造技术的发展，急需企业提升和强化具有自主创新技术的产品开发能力和制造能力。这种发展的需求，催生了先进制造技术的发展和应用，同时也引发了许多面向先进制造技术的新型测试技术问题。这些问题的研究，推动了传感器技术、测试计量仪器的进一步研究与开发，促使测试技术中的新原理、新材料、新技术和新装置不断出现。

(1)现代测试技术呈现出的新特点

①精密测试与极端测试水平得到较大提高

一般机械加工精度由 0.1 mm 量级提高到 0.001 mm 量级，几何量测量精度由 1 μm 量级提高到 0.01 μm～0.001 μm 量级。同时，随着 MEMS 技术、微/纳米技术的发展，以及人们对微观世界探索的不断深入，测量对象的尺度越来越小，接近纳米量级；另一方面，随着大型发电设备和航空航天机械系统、机电工程制造技术和安装水平的提高，以及人们对空间研究范围的扩大，测量对象的尺度又越来越大。这种制造技术的极端化发展，导致从微观到宏观的尺寸测量范围不断扩大，目前尺寸范围已经达到 10^{-15}～10^{25}，相差 40 个数量级。在现代制造系统中，也出现了测量对象复杂化和测试条件极端化的趋势。例如，对整个机械系统或装置的测试需求的不断提高，使得参数多并且定义复杂；一些在高温、高压、高速和高危场合下的测试要求，使得测试更加极端化。

②从静态测量转向动态测量

随着对工业产品的性能要求不断提高，在各种运动状态下、制造过程中、物理化学反应进程中动态物理量测量越来越普及，促使测量方法由静态测量向动态测量方式转变。现代制造业已呈现出和传统制造业不同的设计理念与制造技术，测量已不仅仅是评定最终产品质量的手段，它更重要的是为产品的设计和制造服务，同时为制造过程提供完备的过程参数和环境参数，使产品从设计、制造和检测等各个环节充分集成，形成一体。工业制造系统成为自主感知一定内外环境参数，并作相应调整的“智能制造系统”。这样的系统要求测量技术从传统的非现场、离线测量，进入到制造现场，参与制造过程，真正实现加工过程的在线测量。

③从单一信息获取到多信息融合

传统的测量系统涉及的测量信息种类比较单一，而现代测量系统涉及的测量信息则复杂得多，往往包括多种类型的被测量，信息量较大。大批量工业制造过程参数的在线检测，每天的测量数据高达几十万个，那么产品数字化设计与制造过程中，也同样包含了巨大数据信息量。庞大信息量的可靠、快速传输和高效管理，如何消除各种被测量之间的相互干扰，挖掘多个测量信息融合后的目标信息等，将形成一个新兴的研究领域，即多信息融合。

机械制造的精度和产品质量的不断提高,使得测量仪器和设备的作用与地位越来越重要,企业对测量及相关技术研究力度和资金投入量不断加大,测量仪器精度和测试技术水平不断提高,大量新型高性能测量仪器设备不断出现,如便携式形貌测量、基于视觉的在线检测、基于机器人的在线检测与监控、微/纳米级测量等。同时,在计算机软、硬件的支持下,测量仪器的功能得到极大拓展。但是,与国外先进技术相比,我国的测试技术仍然存在明显差距,尤其在新型测试技术及仪器设备领域,差距更加明显。一个明显现象是,在国内生产装备水平比较高的工厂,先进高档的测量仪器设备绝大部分都是进口的。在当前几个主要的应用领域,很少见到国产仪器设备。

(2)测试技术发展中存在的问题

①具有原创技术特点的自主创新技术较少

在已有的主流测试技术及仪器设备中,国内自主创新研发的技术很少。长期以来我国和工业发达国家在制造技术上的差距,相当程度上影响了测试技术的研发能力。

②高端、高附加值测量仪器设备几乎空白

高端仪器设备的高额利润建立在高技术含量的基础上,因为利润高,保证了后续研发有充足的资金投入,形成了良性循环。与此形成反差的是,国内建立在原材料和人力成本优势基础上的仪器设备必然利润微薄,继而造成研发投入不足,严重制约着我国测试技术及仪器设备的进一步发展。

③理论研究与工程应用脱节

测试技术是面向工程应用的学科,推动学科发展的主要动力来源于应用需求,理论成果如果没有工程应用背景,就不能解决工程应用中的测量问题,那么理论研究的意义和价值将大打折扣。同时,我国在测试理论研究水平上,与技术先进的国家相比也很薄弱,虽然国内相关的学术论文和研究成果很多,但是水平高、实用性强、能够进行成果转化的研究非常少。此外,由于行业原因,我国测试行业从业人员较少,业务素质整体水平不高,人才流失,尤其是高层次人才流失严重,也阻碍了该学科的发展。

(3)测试技术面临的挑战与机遇

尽管测试技术在发展中存在问题,但是国内外在同步发展计算机技术、信息技术,高性能仪器及其制造技术,全球市场更加开放和融合,国内制造业的再次兴起,为国内测试技术及仪器设备的振兴提供了挑战和机遇。

首先,利用计算机信息处理技术提供的同步平台,充分发挥其数据处理优势,实现基于大规模数据处理的测量原理和算法,以计算资源补偿机械系统性能,以数据处理成本降低机械硬件系统成本。一些多功能测试系统、机器人测量技术等,可以充分利用计算机系统的巨大资源,在全工作空间,补偿机械系统的运动误差,在机械系统不变的情况下,显著提高仪器功能和测量精度。

其次,充分借助新型器件的性能,降低测量技术及仪器设备对机械制造水平等的依赖,大幅度提高和改善测量仪器性能。如采用高性能的数字成像器件作为传感器,配合合理的模型及算法,就可以利用器件自身的精密制造工艺,设计无需精密机械结构的高精确度测量系统。

另外,新兴领域相同的研究起点也是一个重要机遇。如微/ 纳尺度测量、新基准标准研究等研究领域刚刚兴起,国内外的研究基础相近,形成了一个平等竞争的机会。以应用需求为主要推动力,加强工艺和应用研究,兼顾理论成果和实际应用背景,加快成果的应用转化,形成理论研究—实际应用—理论研究这样一个良性循环机制。

(4)测试技术的作用

测试技术在现代生产和科学研究中起到越来越重要的作用。在当今的信息时代,人们的生活将更加依靠对信息资源的获取、传输、处理和分析,而测试技术正是获取信息,并对信息进行加工处理的一种有效手段。应该说,科学技术的发展往往是以测试技术的水平为基础的,同时科学技术的发展又会促进测试技术的发展。俄国化学家门捷列夫指出“科学是从测量开始的”。我国著名科学家钱学森院士在新技术革命的论述中提到:“新技术革命的关键技术是信息技术,信息技术由测量技术、计算机技术和通信技术三部分组成,测量技术则是关键和基础。”

测试技术是促进工业生产发展的推动器,是提高科学研究和新产品研发能力的关键,是保证现代装备系统正常工作的重要手段。在生产过程中产品质量的控制、生产成本的降低和生产过程的自动化,都需要从生产现场获取各种数据,通过分析数据使得每个生产环节得到优化,以保证提高产品质量、降低生产成本、扩大生产规模和实现安全生产。

5. 测试技术在机械工程中的应用

先进的测试技术已经成为机械工程系统不可缺少的组成部分。在现代机械工程中,机电产品的研究、设计开发、生产监督、性能检验、质量保证和自动控制等都离不开测试技术。在各种现代装备系统的设计制造与运行工程中,测试技术已经嵌入系统的各个部分,并占据关键地位,成为现代装备系统日常监护、故障诊断和有效安全运行的不可缺少的重要手段。随着机械工业的发展,机械加工精度不断提高,生产过程的自动化要求越来越高。产品从设计到投入使用,需要完整的理论分析、计算以及依靠测试、试验研究来完成。高度的自动化生产中,被控对象的状态、量值等参数必须通过测试装置才能传递、反馈给控制器。测试技术在机械工程中的应用主要包括试验模态分析、生产过程的自动监控和设备运行状态的故障诊断。

机械结构在动载荷的作用下,其动态特性的研究虽然有理论分析方法,但是由于被研究对象结构复杂,边界条件难以确定,通常需要采用试验模态分析的方法进行研究,分析其固有频率、阻尼、振型和某种激励的响应等。

精确控制数控机床的主轴转速,需要对机床主轴转速进行测试;要获得机器人手臂末端在作业空间中的位置、姿态和手腕作用力等信息,需要对各个关节的位移、速度和手腕受力进行实时的测试;自动生产线上常需要运用测试技术对零件进行分类和计数。

细长轴在机械加工过程中,由于切削力的作用,导致其变形,因而产生较大的加工误差,如果能够在加工中采用测量装置来自动测量轴的直径,并将测量结果反馈给机床的进给机构,调整切削刀具的进给量,就能够通过加工过程的自动监控提高轴的加工精度。

一架飞机从零部件设计到样机试飞,每个环节都需要经过反复的严格检测,如在机身和机翼上粘贴成百上千的电阻应变片,研究机身的承载强度;通过试飞检测发动机的转速、转矩、温度和振动参数,监测传输管道内部的压力和流量参数等。总之,一架飞机大概需要3 600只传感器和配套仪器仪表。

大型发电厂不但要实时监测电网电压、电流、功率、频率及谐波分量等电参数,还要实时监测发电机、汽轮机等各部位的振动参数以及动力系统中的压力、温度、流量、液位等,对于一台300 MW的发电机组,各类测量点数达到一万多个。测量参数的同时,还要对这些参数进行实时分析处理、判断决策和调节控制,以保证系统处于最佳工作状态。

随着机械工业的发展,设备的结构越来越复杂,由于许多无法避免的因素,有时设备会出现各种故障,导致生产不能正常进行,造成不同程度的经济损失。如果采用测试技术对设备运行的噪声或振动等参数进行测试,并与设备正常运行时的参数进行比较,就可及时获取设备的异常或故障信息,消除故障隐患。

测试技术不仅能为产品的加工质量和性能提供客观的评价,为生产过程的监测和生产技术的改进提供基础数据,而且也是进行一些探索性、开放性、创造性的科学发现和技术发明的手段。依据结构的试验数据就能科学地进行强度计算,通过有效的参数测量和过程监测就能使设备高效率地运行,采集工艺流程数据就能实现加工过程的自动化。总之,在当今激烈的市场竞争下,机械工业始终面临着更新产品、革新生产技术、提高产品质量等挑战,测试技术将是机械工业应对上述挑战的基础技术,是机械工业发展的关键技术。

6. 测试技术的发展趋势

当前的传感器、测试计量仪和测控仪器,在机械系统和机械制造过程中的作用和重要性与过去相比有明显提高,加之机械制造技术的快速发展,促使对测试技术、传感器和测量仪器的研究水平不断提高,因此当前乃至未来一段时间内,测试领域内研究的问题将主要集中在传感原理、数字化测量、超精密测量、测量理论及其基准标准等方面。其中涉及的共性研究方向包括:新型传感原理与技术,先进制造的现场、非接触及数字化测量,机械测试类仪器高精度、多功能的建立与实现,虚拟仪器技术的广泛应用,超大尺寸精密测量与微/纳米级超精密测量,基准标准及相关测量理论研究等。这些新技术方向的研究也是测试技术研究领域内最具活力、最有代表性的研究。

(1)传感器向新型、微型、智能化方向发展

新的物理、化学、生物效应应用于传感器是传感器技术的重要发展方向之一。材料科学的迅速发展使更多的物理和化学效应被应用于研制和制作敏感元件。一些新型敏感功能材料,如半导体、晶体、陶瓷、高分子合成材料、磁性材料、超导材料、光导纤维、液晶、生物功能材料、凝胶、稀土金属等,越来越多地被应用于对光、热、力、磁、气体、化学成分等物理量的测量器件的开发。市场上出现的一些新型传感器,如光纤传感器、气体传感器、生物传感器、液晶传感器、微位移传感器等,使得可测量参数大大增多。

微电子学、微细加工技术及其集成化工艺的发展,可以实现微处理器和传感器一体化,形成智能传感器,多个敏感元件的集成,可形成同时测量多个参数的传感器组。总之,精度高、小型化、集成化、智能化和多功能化是传感器发展的趋势。

(2)测量仪器向高精度、快速和多功能方向发展

由于数字信号处理方法、计算机技术和信息处理技术的迅速发展,出现了以微处理器为核心的数字式仪器,与传统的模拟式仪器相比,数字式仪器大大提高了测量系统的精度、测量速度、测试能力、工作效率和可靠性,成为发展测量仪器的主要方向。

现代制造业已呈现出和传统制造业不同的设计理念、制造技术,测量技术应当从传统的非现场、"事后"测量,进入制造现场,参与到制造过程,实现现场在线测量。现场、在线测量的共同问题包括非接触、快速测量传感器研制与开发、测量系统及其对该系统的控制、测量设备与制造设备的集成几个方面。而数字化测量的迅速发展为先进制造中的现场、非接触测量提供了有效解决方案,多尺寸视觉在线测量、数码柔性坐标测量、机器人测量机、三维形貌测量等数字化测量原理、技术与系统的研究取得了显著的成果,并获得了成熟的工业应用。

(3)虚拟仪器技术得到广泛应用

虚拟仪器技术,其核心是以计算机作为仪器统一的硬件平台,充分利用计算机独具的快速运算、大容量存储、回放、调用、显示以及文件管理等智能化功能,同时把传统仪器的专业化功能和面板控件软件化与计算机结合起来,从而构成一台外观与传统硬件仪器相同,功能得到显著加强,充分享用计算机智能资源的全新仪器系统。虚拟仪器的应用程序具有图形化的编程语言和开放的接口,其强大的函数库与开放式的开发平台,使其在科研、生产、过程监控和科学实验等领域显示出巨大的优越性。

用 PC 机 + 仪器板卡 + 应用软件构成的虚拟仪器技术,采用开放体系结构来取代传统的单机测量系统,即将传统测量仪器中的公共部分(如电源、操作面板、显示屏幕、通信总线和 CPU)集中起来用计算机共享,通过仪器扩展板卡和应用软件,在计算机上实现多种物理仪器的功能。虚拟仪器的突出优点是将测量技术与计算机技术相结合,充分发挥软件的作用,提出“软件即仪器”的思想。用户不必担心测量仪器如何保持出厂时的功能模式,可以根据实际生产环境的变化需要,通过更换应用软件来拓展虚拟仪器的功能。同时,虚拟仪器能与计算机的文件存储、数据库和网络通信等功能相结合,具有更大的灵活性和拓展空间。在网络化、信息化、智能化的生产制造环境中,虚拟仪器更能适应现代制造业复杂多变、定制式生产的需求,能迅速解决工业生产和科研开发中的测试问题。

未来,对虚拟仪器中虚拟控件进行多次、深度集成,可形成一个包含大量测试仪器功能,并可实际使用的复杂、巨型虚拟测试仪器库。这是一个复杂的功能测试系统,同时也是一个开放的系统。利用系统中已有的资源可以立即满足测试的要求,系统中没有的资源也可以很快地在模型内自动生成或开发,从而可以继续满足任何新的测试需求。通过这一模型的建立,将使传统仪器的“单机”概念消失,取而代之的是经多次、深度集成制造而成的大型“仪器库”。在将来的测试仪器中,“仪器库”将成为测试测量所使用的仪器“单位”,而同一行业只需使用这一仪器“单位”便可满足其全部测试要求。

(4)测试对象向两个极端扩展

两个极端是指相对于常规测量尺寸的大尺寸和小尺寸。近年来,由于国民经济的快速发展,许多产品在生产和加工过程中的测试要求超出了我们所能测试的范围。如飞机外形的测量,大型机械关键部件的测量,高层建筑电梯导轨的准直测量等大尺寸的测量;而微电子技术和生物技术的快速发展,又使得测试尺寸转向了另一极端,进行微/纳米测量。机械工业生产的极大化和极小化,使得满足特殊尺寸测量技术的研究成为迫切需求。

在超大尺寸测量领域内的共性基础问题包括距离测量原理、超大尺寸空间坐标测量、超大尺寸测量的现场溯源原理与方法,如:大尺寸、高速跟踪坐标测量系统,车间范围空间定位系统(WPS),GPS 在超大机械系统中关键技术的应用,数字造船中结构尺寸、容积测量,飞机制造中形状尺寸测量,超大型电站装备和重机装备制造中的测量,面向大型尖端装备制造的超精密测量等。

在微/纳米测量领域,基础问题包括纳米计量、纳米测量系统理论与设计、微观形貌测量等方面,主要研究问题和方向包括基于扫描电子显微镜的精密纳米计量、微/纳坐标测量机(分子测量机)、基于干涉的非接触微观形貌测量、基于原子晶格作刻度的 X 射线干涉测量及其与光学干涉仪的组合原理、纳米测量系统设计理论和微/纳尺寸测量条件的研究等。涉及的重要工程测量问题有面向 MEMS 和 MOEMS 的微尺度测量、面向 22 nm ~ 45 nm 极大规模集成电路制造的测量等。

(5)测量基准标准技术需大力发展

基准标准技术是测试技术水平的最高表现形式,是发展超精密制造的前提和保障,也是引导及促进先进加工和测量技术发展的技术基础。基准标准技术滞后将严重制约精密制造业和装备制造业的发展。尤其在过去的10年中超精加工技术的提高使得工业界可以制造以前难以想象的微小和形状复杂的工件,表面粗糙度正在达到原子级尺度,并可由像原子力显微镜等这样复杂的显微镜进行测量。但是相应的标准还没有制定,需要制定新的纳米尺度上表面粗糙度和公差测量标准作为新的纳米测量基础。

与此对应,研究对应芯片、掩模板测量中的线条宽度、间距、台阶高度、表面粗糙度、膜厚等被测量的校对样板,并对这些样板进行标定和比对,对于保证这些几何参数量值的统一和溯源具有十分重要的意义。多传感器测量及测量信息融合技术是现代测量计量技术出现的新特点。现代复杂机电系统涉及信息多、测量信息量大、传感器数量较多、多源巨量信息分析评估困难等问题,需借助数据融合理论进行处理。多传感器测量应用中的数据融合技术正逐渐成为提升测量系统性能的关键技术之一。

7.课程的基本要求

(1)学习内容

本课程要求同学学习信号的描述、分析与处理方法,测量系统基本特性的评价方法,常用传感器,信号调理与显示,常见机械量的动态测试方法,以及虚拟仪器技术在测量中的应用。

(2)学习方法

本课程具有很强的实践性,只有在学习过程中密切联系生产与实际生活,加强实验环节,才能深入理解理论,掌握有关知识。学生需要主动积极地参加到课堂理论学习中来,随时与老师沟通,搞清不懂的问题,及时完成课后的习题,才能获得关于动态测试完整的概念、原理和方法,初步掌握解决实际测试问题的能力。

(3)学习要求

工程测试是一门专业技术基础课,通过本课程的学习,应具备下列几方面知识。

①掌握信号的时域和频域描述方法,建立频谱的概念;掌握时域分析和频域分析的基本原理和方法。

②掌握测试装置基本特性的分析方法和不失真测试条件,掌握一阶、二阶线性系统动态特性和测试方法。

③掌握常用传感器的工作原理和性能,掌握信号调理电路的工作原理,并能正确选用传感器及其测量电路。

④对测试系统有一个完整的概念,并能结合产品设计、性能评定和实验工作合理选择测试系统。

第1章　信号描述与频谱分析

【教学提示】

本章从不同角度介绍了信号的分类及其定义，重点介绍了周期信号和非周期信号的频谱分析方法，傅里叶变换的概念和主要性质，以及典型信号的频谱。

【教学指导】

1. 了解信号的分类，周期信号的时域描述；
2. 掌握周期信号和瞬变非周期信号的频谱分析方法及频谱特点；
3. 掌握傅里叶变换的主要性质；
4. 熟悉典型信号特性及其频谱。

1.1　信号的分类与描述

工程测试的基本任务是从被测对象中获取反映其变化规律的有用信息，而信号是信息的载体，信号中包含着反映被测对象状态或特性的相关信息。信号分析是工程测试的核心内容之一，信号分析的内容包括：研究信号的特征及其随时间变化的规律，信号的构成，信号随频率变化的规律，以及如何提取有用信息等。

1.1.1　信号的分类

为了深入了解信号的物理性质，研究信号的分类是非常必要的。下面讨论几种常见的信号分类方法。

1. 确定性信号与非确定性信号

按信号随时间的变化规律分类，信号分为确定性信号和非确定性信号。能明确地用数学关系式描述其随时间变化规律的信号称为确定性信号；无法用明确的数学关系式表达的信号称为非确定性信号，又称为随机信号。非确定性信号又可以分为平稳随机信号和非平稳随机信号。随机信号只能用概率统计方法通过某些统计特征量估计。

确定性信号又可进一步分为周期信号和非周期信号。

(1)周期信号

按一定时间间隔周而复始出现的信号称为周期信号。周期信号满足的条件为

$$x(t) = x(t + nT_0),(n = 1,2,3,\cdots) \tag{1.1}$$

式中　T_0——周期。

一个单自由度无阻尼质量－弹簧系统的振动位移 $x(t)$ 即为周期信号，可表示为

$$x(t) = X_0\cos\left(\sqrt{\frac{k}{m}}t + \varphi_0\right) \tag{1.2}$$

式中　X_0——最大振幅；

k ——弹簧刚度系数;

m ——质量;

φ_0 ——初始相位角。

该信号角频率为 $\omega_0 = \sqrt{k/m}$,周期为 $T_0 = 2\pi/\omega_0$ 。

图 1.1 和图 1.2 分别为无阻尼质量 – 弹簧振动系统示意图和振动位移波形图。

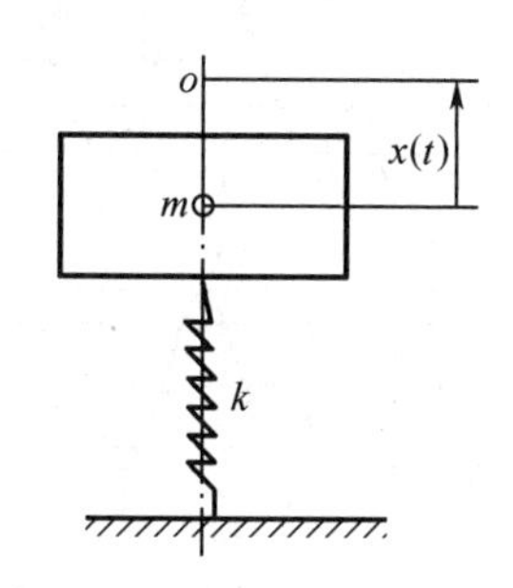

图 1.1 无阻尼质量 – 弹簧振动系统示意图

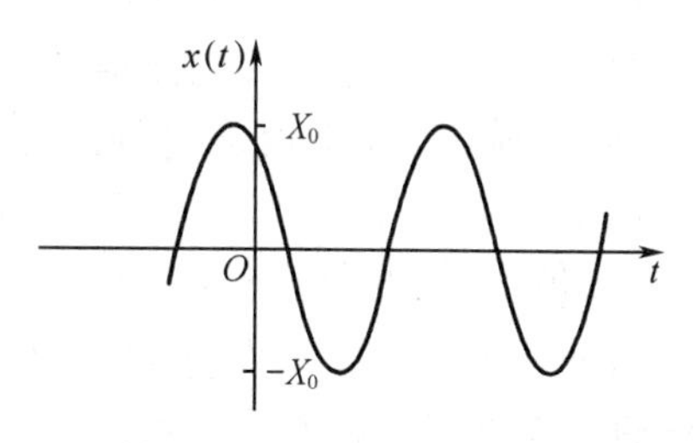

图 1.2 振动位移波形图

由两个或两个以上周期信号叠加而成,叠加后仍存在公共周期的信号称为一般周期信号。

图 1.3 是公共周期为 T_0 的周期三角波信号和周期方波信号。

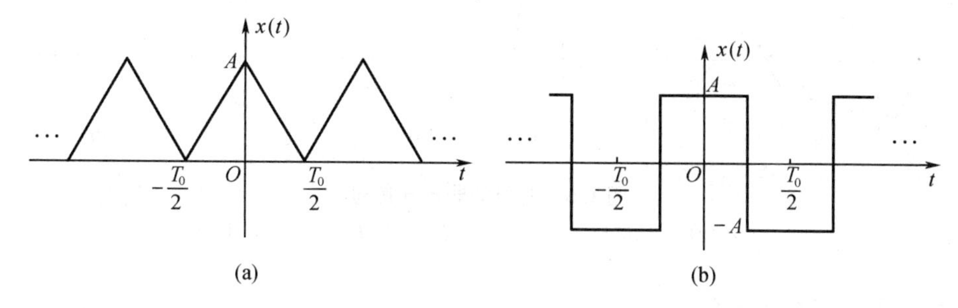

图 1.3 周期信号

(a)三角波信号;(b)方波信号

为了便于理解,以两个周期信号叠加为例来说明。其表达式为

$$\begin{aligned} x(t) &= x_1(t) + x_2(t) = A_1\sin(2\pi f_1 t + \theta_1) + A_2\sin(2\pi f_2 t + \theta_2) \\ &= 10\sin(2\pi \cdot 3 \cdot t + \pi/6) + 5\sin(2\pi \cdot 2 \cdot t + \pi/3) \end{aligned} \tag{1.3}$$

由式(1.3)可知, $x(t)$ 由两个周期分量 $x_1(t)$ (见图 1.4(a))和 $x_2(t)$ (见图 1.4(b))叠加而成,周期分别为 $T_1 = 1/3$, $T_2 = 1/2$,叠加后的 $x(t)$ 的公共周期为 $T = 1$,如图 1.4(c)所示。

(2)非周期信号

非周期信号是在有限时间段内有值,或随着时间的增加而幅值衰减至零的信号,又称为瞬变非周期信号或瞬变信号。图 1.5 所示为几个常见的非周期信号。

准周期信号是非周期信号的特例,处于周期与非周期的边缘,由两个以上周期信号叠加而成,但叠加后不存在公共周期的信号称为准周期信号,如:

$$x(t) = x_1(t) + x_2(t) = A_1\sin(\sqrt{2}t + \theta_1) + A_2\sin(3t + \theta_2) \tag{1.4}$$

由式(1.4)可知，$x_1(t)$（见图1.6(a)）和$x_2(t)$（见图1.6(b)）两个周期分量的频率比为无理数，$\omega_1/\omega_2=\sqrt{2}/3$，不存在公共周期，因此叠加后$x(t)$为准周期信号，如图1.6(c)所示。

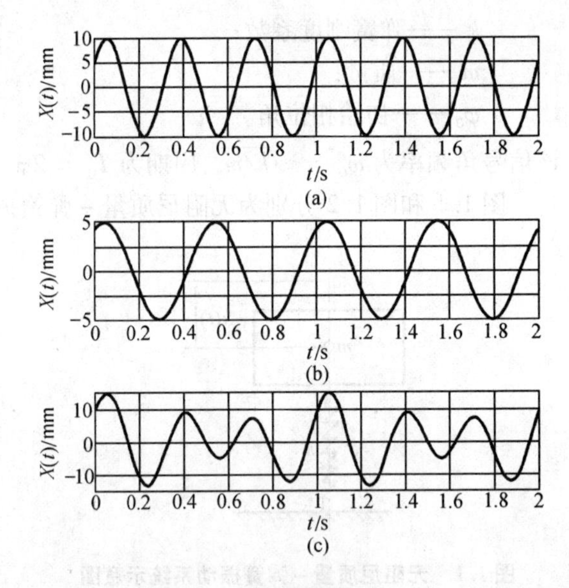

图1.4　一般周期信号

2. 连续信号和离散信号

根据信号幅值随时间变化的连续性分类，信号可分为连续信号和离散信号。

若信号的独立变量取值连续，则是连续信号，如图1.7(a)(b)所示；若信号的独立变量取值离散，则是离散信号，如图1.7(c)所示。其中，图1.7(c)是对图1.7(b)的独立变量t每隔5 min读取温度值所获得的离散信号。

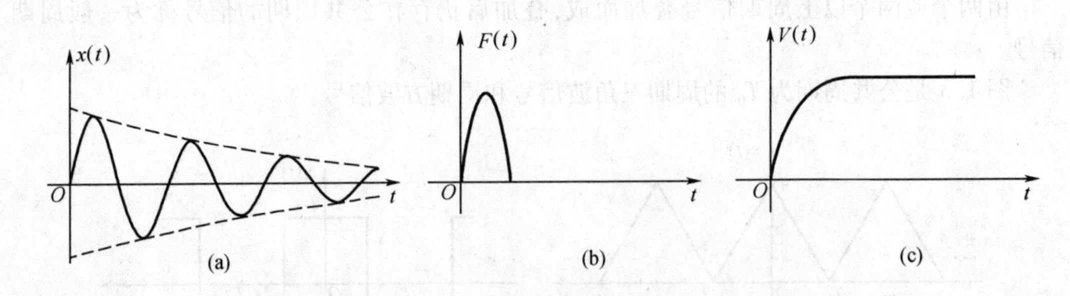

图1.5　常见的非周期信号

(a)衰减振动信号；(b)敲击力信号；(c)汽车加速过程信号

3. 能量信号和功率信号

根据信号用能量或功率表示，可把信号分为能量信号和功率信号。

当信号$x(t)$在$(-\infty,\infty)$内满足

$$\int_{-\infty}^{\infty}x^2(t)\,\mathrm{d}t<\infty \tag{1.5}$$

则该信号的能量是有限的，称为能量有限信号，简称能量信号。例如，图1.7所示的瞬变非周期信号都是能量信号。

若信号$x(t)$在$(-\infty,\infty)$内满足

$$\int_{-\infty}^{\infty}x^2(t)\,\mathrm{d}t\to\infty \tag{1.6}$$

而在有限区间(t_1,t_2)内的平均功率是有限的，即

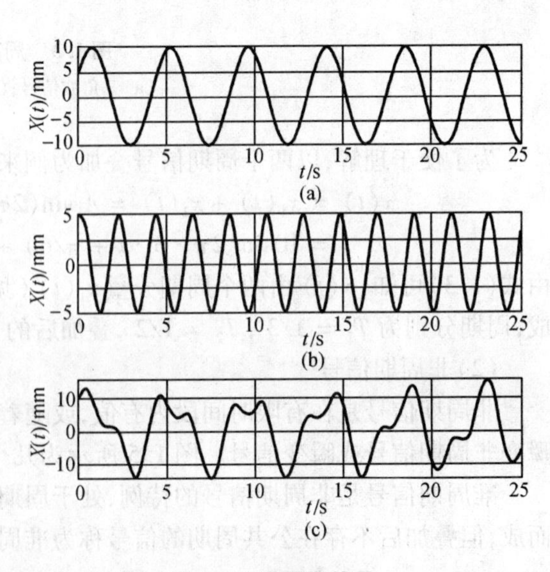

图1.6　准周期信号

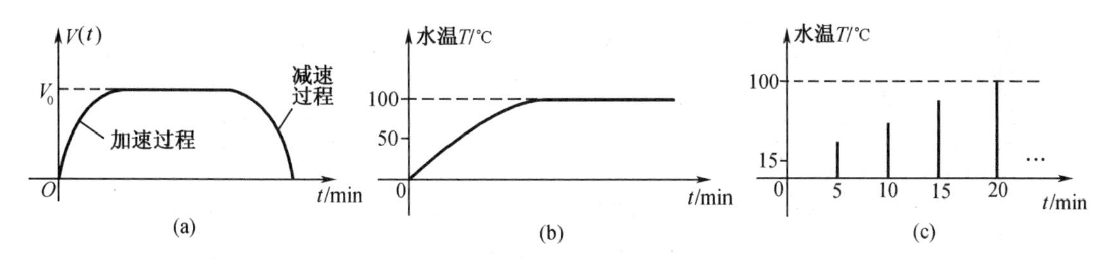

图1.7 连续信号与离散信号

(a)汽车速度变化情况;(b)锅炉水温变化情况;(c)间隔测定锅炉水温变化情况

$$\frac{1}{t_2 - t_1}\int_{t_1}^{t_2} x^2(t)\mathrm{d}t < \infty \tag{1.7}$$

则该信号为功率信号。例如,正弦信号就是功率信号。

综上所述,从不同角度对信号进行分类,归纳如下。

(1)按信号随时间的变化规律分类

- 信号
  - 确定性信号
    - 周期信号
      - 简谐信号
      - 一般周期信号
    - 非周期信号
      - 准周期信号
      - 瞬变非周期信号
  - 非确定性信号
    - 平稳随机信号
    - 非平稳随机信号

(2)按信号幅值随时间变化的连续性分类

- 信号
  - 连续信号
  - 离散信号

(3)按信号的能量特征分类

- 信号
  - 能量信号
  - 功率信号

1.1.2 信号的时域描述和频域描述

直接观测或记录的信号一般为随时间变化的物理量。这种以时间为独立变量,用信号的幅值随时间变化的函数或图形来描述信号的方法称为时域描述。如式(1.2)为单自由度无阻尼质量-弹簧振动系统的位移信号的函数表示,也可用时域波形表示,如图1.2所示。信号的时域波形是时域描述的一种重要形式。

时域描述简单直观,只能反映信号的幅值随时间变化的特性,而不能明确揭示信号的频率成分。因此,为了研究信号的频率构成和各频率成分的幅值大小、相位关系,把时域信号通过数学变换变成以频率f(或角频率ω)为独立变量,幅值或相位为频率的函数来描述该信号,这种方法称为信号的频域描述。例如,正弦信号为

$$x(t) = A_0\sin(\omega_0 t + \theta_0) = A_0\sin(2\pi f_0 t + \theta_0) = 10\sin(2\pi \cdot 10 \cdot t + \pi/3)$$

其时域信号的波形如图1.8(a)所示;其频域描述一般用频谱图来表示,如图1.8(b)(c)所示。

信号"域"的不同,是指信号的独立变量不同,或描述信号的横坐标物理量不同。信号

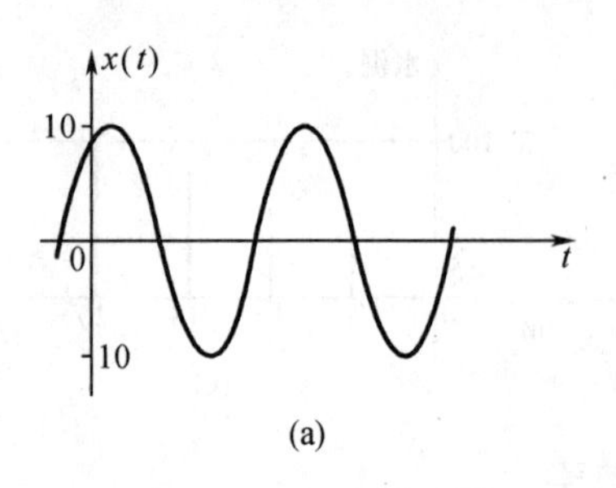

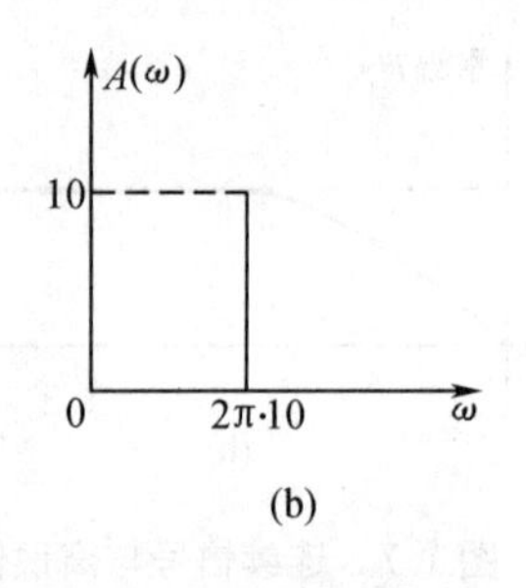

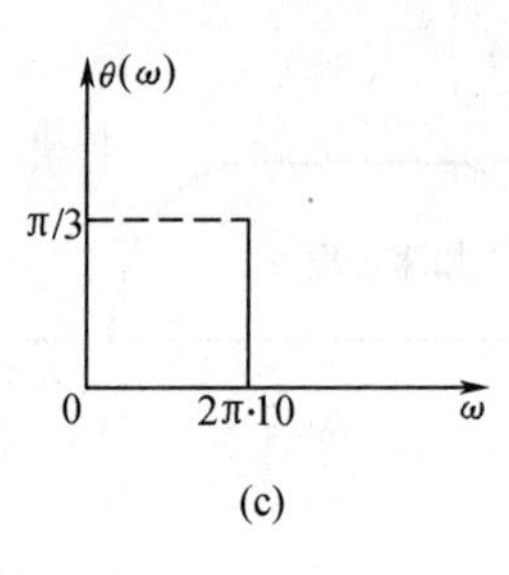

图 1.8　正弦信号时域波形和频谱图

(a)正弦信号时域波形;(b)正弦信号的幅值频谱图;(c)正弦信号的相位频谱图

在不同域中的描述,使所需信号的特征更为突出,以便满足需要。信号的时域描述以时间为独立变量,揭示信号的幅值随时间变化的特征;信号的频域描述以角频率或频率为独立变量,揭示信号的幅值和初始相位随频率变化的特征。因此,信号的时域描述直观反映信号随时间变化的规律,频域描述则反映信号的频率组成成分。信号的时域描述和频域描述是信号表示的不同形式,同一信号无论采用哪种描述方法,其含有的信息内容都是相同的,即信号的时域描述转换为频域描述时不丢失信息。

1.2　周期信号与离散频谱

描述和分析信号的频率组成的主要方法是傅里叶分析,也称为频域描述或频谱分析,本节将从周期信号的频域描述入手,运用数学手段,对周期信号进行频谱分析,并介绍周期信号的强度描述方法。

1.2.1　傅里叶级数的三角函数展开式

在有限区间上,任何周期信号 $x(t)$ 只要满足狄里赫利(Dirichlet)①条件,都可以展开成傅里叶级数。傅里叶级数的三角函数表达式为

$$x(t) = a_0 + \sum_{n=1}^{\infty}(a_n \cos n\omega_0 t + b_n \sin n\omega_0 t) \tag{1.8}$$

式中,a_0 为常值分量,a_n 为余弦分量的幅值,b_n 为正弦分量的幅值。

a_0 ,a_n 和 b_n 分别表示为

$$a_0 = \frac{1}{T_0}\int_{-T_0/2}^{T_0/2} x(t)\,\mathrm{d}t \tag{1.9a}$$

$$a_n = \frac{2}{T_0}\int_{-T_0/2}^{T_0/2} x(t)\cos n\omega_0 t\,\mathrm{d}t \tag{1.9b}$$

① 狄里赫利(dirichlet)条件:(1)信号 $x(t)$ 在一个周期内只有有限个第一类间断点(当 t 从左或右趋向于这个间断点时,函数有左极限值和右极限值);(2)信号 $x(t)$ 在一个周期内只有有限个极大值或极小值;(3)信号 $x(t)$ 在一个周期内是绝对可积的,即 $\int_{-\frac{T_0}{2}}^{\frac{T_0}{2}} x(t)\,\mathrm{d}t$ 应为有限值。

$$b_n = \frac{2}{T_0}\int_{-T_0/2}^{T_0/2} x(t)\sin n\omega_0 t\mathrm{d}t \tag{1.9c}$$

式中 T_0——周期；

ω_0——角频率，$\omega_0 = 2\pi/T_0$；$n = 1,2,3,\cdots$。

合并式(1.8)中的同频项，可改写为

$$x(t) = a_0 + \sum_{n=1}^{\infty} A_n \sin(n\omega_0 t + \varphi_n) \tag{1.10}$$

式中，幅值 A_n 和初始相位角 φ_n 分别为

$$A_n = \sqrt{a_n^2 + b_n^2} \tag{1.11}$$

$$\varphi_n = \arctan(a_n/b_n) \tag{1.12}$$

由式(1.10)可以看出，周期信号是由一个或几个乃至无穷多个不同频率的谐波叠加而成的。或者说，一般周期信号可以分解为一个常值分量 a_0 和多个成谐波关系的正弦分量之和。

以角频率 ω（或频率 f）为横坐标，幅值 A_n 和相角 φ_n 为纵坐标所作的图形，称为周期信号的频谱图，其中 $A_n - \omega$ 图称为幅频谱图，$\varphi_n - \omega$ 图称为相频谱图。

例 1.1 求图 1.3(a)所示周期性三角波 $x(t)$ 的傅里叶级数三角函数式及其频谱，其中周期为 T_0，幅值为 A。

解 在 $x(t)$ 的一个周期中，$x(t)$ 可表示为

$$x(t) = \begin{cases} A + \dfrac{2A}{T_0}t, & \left(-\dfrac{T_0}{2} \leqslant t < 0\right) \\ A - \dfrac{2A}{T_0}t, & \left(0 \leqslant t \leqslant \dfrac{T_0}{2}\right) \end{cases}$$

由于 $x(t)$ 为偶函数，故正弦分量幅值 $b_n = 0$，而常值分量和余弦分量幅值分别为

$$a_0 = \frac{1}{T_0}\int_{-T_0/2}^{T_0/2} x(t)\mathrm{d}t = \frac{2}{T_0}\int_0^{T_0/2}\left(A - \frac{2A}{T_0}t\right)\mathrm{d}t = \frac{A}{2}$$

$$a_n = \frac{2}{T_0}\int_{-T_0/2}^{T_0/2} x(t)\cos n\omega_0 t\mathrm{d}t = \frac{4}{T_0}\int_0^{T_0/2}\left(A - \frac{2A}{T_0}t\right)\cos n\omega_0 t\mathrm{d}t$$

$$= -\frac{2A}{n^2\pi^2}(\cos n\pi - 1) = \frac{4A}{n^2\pi^2}\sin^2\frac{n\pi}{2} = \begin{cases} \dfrac{4A}{n^2\pi^2}, & (n = 1,3,5,\cdots) \\ 0, & (n = 2,4,6,\cdots) \end{cases}$$

则

$$A_n = \sqrt{a_n^2 + b_n^2} = |a_n| = \frac{4A}{n^2\pi^2}, \quad (n = 1,3,5,\cdots)$$

$$\varphi_n = \arctan(a_n/b_n) = \frac{\pi}{2}$$

根据式(1.10)，周期性三角波的傅里叶级数三角函数展开式为

$$x(t) = \frac{A}{2} + \frac{4A}{\pi^2}\left(\cos\omega_0 t + \frac{1}{3^2}\cos 3\omega_0 t + \frac{1}{5^2}\cos 5\omega_0 t + \cdots\right)$$

式中，$x(t)$ 是由多个余弦分量叠加而成的，各分量所对应的初始相位角 $\theta_n = \dfrac{\pi}{2} - \varphi_n = 0$。周期性三角波的频谱如图 1.9 所示。

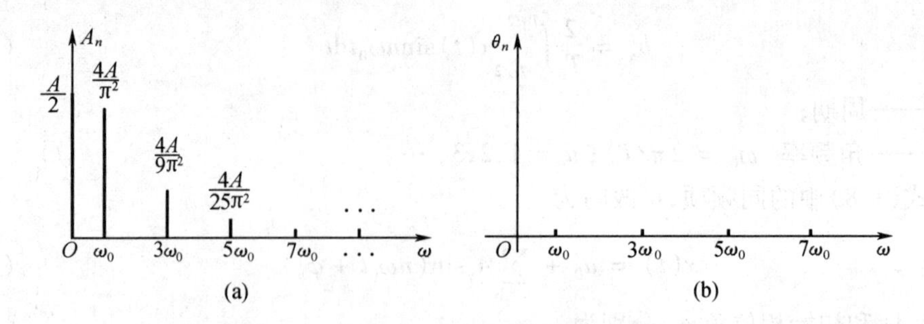

图 1.9　周期性三角波的频谱图

(a)幅频谱图;(b)相频谱图

周期信号的频谱具有以下特点:

①离散性,周期信号的频谱是离散的,每根谱线代表一个谐波分量,谱线的高度代表该谐波分量的幅值大小;

②谐波性,每条谱线只出现在基频 ω_0 的整数倍上;

③收敛性,各谐波分量的幅值随谐波次数的增大而减小。

信号的频谱就是构成信号的各频率分量的集合,它表征信号的频率结构。在周期信号的频谱图中,谱线是离散的。傅里叶级数三角函数展开式的角频率 ω 的范围(或频率 f)为 0 ~ $+\infty$,谱线总是在横坐标的右边,因而也称作"单边谱"。

1.2.2　傅里叶级数的复指数函数展开式

为了便于数学运算,往往将傅里叶级数写成复指数函数形式。根据欧拉公式

$$e^{\pm j\omega t} = \cos\omega t \pm j\sin\omega t \tag{1.13}$$

则

$$\cos\omega t = \frac{1}{2}(e^{-j\omega t} + e^{j\omega t}) \tag{1.14a}$$

$$\sin\omega t = \frac{1}{2}j(e^{-j\omega t} - e^{j\omega t}) \tag{1.14b}$$

因此式(1.8)可改写为

$$x(t) = a_0 + \sum_{n=1}^{\infty}\left(\frac{a_n - jb_n}{2}e^{jn\omega_0 t} + \frac{a_n + jb_n}{2}e^{-jn\omega_0 t}\right)$$

令

$$C_0 = a_0 \tag{1.15a}$$

$$C_n = \frac{1}{2}(a_n - jb_n) \tag{1.15b}$$

$$C_{-n} = \frac{1}{2}(a_n + jb_n) \tag{1.15c}$$

则

$$x(t) = C_0 + \sum_{n=1}^{\infty} C_n e^{jn\omega_0 t} + \sum_{n=1}^{\infty} C_{-n} e^{-jn\omega_0 t}$$

合并为

$$x(t) = \sum_{n=-\infty}^{\infty} C_n e^{jn\omega_0 t}, \quad (n = 0, \pm 1, \pm 2, \cdots) \tag{1.16}$$

这就是傅里叶级数的复指数展开式。

将式(1.9a)至式(1.9c)代入式(1.15a)至式(1.15c)中,则

$$C_n = \frac{1}{T_0}\int_{-T_0/2}^{T_0/2} x(t)\mathrm{e}^{-\mathrm{j}n\omega_0 t}\mathrm{d}t \tag{1.17}$$

在一般情况下, C_n 是复数,可以写成

$$C_n = C_{n\mathrm{R}} + \mathrm{j}C_{n\mathrm{I}} = |C_n|\mathrm{e}^{\mathrm{j}\psi_n} \tag{1.18}$$

式中

$$|C_n| = \sqrt{C_{n\mathrm{R}}^2 + C_{n\mathrm{I}}^2} \tag{1.19a}$$

$$\psi_n = \arctan\frac{C_{n\mathrm{I}}}{C_{n\mathrm{R}}} \tag{1.19b}$$

分别以 C_n 的实部和虚部与 $n\omega_0$ 的关系作图,称 $C_{n\mathrm{R}} - n\omega_0$ 为实频谱图, $C_{n\mathrm{I}} - n\omega_0$ 为虚频谱图,频率 $n\omega_0$ 的范围从 $-\infty \sim +\infty$,称 $|C_n| - n\omega_0$ 为双边幅频谱图, $\psi_n - n\omega_0$ 为双边相频谱图。傅里叶复指数展开式的频谱都是“双边谱”。

例 1.2 求图 1.3(b)所示周期性方波 $x(t)$ 的傅里叶级数复指数展开式及其频谱,其中周期为 T_0 ,幅值为 A。

解 傅里叶级数复指数展开式系数 C_n 可由式(1.17)求取,即

$$\begin{aligned}
C_n &= \frac{1}{T_0}\int_{-T_0/2}^{T_0/2} x(t)\mathrm{e}^{-\mathrm{j}n\omega_0 t}\mathrm{d}t = \frac{1}{T_0}\left[\int_{-T_0/2}^{-T_0/4}(-A)\mathrm{e}^{-\mathrm{j}n\omega_0 t}\mathrm{d}t + \int_{-T_0/4}^{T_0/4}A\mathrm{e}^{-\mathrm{j}n\omega_0 t}\mathrm{d}t + \int_{T_0/4}^{T_0/2}(-A)\mathrm{e}^{-\mathrm{j}n\omega_0 t}\mathrm{d}t\right] \\
&= \frac{-A}{2\mathrm{j}n\pi}\left(-2\mathrm{e}^{\mathrm{j}n\frac{\pi}{2}} + \mathrm{e}^{\mathrm{j}n\pi} - \mathrm{e}^{-\mathrm{j}n\pi} + 2\mathrm{e}^{-\mathrm{j}n\frac{\pi}{2}}\right) = \frac{-A}{2\mathrm{j}n\pi}\left(-2\cdot 2\mathrm{j}\sin\frac{n\pi}{2} + 2\mathrm{j}\sin n\pi\right) \\
&= \frac{-A}{2\mathrm{j}n\pi}\left(-4\mathrm{j}\sin\frac{n\pi}{2}\right) = \frac{2A}{n\pi}\sin\frac{n\pi}{2} \\
&= \begin{cases} \dfrac{2A}{|n\pi|}, & (n = \pm 1, \pm 5, \pm 9, \cdots) \\ -\dfrac{2A}{|n\pi|}, & (n = \pm 3, \pm 7, \pm 11, \cdots) \\ 0, & (n = 0, \pm 2, \pm 4, \pm 6, \cdots) \end{cases}
\end{aligned}$$

则

$$x(t) = \frac{2A}{\pi}\sum_{n=-\infty}^{\infty}\frac{1}{n}\sin\frac{n\pi}{2}\mathrm{e}^{\mathrm{j}n\omega_0 t}, \quad (n = \pm 1, \pm 3, \pm 5, \cdots)$$

周期性方波 $x(t)$ 的频谱图如图 1.10 所示。

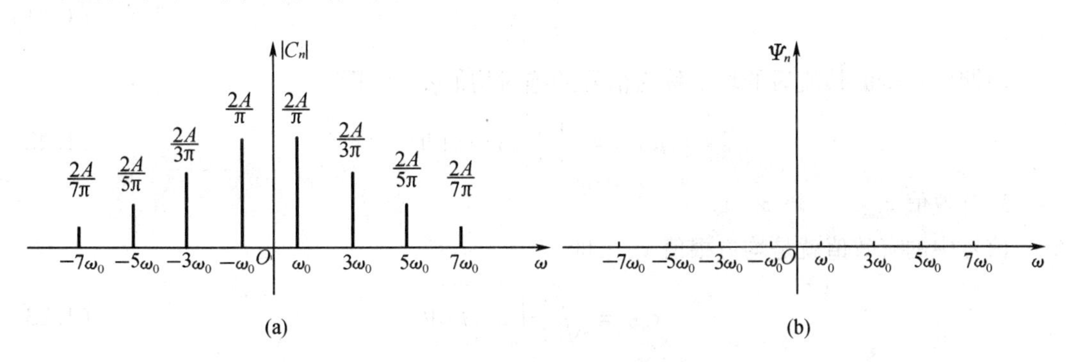

图 1.10 周期性方波频谱图

(a)双边幅频图;(b)双边相频图

周期信号频谱有两种表示方法：一种是傅里叶级数三角级数式的“单边谱”，一种是傅里叶级数复指数式的“双边谱”。工程应用大都采用单边谱。

周期信号傅里叶级数的三角函数式与复指数式的关系如表1.1所示。

表1.1 傅里叶级数的复指数式与三角函数式的关系

三角函数式	表达式	复指数式	表达式
常值分量	$a_0 = C_0$	复指数常量	$C_0 = a_0$
余弦分量幅值	$a_n = 2C_{nR}$	复数 C_n 的实部	$C_{nR} = a_n/2$
正弦分量幅值	$b_n = 2C_{nI}$	复数 C_n 的虚部	$C_{nI} = -b_n/2$
幅频值	$A_n = 2\|C_n\|$	复数 C_n 的模	$\|C_n\| = A_n/2$
相角	$\varphi_n = \arctan(a_n/b_n)$	相角	$\psi_n = \arctan(-b_n/a_n)$

1.2.3 周期信号的强度表述

周期信号的强度通常是用峰值 x_P、绝对均值 μ_x、有效值 x_{rms} 和平均功率 P_{av} 来表示，如图1.11所示。

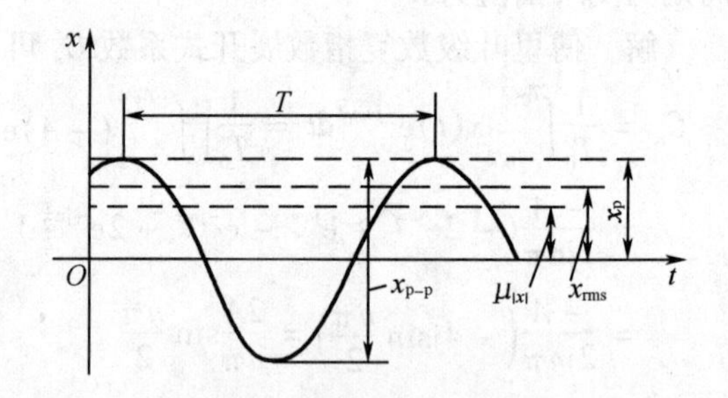

图1.11 周期信号的强度表示

1. 峰值 x_P 与峰-峰值 x_{P-P}

峰值 x_P 用于描述信号 $x(t)$ 在时域中出现的最大瞬时值，即

$$x_P = |x(t)|_{max} \tag{1.20}$$

峰-峰值 x_{P-P} 是信号在一个周期内最大瞬时值与最小瞬时值之差。

在实际应用中，对信号的峰值应该有足够的估计，以便确定测试系统的动态范围，真实地反映被测信号的最大值。

2. 均值 μ_x 与绝对均值 $\mu_{|x|}$

周期信号中的均值 μ_x 是指信号在一个周期内幅值对时间的平均，也就是傅里叶级数展开式的常值分量 a_0，即

$$\mu_x = \frac{1}{T}\int_0^T x(t)\mathrm{d}t \tag{1.21}$$

周期信号全波整流后的均值称为信号的绝对均值 $\mu_{|x|}$，即

$$\mu_{|x|} = \frac{1}{T}\int_0^T |x(t)|\mathrm{d}t \tag{1.22}$$

3. 有效值 x_{rms}

信号中的有效值就是均方根值 x_{rms}，即

$$x_{rms} = \sqrt{\frac{1}{T}\int_0^T x^2(t)\mathrm{d}t} \tag{1.23}$$

4. 平均功率 P_{av}

信号的平均功率 P_{av} 为有效值的平方，也称均方值，它反应了信号的功率大小，即

$$P_{av}=\frac{1}{T}\int_{0}^{T}x^{2}(t)\,dt \tag{1.24}$$

表 1.2 列举了几种典型周期信号的峰值 x_P、均值 μ_x、绝对均值 $\mu_{|x|}$ 和有效值 x_{rms} 之间的数量关系。

表 1.2 几种典型信号的强度表示

名称	波形	x_P	μ_x	$\mu_{\|x\|}$	x_{rms}
正弦波		A	0	$\frac{2A}{\pi}$	$\frac{A}{\sqrt{2}}$
方波		A	0	A	A
三角波		A	0	$\frac{A}{2}$	$\frac{A}{\sqrt{3}}$
锯齿波		A	$A/2$	$\frac{A}{2}$	$\frac{A}{\sqrt{3}}$

信号的峰值 x_P、绝对均值 $\mu_{|x|}$ 和有效值 x_{rms} 可以用三值电压表和普通的电工仪表来测量;各单项值也可以根据需要用不同的仪表来测量,如示波器、直流电压表等。

1.3 瞬变非周期信号与连续频谱

瞬变非周期信号具有瞬变性,例如锤子的敲击力、缆绳断裂时的应力、加热液体时的温度变化过程等均属于瞬变非周期信号,如图 1.12 所示。

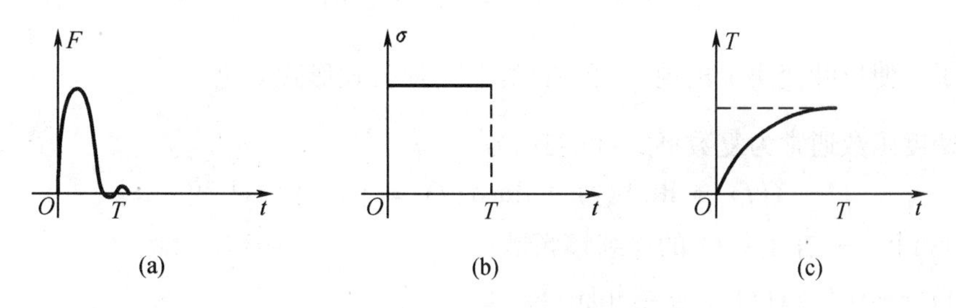

图 1.12 瞬变非周期信号

(a)锤子的敲击力;(b)缆绳断裂时的应力;(c)加热液体时的温度变化

在分析瞬变非周期信号时，可以把它看作周期趋于无穷大的周期信号，进而可以从周期信号的角度来推导其频谱。周期为 T_0 的信号 $x(t)$ 的频谱是离散谱，相邻谐波之间的频率间隔为 $\Delta\omega = \omega_0 = 2\pi/T_0$。对于瞬变非周期信号，当 $T_0 \to \infty$ 时，$\Delta\omega \to 0$，这意味着当周期无限扩大时，周期信号频谱谱线间隔在无限缩小，相邻谐波分量无限接近，离散量 $n\omega_0$ 就变换成连续变量 ω，离散频谱变成了连续频谱，式(1.10)和式(1.16)中的离散求和运算可用积分运算来取代，所以瞬变非周期信号的频谱是连续的。其频谱分析用傅里叶变换来描述。

1.3.1 傅里叶变换

设有一周期信号 $x(t)$，根据式(1.16)，则其在 $[-T_0/2, T_0/2]$ 区间内的傅里叶级数的复指数形式表达为

$$x(t) = \sum_{n=-\infty}^{\infty} C_n e^{jn\omega_0 t}$$

式中

$$C_n = \frac{1}{T_0}\int_{-T_0/2}^{T_0/2} x(t) e^{-jn\omega_0 t} dt$$

当 $T_0 \to \infty$ 时，积分区间由 $[-T_0/2, T_0/2]$ 变为 $(-\infty, \infty)$；谱线间隔 $\Delta\omega \to 0$，离散频率 $n\omega_0$ 变为连续变量 ω，所以上式变为

$$X(\omega) = \int_{-\infty}^{\infty} x(t) e^{-j\omega t} dt \tag{1.25}$$

$X(\omega)$ 称为信号 $x(t)$ 的傅里叶积分变换或简称为傅里叶变换。$X(\omega)$ 为单位频宽上的幅值，具有“密度”的含义，故把 $X(\omega)$ 称为瞬变非周期信号的“频谱密度函数”，或简称“频谱”。

如果已知频谱，则原函数 $x(t)$ 为

$$x(t) = \frac{1}{2\pi}\int_{-\infty}^{\infty} X(\omega) \cdot e^{j\omega t} d\omega \tag{1.26}$$

$x(t)$ 为 $X(\omega)$ 的傅里叶逆变换(反变换)。式(1.25)和式(1.26)构成了傅里叶变换对，即

$$x(t) \underset{\text{IFT}}{\overset{\text{FT}}{\rightleftharpoons}} X(\omega)$$

由于 $\omega_0 = 2\pi f$，所以式(1.25)和式(1.26)还可变为

$$X(f) = \int_{-\infty}^{\infty} x(t) e^{-j2\pi ft} dt \tag{1.27}$$

$$x(t) = \int_{-\infty}^{\infty} X(f) \cdot e^{j2\pi ft} df \tag{1.28}$$

这就避免了在傅里叶变换中出现 $\frac{1}{2\pi}$ 的常数因子，使公式形式简化。

频谱密度函数通常为复数形式，可表示为

$$X(f) = \mathrm{Re}\,X(f) + \mathrm{jIm}\,X(f) = |X(f)| \cdot e^{j\cdot\varphi(f)} \tag{1.29}$$

式中 $|X(f)|$——信号 $x(t)$ 的连续幅频谱；

$\varphi(f)$——信号 $x(t)$ 的连续相频谱。

比较周期信号和非周期信号的频谱可知：非周期信号幅值谱 $|X(f)|$ 为连续频谱，而周期信号幅值谱 $|C_n|$ 为离散频谱；$|C_n|$ 的量纲和信号幅值的量纲一致，而 $|X(f)|$ 的量纲与信号幅值的量纲不同，为单位频宽上的幅值。

例 1.3 求如图 1.13 所示矩形窗函数 $W(t)$ 的频谱。矩形窗函数为

$$W(t)=\begin{cases}1, & \left(|t|\leqslant \frac{T}{2}\right)\\ 0, & \left(|t|>\frac{T}{2}\right)\end{cases}$$

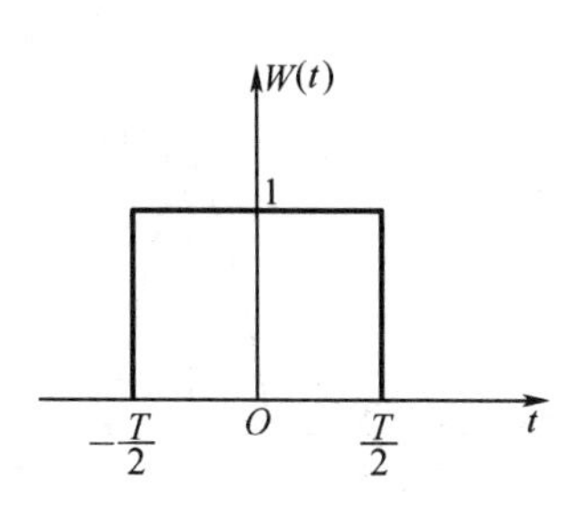

图 1.13 窗函数

解 利用式(1.28)可求出窗函数的频谱为

$$W(f)=\int_{-\infty}^{\infty}w_{R}(t)e^{-j2\pi ft}dt=\int_{-\frac{T}{2}}^{\frac{T}{2}}1\cdot e^{-j2\pi ft}dt=\frac{1}{-j2\pi f}e^{-j2\pi ft}\Big|_{-\frac{T}{2}}^{\frac{T}{2}}$$

$$=\frac{1}{-j2\pi f}(e^{-j\pi fT}-e^{j\pi fT})=T\frac{\sin(\pi fT)}{\pi fT}=T\mathrm{sinc}(\pi fT)$$

式中,通常定义 $\mathrm{sinc}x=\frac{\sin x}{x}$, sinc$x$ 函数称为取样函数,也称为滤波函数或内插函数。sinc$x$ 函数在信号分析中经常使用。sinc$x$ 函数的曲线如图 1.14 所示,其函数值有专门的数学表可查,它以 2π 为周期并随 x 的增加而作衰减振荡, sinc$x$ 函数为偶函数,在 $n\pi$ ($n=0,\pm1,\pm2,\cdots$) 处其值为零。

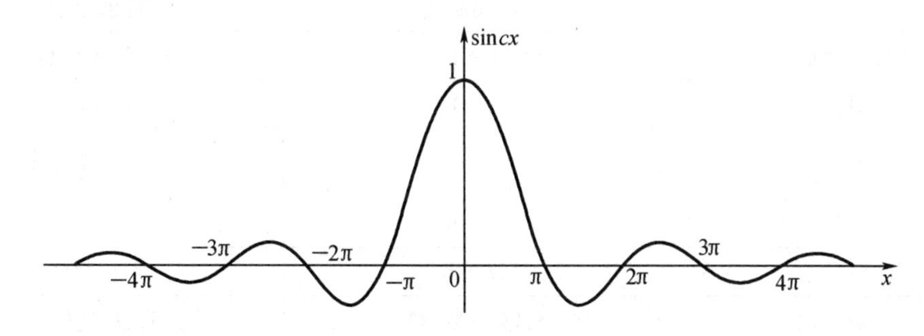

图 1.14 sinc$x$ 函数的图像

矩形窗函数的频谱密度函数为扩大了 T 倍的采样函数,只有实部,没有虚部,其幅频谱为

$$|W(f)|=T|\mathrm{sinc}(\pi fT)|$$

其相频谱视 $\mathrm{sinc}(\pi fT)$ 的符号而定。当 $\mathrm{sinc}(\pi fT)$ 为正值时相角为零,当 $\mathrm{sinc}(\pi fT)$ 为负值时相角为 π 。

窗函数的频谱图如图 1.15 所示。

1.3.2 傅里叶变换的性质

信号的时域分析和频域分析,从不同的角度揭示了信号的物理特性,二者通过傅里叶变换建立了联系。在工程测试中,掌握傅里叶变换的性质,有助于我们对信号更深一步地理解。表 1.3 列出了傅里叶变换的主要性质,下面就几项主要性质作必要的推导和说明。

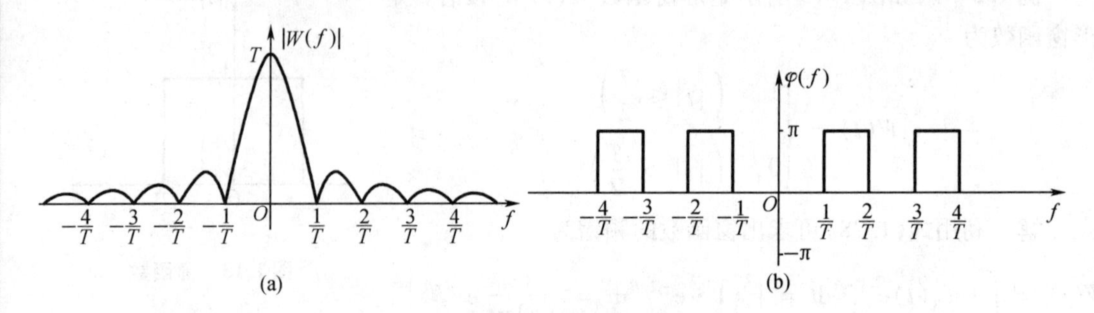

图 1.15　窗函数的频谱图

(a)幅频图;(b)相频图

表 1.3　傅里叶变换的主要性质

性　质	时　域	频　域
函数的奇偶虚实性	实偶函数	实偶函数
	实奇函数	虚奇函数
	虚偶函数	虚偶函数
线性叠加	$ax(t)+by(t)$	$aX(f)+bY(f)$
对称	$X(t)$	$x(-f)$
尺度改变	$x(kt)$	$\frac{1}{\|k\|}\cdot X\left(\frac{f}{k}\right)$
时移	$x(t-t_0)$	$X(f)\mathrm{e}^{-\mathrm{j}2\pi ft_0}$
频移	$X(f\pm f_0)$	$x(t)\mathrm{e}^{\mp \mathrm{j}2\pi f_0 t}$
时域卷积	$x_1(t)*x_2(t)$	$X_1(f)X_2(f)$
频域卷积	$x_1(t)x_2(t)$	$X_1(f)*X_2(f)$
时域微分	$\frac{\mathrm{d}^n x(t)}{\mathrm{d}t^n}$	$(\mathrm{j}2\pi f)^n X(f)$
频域微分	$(-\mathrm{j}2\pi f)^n x(t)$	$\frac{\mathrm{d}^n X(f)}{\mathrm{d}f^n}$
积分	$\int_{-\infty}^{t} x(t)\mathrm{d}t$	$\frac{1}{\mathrm{j}2\pi f}X(f)$

1. 奇偶虚实性

一般 $X(f)$ 是实变量 f 的复变函数,它可以表达为

$$X(f)=\int_{-\infty}^{\infty} x(t)\mathrm{e}^{-\mathrm{j}2\pi ft}\mathrm{d}t=\mathrm{Re}X(f)-\mathrm{jIm}X(f) \tag{1.30}$$

如果 $x(t)$ 是实函数,则 $X(f)$ 一般为具有实部和虚部的复函数。其实部为偶函数,即 $\mathrm{Re}X(f)=\mathrm{Re}X(-f)$;其虚部为奇函数,即 $\mathrm{Im}X(f)=-\mathrm{Im}X(f)$。

如果 $x(t)$ 为实偶函数,则 $X(f)$ 也是实偶函数, $\mathrm{Im}X(f)=0$, $X(f)=\mathrm{Re}X(f)$;

如果 $x(t)$ 为实奇函数,则 $X(f)$ 是虚奇函数, $\mathrm{Re}X(f)=0$, $X(f)=-\mathrm{jIm}X(f)$;

如果 $x(t)$ 为虚偶函数或虚奇函数,则 $X(f)$ 的结论为虚实位置相互交换。

2. 线性叠加性

若信号 $x(t)$ 和 $y(t)$ 的傅里叶变换分别为 $X(f)$ 和 $Y(f)$ ，则

$$ax(t)+by(t)\Longleftrightarrow aX(f)+bY(f) \tag{1.31}$$

式(1.32)表明两个信号线性组合的傅里叶变换是单个信号傅里叶变换的线性组合。这个性质可以推广到任意多个信号。

3. 对称性

若 $x(t)\Longleftrightarrow X(f)$ ，则

$$X(t)\Longleftrightarrow x(-f) \tag{1.32}$$

证明 $x(t)=\int_{-\infty}^{\infty}X(f)\cdot e^{j2\pi ft}df$，以 $-t$ 代替 t，则 $x(-t)=\int_{-\infty}^{\infty}X(f)\cdot e^{-j2\pi ft}df$，再把 t 与 f 互换，则

$$x(-f)=\int_{-\infty}^{\infty}X(t)\cdot e^{-j2\pi ft}dt$$

即 $X(t)\Longleftrightarrow x(-f)$。

对称性如图 1.16 所示。这表明信号的时域波形与信号的频谱波形有着相互对应的关系。

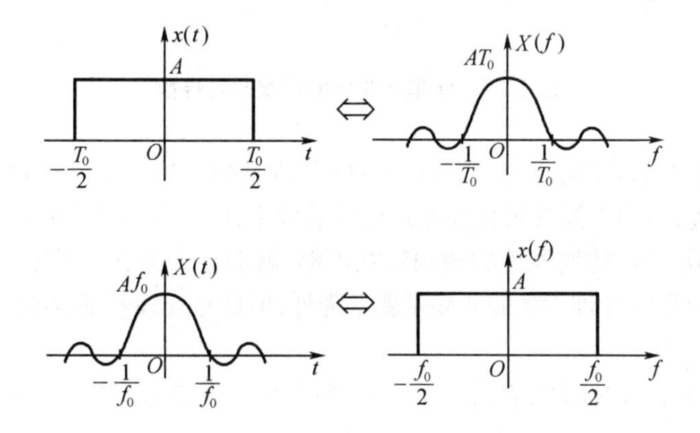

图 1.16 傅里叶变换的对称性

4. 时间尺度改变特性

在时域信号 $x(t)$ 幅值不变的情况下，若 $x(t)\Longleftrightarrow X(f)$ ，则

$$x(kt)\Longleftrightarrow \frac{1}{|k|}\cdot X\left(\frac{f}{k}\right) \tag{1.33}$$

式中，k 为实常数。

证明 当 $k>0$ 时

$$x(kt)\Longleftrightarrow \int_{-\infty}^{\infty}x(kt)e^{-j2\pi ft}dt=\frac{1}{k}\int_{-\infty}^{\infty}x(kt)e^{-j2\pi\frac{f}{k}kt}d(kt)=\frac{1}{k}X\left(\frac{f}{k}\right)$$

当 $k<0$ 时

$$x(kt)\Longleftrightarrow \int_{\infty}^{-\infty}x(kt)e^{-j2\pi ft}dt=-\frac{1}{k}\int_{-\infty}^{\infty}x(kt)e^{-j2\pi\frac{f}{k}kt}d(kt)=-\frac{1}{k}X\left(\frac{f}{k}\right)$$

综合上述两种情况，k 为实常数时，式(1.33)成立。

时间尺度改变特性揭示了信号的时间函数与频谱之间的尺度在扩展和压缩方面的对应关

系，如图 1.17 所示。即时域波形的压缩将对应着频谱图形的扩展，且信号的持续时间与其占有的频带成反比。信号持续时间压缩 k 倍（ $k > 1$ ），则其频宽扩展 k 倍，幅值为原来的 $1/k$ 。

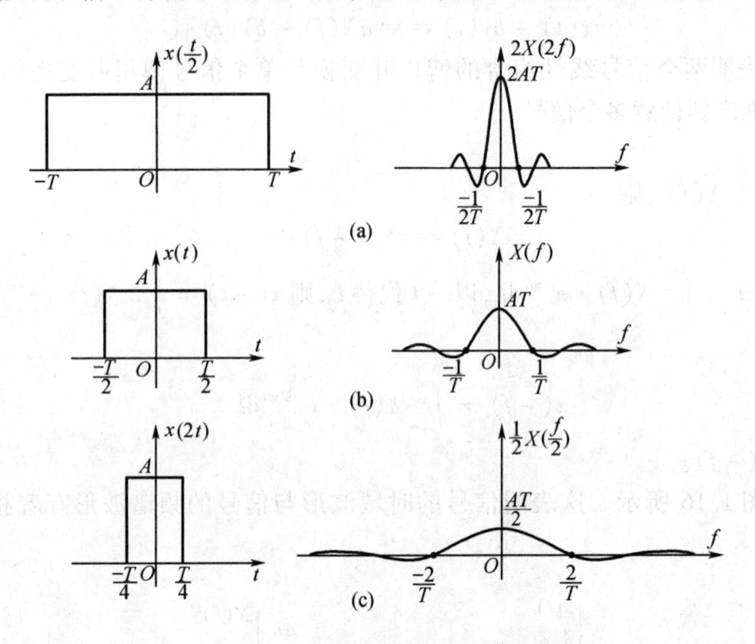

图 1.17　傅里叶变换的尺度改变特性

傅里叶变换的尺度改变特性对于测试系统的分析是很有帮助的。例如，把记录磁带慢录快放，就是时间尺度的压缩，这样可提高处理信号的效率，但所得到的播放信号频带就会加宽。若后处理设备，如放大器、滤波器等的通频带宽不够，就会导致失真。反之，快录慢放，则播放信号的带宽变窄，对后续处理设备的通频带要求降低，但信号处理效率也随之降低。

5. 时移、频移特性

若 $x(t) \rightleftharpoons X(f)$ ，在时域中，信号沿时间轴平移一常值 t_0 ，则

$$x(t - t_0) \rightleftharpoons X(f)\mathrm{e}^{-\mathrm{j}2\pi f t_0} \tag{1.34}$$

在频域中，信号的频谱沿频率轴平移一常值 f_0 ，则

$$X(f \pm f_0) \rightleftharpoons x(t)\mathrm{e}^{\mp\mathrm{j}2\pi f_0 t} \tag{1.35}$$

证明　(1)时移特性

$$x(t - t_0) \rightleftharpoons \int_{-\infty}^{\infty} x(t - t_0)\mathrm{e}^{-\mathrm{j}2\pi f t}\mathrm{d}t = \int_{-\infty}^{\infty} x(t - t_0)\mathrm{e}^{-\mathrm{j}2\pi f(t - t_0 + t_0)}\mathrm{d}(t - t_0)$$

令 $t - t_0 = m$，

则 $x(t - t_0) \rightleftharpoons \int_{-\infty}^{\infty} x(m)\mathrm{e}^{-\mathrm{j}2\pi f(m + t_0)}\mathrm{d}m = \mathrm{e}^{-\mathrm{j}2\pi f t_0}\int_{-\infty}^{\infty} x(m)\mathrm{e}^{-\mathrm{j}2\pi f m}\mathrm{d}m = \mathrm{e}^{-\mathrm{j}2\pi f t_0}X(f)$

时移特性表明：如果信号在时域中延迟了时间 t_0 ，则其幅频谱不会改变，而相频谱中各次谐波的相角变化了 $\Delta\varphi$ ，并且与频率成正比，即 $\Delta\varphi = -2\pi f t_0$。

(2)频移特性

$$x(t)\mathrm{e}^{\pm\mathrm{j}2\pi f_0 t} \rightleftharpoons \int_{-\infty}^{\infty} x(t)\mathrm{e}^{\pm\mathrm{j}2\pi f_0 t}\mathrm{e}^{-\mathrm{j}2\pi f t}\mathrm{d}t = \int_{-\infty}^{\infty} x(t)\mathrm{e}^{-\mathrm{j}2\pi t(f \mp f_0)}\mathrm{d}t = X(f \mp f_0)$$

频移特性表明：如果频谱在频率轴上平移了 f_0 ，则原时域信号将与频率为 f_0 的正、余弦信号相乘，即进行了调制（有关信号调制的内容将在本书的第 4 章中介绍）。

6. 卷积特性

对于任意两个函数 $x_1(t)$ 和 $x_2(t)$，它们的卷积定义为

$$x_1(t) * x_2(t) = \int_{-\infty}^{\infty} x_1(\tau) x_2(t-\tau) \mathrm{d}\tau \tag{1.36}$$

记作 $x_1(t) * x_2(t)$。

若

$$x_1(t) \rightleftharpoons X_1(f)$$
$$x_2(t) \rightleftharpoons X_2(f)$$

则

$$x_1(t) * x_2(t) \rightleftharpoons X_1(f) \cdot X_2(f) \tag{1.37}$$
$$x_1(t) \cdot x_2(t) \rightleftharpoons X_1(f) * X_2(f) \tag{1.38}$$

式(1.37)证明

$$\begin{aligned}\mathscr{F}[x_1(t) * x_2(t)] &= \int_{-\infty}^{\infty} \left[\int_{-\infty}^{\infty} x_1(\tau) x_2(t-\tau) \mathrm{d}\tau\right] \mathrm{e}^{-\mathrm{j}2\pi ft} \mathrm{d}t \\ &= \int_{-\infty}^{\infty} x_1(\tau) \left[\int_{-\infty}^{\infty} x_2(t-\tau) \mathrm{e}^{-\mathrm{j}2\pi ft} \mathrm{d}t\right] \mathrm{d}\tau \quad \text{（交换积分顺序）} \\ &= \int_{-\infty}^{\infty} x_1(\tau) X_2(f) \mathrm{e}^{-\mathrm{j}2\pi f\tau} \mathrm{d}\tau \quad \text{（根据时移特性）} \\ &= X_1(f) \cdot X_2(f)\end{aligned}$$

同理可证明式(1.38)。

卷积特性表明：两个函数在时域中的卷积，对应于频域中的乘积；而两个函数在时域中的乘积，对应于频域中的卷积。

7. 微分和积分特性

若 $x(t) \rightleftharpoons X(f)$，则将式(1.28)对时间微分可得

$$\frac{\mathrm{d}^n x(t)}{\mathrm{d}t^n} \rightleftharpoons (\mathrm{j}2\pi f)^n X(f) \tag{1.39}$$

将式(1.27)对频率微分可得

$$(-\mathrm{j}2\pi f)^n x(t) \rightleftharpoons \frac{\mathrm{d}^n X(f)}{\mathrm{d}f^n} \tag{1.40}$$

将式(1.28)对时间积分可得

$$\int_{-\infty}^{t} x(t) \mathrm{d}t \rightleftharpoons \frac{1}{\mathrm{j}2\pi f} X(f) \tag{1.41}$$

在振动测试中，如果测得振动系统的位移、速度或加速度中的任意一个参数，应用微分、积分特性就可以获得其他参数的频谱。

1.4 典型信号的频谱

1.4.1 δ函数及其频谱

1. δ函数的定义

在 ε 时间内激发一个矩形脉冲 $S_\varepsilon(t)$，如图1.18所示，其所包含的面积为1。当 $\varepsilon \to 0$

时，$S_{\varepsilon}(t)$ 的极限称为单位脉冲函数，记作 $\delta(t)$，即

$$\lim_{\varepsilon\to 0} S_{\varepsilon}(t) = \delta(t) \tag{1.42}$$

图1.19显示了矩形脉冲到 δ 函数的转化关系。

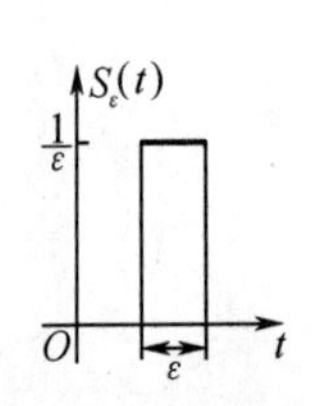

图1.18　单位面积为1的矩形脉冲

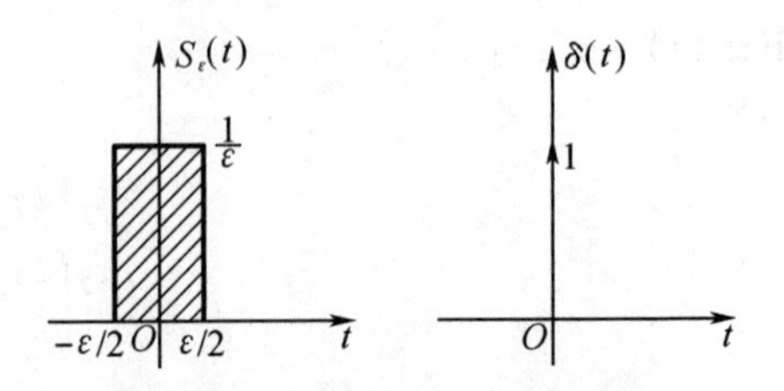

图1.19　矩形脉冲与 δ 函数

从函数极限的角度可得

$$\delta(t) = \begin{cases} \infty, (t = 0) \\ 0, (t \neq 0) \end{cases} \tag{1.43}$$

从面积的角度可得

$$\int_{-\infty}^{\infty} \delta(t)\mathrm{d}t = \lim_{\varepsilon\to 0}\int_{-\infty}^{\infty} S_{\varepsilon}(t)\mathrm{d}t = 1 \tag{1.44}$$

实际上，信号的持续时间不可能为零，因此 δ 函数是一个理想函数。当 $\varepsilon \to 0$ 时 δ 函数在原点的幅值为无穷大，但是其包含的面积值始终为1。

2. δ 函数的性质

(1)采样特性

如果 δ 函数与某一连续信号 $x(t)$ 相乘，则其乘积在 $t = 0$ 处的值为 $x(0)\delta(t)$，其余各点（$t \neq 0$）的乘积均为零，即

$$\int_{-\infty}^{\infty} x(t) \cdot \delta(t)\mathrm{d}t = \int_{-\infty}^{\infty} x(0) \cdot \delta(t)\mathrm{d}t = x(0) \tag{1.45}$$

同样，对于延时 t_0 的 δ 函数 $\delta(t - t_0)$，只有在 $t = t_0$ 处其乘积不等于零，即

$$\int_{-\infty}^{\infty} x(t) \cdot \delta(t - t_0)\mathrm{d}t = x(t_0) \tag{1.46}$$

δ 函数相当于一个采样器，当 δ 脉冲出现的时刻，δ 函数把与之相乘的信号 $x(t)$ 在该时刻的值取出来，这一性质对连续信号的离散采样是十分重要的。

(2)卷积特性

在两个函数的卷积运算过程中，若有一个函数为脉冲函数 $\delta(t)$，则卷积运算是一种最简单的卷积积分，即

$$x(t) * \delta(t) = \int_{-\infty}^{\infty} x(\tau)\delta(t - \tau)\mathrm{d}\tau = x(t) \tag{1.47}$$

$x(t)$ 与 $\delta(t)$ 的卷积等于 $x(t)$，其图形表示如图1.20所示。

同理，脉冲函数 $\delta(t \pm t_0)$ 与函数 $x(t)$ 的卷积为

$$x(t) * \delta(t \pm t_0) = \int_{-\infty}^{\infty} x(\tau)\delta(t \pm t_0 - \tau)\mathrm{d}\tau = x(t \pm t_0) \tag{1.48}$$

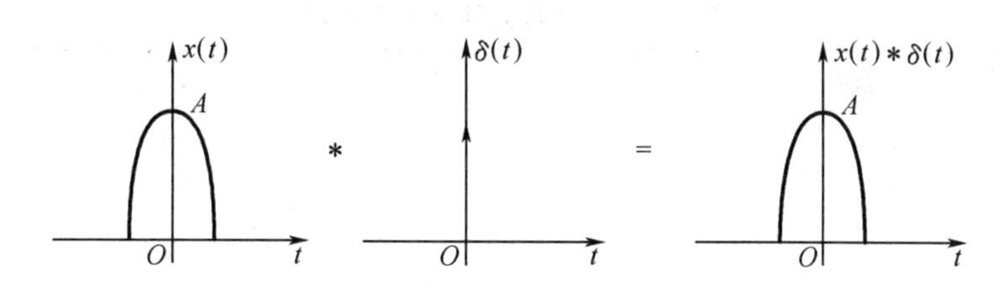

图 1.20 δ 函数的卷积特性 ($t_0 = 0$)

$x(t)$ 与 $\delta(t \pm t_0)$ 的卷积等于 $x(t \pm t_0)$ 。可见，函数 $x(t)$ 与 δ 函数的卷积结果，就是将 $x(t)$ 函数由坐标原点移至 δ 函数所在的位置，重新构图，如图 1.21 所示。

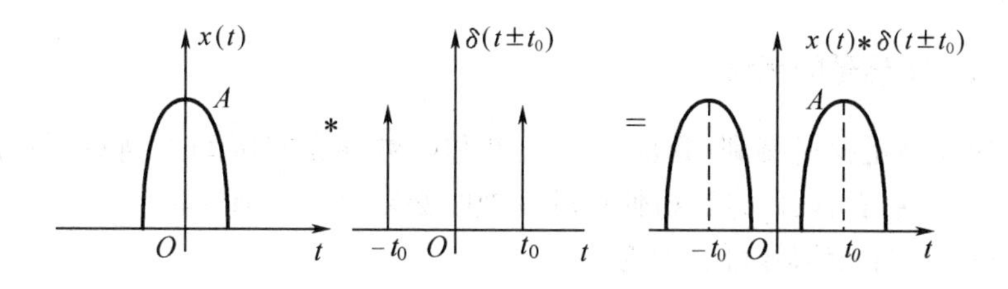

图 1.21 δ 函数的卷积特性($t_0 \neq 0$)

3. δ 函数的频谱

将 $\delta(t)$ 进行傅里叶变换，考虑 δ 函数的采样特性，则

$$\Delta(f) = \int_{-\infty}^{\infty} \delta(t) e^{-j2\pi ft} dt = e^0 = 1 \tag{1.49}$$

其逆变换为

$$\delta(t) = \int_{-\infty}^{\infty} 1 \cdot e^{j2\pi ft} df \tag{1.50}$$

因此，δ 函数具有无限宽广的频谱，且在所有的频段上都是等强度的，如图 1.22(a)所示，这种频谱称为“均匀谱”，是理想的白噪声。

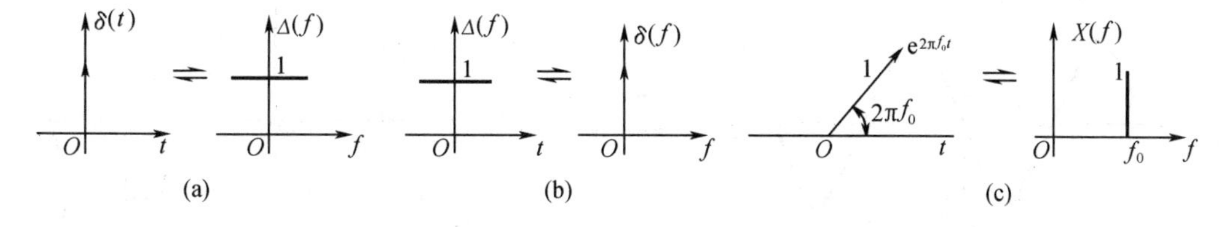

图 1.22 δ 函数频谱的含义

根据傅里叶变换的对称性、时移和频移特性，可以得到 δ 函数的傅里叶变换对。表 1.4 表明，“1”的傅里叶变换就是单位脉冲函数 $\delta(f)$ ，这说明时域中的直流信号在频域中只含 $f = 0$ 的直流分量，而不包含其他频率成分，如图 1.22(b)所示。

表 1.4　δ 函数的傅里叶变换对

时域	频域
$\delta(t)$	1
1	$\delta(f)$
$\delta(t-t_0)$	$e^{-j2\pi f t_0}$
$e^{j2\pi f_0 t}$	$\delta(f-f_0)$

表 1.4 左侧时域信号 $x(t)=e^{j2\pi f_0 t}$ 为一复指数信号，表示一个单位长度的矢量，以固定的角频率 $2\pi f_0$ 逆时针旋转。复指数信号经傅里叶变换后，其频谱是位于 f_0 处、强度为 1 的脉冲，如图 1.22(c)所示。

1.4.2　正、余弦信号的频谱

傅里叶变换要满足狄里赫利(Dirichlet)条件和函数在无限区间上绝对可积的条件，而正、余弦信号不满足后者，因此在进行傅里叶变换时必须引入 δ 函数。

由欧拉公式，正、余弦信号可表示为

$$\sin 2\pi f_0 t=\frac{j}{2}(e^{-j2\pi f_0 t}-e^{j2\pi f_0 t})$$

$$\cos 2\pi f_0 t=\frac{1}{2}(e^{-j2\pi f_0 t}+e^{j2\pi f_0 t})$$

根据表 1.4 中 δ 函数的傅里叶变换对，正、余弦信号的傅里叶变换为

$$\sin 2\pi f_0 t \Longleftrightarrow \frac{j}{2}[\delta(f+f_0)-\delta(f-f_0)] \tag{1.51}$$

$$\cos 2\pi f_0 t \Longleftrightarrow \frac{1}{2}[\delta(f+f_0)+\delta(f-f_0)] \tag{1.52}$$

可以认为，正弦信号的频谱是两个 δ 函数向相反方向频移后之差，余弦信号的频谱是两个 δ 函数向相反方向频移后之和。正、余弦信号的频谱如图 1.23 所示。

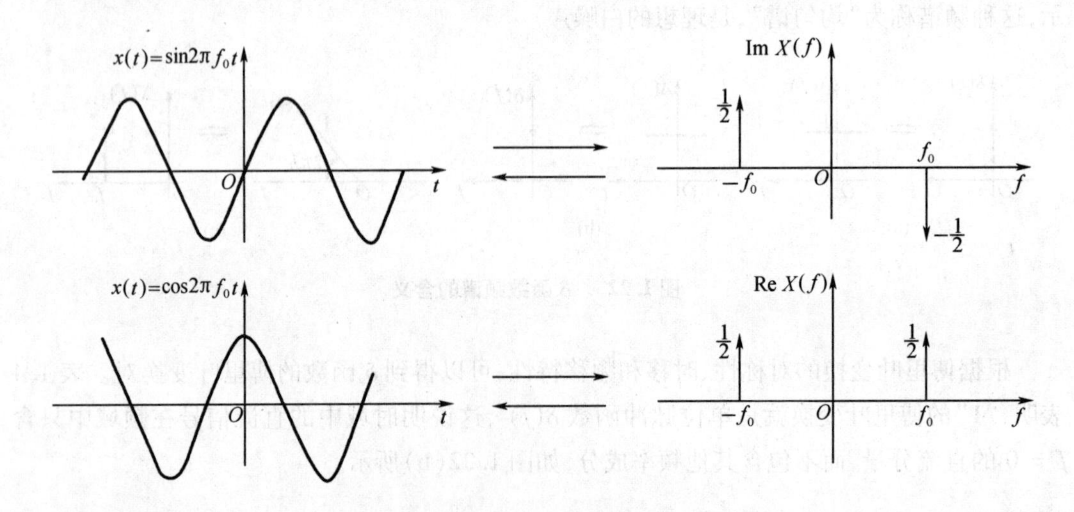

图 1.23　正、余弦信号的频谱图

1.4.3 周期脉冲序列的频谱

等间隔的周期单位脉冲序列也称为梳状函数,如图 1.24(a)所示,表示为

$$g(t) = \sum_{n=-\infty}^{\infty} \delta(t - nT_s) \tag{1.53}$$

式中, T_s 为周期; n 为整数, $n = 0, \pm 1, \pm 2, \pm 3, \cdots$。其傅里叶级数复指数式为

$$g(t) \Longleftrightarrow \sum_{n=-\infty}^{\infty} C_k e^{j2\pi n f_s t} \tag{1.54}$$

式中, $f_s = 1/T_s$,而系数 C_k 为

$$C_k = \frac{1}{T_s}\int_{-\frac{T_s}{2}}^{\frac{T_s}{2}} g(t) e^{-j2\pi n f_s t} dt$$

在区间 $\left(-\frac{T_s}{2}, \frac{T_s}{2}\right)$ 内, $g(t) = \delta(t)$,同时根据 δ 函数的采样特性可得

$$C_k = \frac{1}{T_s}\int_{-\frac{T_s}{2}}^{\frac{T_s}{2}} \delta(t) e^{-j2\pi n f_s t} dt = \frac{1}{T_s} = f_s \tag{1.55}$$

因此,周期单位脉冲序列 $g(t)$ 的频谱 $G(f)$ 为

$$G(f) = f_s \sum_{n=-\infty}^{\infty} \delta(f - nf_s) = \frac{1}{T_s}\sum_{n=-\infty}^{\infty} \delta\left(f - \frac{n}{T_s}\right) \tag{1.56}$$

可见,周期单位脉冲序列的频谱也是一个周期脉冲序列,其强度和频率间隔均为 f_s ,如图 1.24(b)所示。

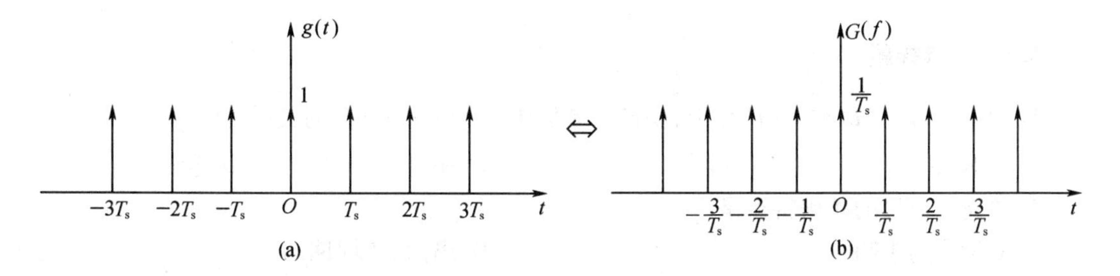

图 1.24 周期单位脉冲序列及其频谱图

(a)周期单位脉冲序列;(b)周期单位脉冲序列的频谱

根据 δ 函数的采样特性可知,周期单位脉冲序列 $g(t)$ 和某一信号 $x(t)$ 的乘积,就是周期单位脉冲序列在若干离散时刻 nT_s ,获取信号 $x(t)$ 的瞬时值,如图 1.25 所示。周期单位脉冲序列通常被用作信号的采样。

总之,根据信号的不同特征,信号有不同的分类方法。采用信号"域"的描述方法可以突出信号不同的特征。信号的时域描述以时间为独立变量,揭示信号的幅值随时间变化的特征;信号的频域描述以角频率或频率为独立变量,揭示信号的幅值和相位随频率变化的特征。

一般周期信号可以利用傅里叶级数三角函数式和复指数式展开,获得其离散频谱。周期信号的频谱具有离散性、谐波性和收敛性。

利用傅里叶变换公式可以求得瞬变非周期信号的连续频谱。理解并掌握频谱密度函数的含义、傅里叶变换的主要性质和典型信号的频谱,并能加以灵活运用,具有重要意义。

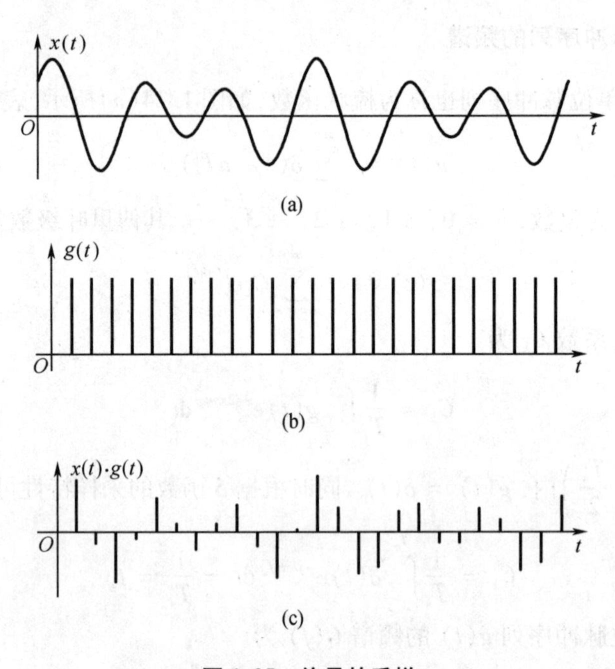

图 1.25　信号的采样

(a)原始信号；(b)周期单位脉冲序列；(c)采样后的信号

1.5　习　　题

1.5.1　选择题

1. 时域信号 $x_1(t)$ 和 $x_2(t)$ 相乘，变换到频域中 $X_1(f)$ 和 $X_2(f)$ 的关系是________。

A. 相加　　B. 相乘　　C. 相除　　D. 卷积

2. 非周期信号的频谱特点是________。

A. 离散、周期的　　B. 离散、非周期的

C. 连续、非周期的　　D. 连续、周期的

3. 如果 $\delta(t) \Longleftrightarrow 1$，根据傅里叶变换的________性质，则有 $e^{j2\pi f_0 t} \Longleftrightarrow \delta(f-f_0)$。

A. 时移　　B. 频移　　C. 相似　　D. 对称

4. 信号 $x(t) = 1 - e^{-t/\tau}$，则该信号是________。

A. 周期信号　　B. 随机信号　　C. 瞬变非周期信号　　D. 能量信号

5. 如果单位脉冲函数 $\delta(t)$ 的频谱为 1，则 $\delta(t+t_0)$ 的频谱为________。

A. $e^{j\omega t_0}$　　B. $e^{-j\omega t_0}$　　C. $e^{j\omega(t-t_0)}$　　D. $e^{-j\omega(t-t_0)}$

1.5.2　填空题

1. 确定性信号可分为________和________两大类，前者的频谱特点是________，后者的频谱特点是________。

2. 绘制周期信号 $x(t)$ 的单边频谱图，依据的数学表达式是________，而其双边频谱图依据的数学表达式是________。

3. 周期信号 $x(t)$ 的傅里叶三角级数展开式中：a_n 表示________，b_n 表示________，a_0 表示________，A_n 表示________，φ_n 表示________，$n\omega_0$ 表示________。

4. 在周期信号的强度表述参数中，均值又叫________，有效值又称为________，有效值的平方称为________。

5. 单位脉冲函数 $\delta(t)$ 的频谱为________，它在所有频段上都是________，这种信号又称为________。

1.5.3 简答题

1. 判断下列哪个信号是周期信号，并确定其最小周期：

(A) $f(t) = 2\cos\left(3t + \frac{\pi}{4}\right)$　　(B) $f(t) = \left[\sin\left(t - \frac{\pi}{6}\right)\right]^2$

(C) $f(t) = \cos(2\pi t) \cdot u(t)$　　(D) $f(t) = \sin\omega_0 t + \sin\sqrt{2}\omega_0 t$

2. 周期信号与瞬变非周期信号有何区别？二者频谱的区别是什么？

3. 简述周期信号频谱的特点。

4. 分析周期信号的频率组成可采用什么数学工具，周期信号可否进行傅里叶变换，为什么？

5. 连续信号 $x(t)$ 与单位脉冲函数 $\delta(t - t_0)$ 进行卷积的几何意义是什么？

1.5.4 计算题

1. 如题 1.4 图(a)所示，试求周期方波傅里叶级数三角函数展开式，并画出其幅频图。

2. 如题 1.4 图(b)所示，求指数函数 $x(t) = Ae^{-at}(a>0, t\geqslant 0)$ 的频谱。

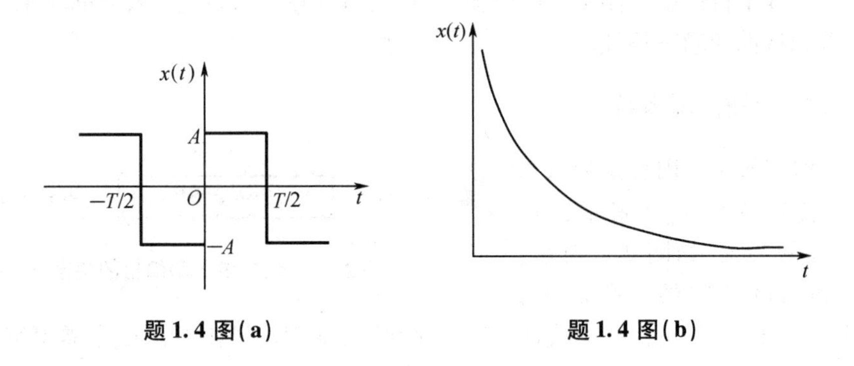

题 1.4 图(a)　　题 1.4 图(b)

3. 求正弦信号 $x(t) = x_0\sin(\omega_0 t + \varphi)$ 的均值 μ_x、绝对均值 $\mu_{|x|}$ 和均方根值 x_{rms}。

第 2 章　测试系统的基本特性

【教学提示】

本章主要介绍测试系统的静态特性和动态特性。其中,静态特性主要介绍系统的静态特性指标,动态特性包括频率响应特性、测试系统不失真条件以及系统动态特性参数的测试。系统的动态特性分析是本章的重点和难点。

【教学指导】

1. 掌握测试系统静态特性指标;
2. 掌握一阶、二阶系统频率响应特性的分析方法;
3. 掌握测试系统不失真的测试条件;
4. 了解测试系统动态特性参数的实验测量方法;
5. 掌握负载效应的基本概念。

2.1　测试系统概述

测试系统的基本特性就是测试系统的输入量、输出量和测试系统三者之间关系的描述。其主要包括静态特性和动态特性。

2.1.1　测试系统的基本要求

工程测试研究的主要内容是输入量 $x(t)$ 、系统的传输特性 $h(t)$ 和输出量 $y(t)$ 三者之间的关系,如图 2.1 所示。$x(t)$, $h(t)$ 和 $y(t)$ 之间具有确定的关系,当已知其中两个量时,可以推断或估计第三个量,这就构成了工程测试中需要解决的三方面问题:

图 2.1　系统、输入和输出的关系

(1)已知输入量和系统的传输特性,可以推断或估计系统的输出量,通常应用于根据被测量(输入量)的测量要求搭建多个环节的测试系统;

(2)已知输入量和输出量,可以推断系统的传输特性,通常应用于系统的研究、设计与加工,一般用数学模型来表示测试系统的特性;

(3)已知系统的传输特性和输出量,可以推断系统的输入量,这就是通常应用测试系统来测定未知物理量的过程。

输入量经测试系统得到输出量,系统的特性对输出量会产生影响,因此,在动态测试中,要使输出信号真实地反映输入信号,测试系统必须满足一定的要求,即一个理想的测试系统应具有单值的、确定的输入与输出关系,对应每一个输入量应该只有单一的输出量。

2.1.2 线性定常系统及其主要性质

1.线性定常系统的概念

线性系统的输入量 $x(t)$ 和输出量 $y(t)$ 都是时间的函数,因此二者之间的关系可以用微分方程来描述。如果测试系统输入、输出之间满足式(2.1)线性微分方程的一般形式,则该系统称为线性定常系统,也称为线性时不变系统,简称线性系统。

$$a_n \frac{d^n y(t)}{dt^n} + a_{n-1} \frac{d^{n-1} y(t)}{dt^{n-1}} + \cdots + a_1 \frac{dy(t)}{dt} + a_0 y(t)$$

$$= b_m \frac{d^m x(t)}{dt^m} + b_{m-1} \frac{d^{m-1} x(t)}{dt^{m-1}} + \cdots + b_1 \frac{dx(t)}{dt} + b_0 x(t) \tag{2.1}$$

式中,系数 a_n , a_{n-1} ,…, a_1 , a_0 和 b_m , b_{m-1} ,…, b_1 , b_0 均为常数,不随时间而变化;n 和 m 为微分的阶次,一般 $n \geqslant m$,并称 n 为线性系统的阶数。

在工程测试和科学实验中,大量的物理系统往往都不是线性系统,但是通过近似处理和合理简化,可以近似地用线性系统来处理。本书讨论和研究的范围限定于线性定常系统,至于非线性系统的处理方法可以参见相关书籍。

2.线性定常系统的性质

如以 $x(t) \to y(t)$ 表示线性系统输入与输出的对应关系,则线性系统具有以下主要性质。

(1)线性特性

对于线性系统,当输入信号为 $x_1(t)$ 和 $x_2(t)$,其对应的输出分别为 $y_1(t)$ 和 $y_2(t)$ 时,记作 $x_1(t) \to y_1(t)$, $x_2(t) \to y_2(t)$,且 k_1 和 k_2 均为常数,则有

$$[k_1 x_1(t) \pm k_2 x_2(t)] \to [k_1 y_1(t) \pm k_2 y_2(t)] \tag{2.2}$$

线性特性表明:如果输入放大,则输出成比例放大;当输出是由多个输入引起时,则输出等于每个输入作用于系统引起的输出之和。

(2)微分特性

系统对输入微分的响应等同于对原输入响应的微分,若 $x(t) \to y(t)$,则

$$\frac{dx(t)}{dt} \to \frac{dy(t)}{dt} \tag{2.3}$$

该特性可以用于已知系统的响应,求系统微分的响应。例如:已知一阶系统的阶跃响应,求该系统的脉冲响应时,直接求阶跃响应的微分即可。

(3)积分特性

当初始条件为零时,系统对输入积分的响应等同于对原输入响应的积分,若 $x(t) \to y(t)$,则

$$\int_0^{t_0} x(t)\,dt \to \int_0^{t_0} y(t)\,dt \tag{2.4}$$

(4)频率保持特性

若输入为某一频率的简谐信号,则系统的稳态输出必是同频率的简谐信号,即 $x(t) = X\cos(\omega t + \varphi_x) \to y(t) = Y\cos(\omega t + \varphi_y)$ 。

在线性系统的主要特性中,线性特性和频率保持特性非常重要,是分析系统频率响应特性的依据。如果已知输入信号的频率,那么依据频率保持特性,可以认定输出信号中只有与输入频率相同的成分才真正是由该输入引起的输出,而其他频率成分都是干扰。因此,采用

相关滤波技术，在复杂的干扰下，能够把有用信息提取出来。

2.2 测试系统的静态特性

测试系统的静态特性就是在静态测量情况下描述实际测试系统与理想线性系统的接近程度，即描述在被测量处于稳定状态时的输入－输出关系。

描述测试系统静态特性的主要性能指标有灵敏度、线性度、回程误差、分辨力、重复性和漂移等。

2.2.1 灵敏度

灵敏度是测量装置在稳态下输出量的变化量 Δy 与输入量的变化量 Δx 之比，即

$$S = \frac{\Delta y}{\Delta x} \tag{2.5}$$

对于理想的线性系统，灵敏度为

$$S = \frac{\Delta y}{\Delta x} = \frac{y}{x} = \frac{b_0}{a_0} = \text{常数} \tag{2.6}$$

实际的测量装置并不一定是线性系统，因此灵敏度也不一定为常数。通常情况下，灵敏度是有量纲的，当输入量与输出量量纲相同时，常用“放大倍数”一词代替灵敏度。

若测试系统由灵敏度分别为 S_1，S_2，S_3 等多个相对独立的测量装置组成时（如图2.2所示），测试系统总的灵敏度 S 为各个环节灵敏度的乘积，即

$$S = \frac{\Delta y}{\Delta x} = \frac{\Delta v}{\Delta x}\frac{\Delta u}{\Delta v}\frac{\Delta y}{\Delta u} = S_1 S_2 S_3 \tag{2.7}$$

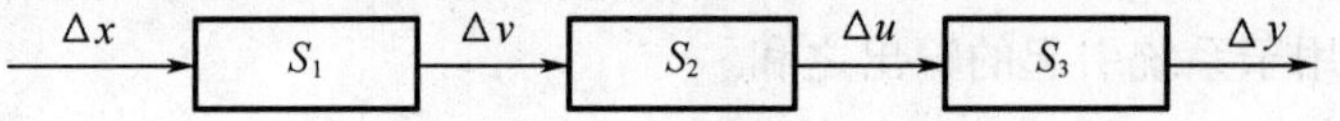

图2.2 多个环节组成测量系统的灵敏度

灵敏度数值越大，表示相同的输入变化量引起输出变化量越大，表明灵敏度越高。在选择测试系统的灵敏度时，要充分考虑其合理性，因为系统的灵敏度和系统的量程有关。一般来说，系统的灵敏度越高，其测量范围越窄，稳定性也越差。

2.2.2 线性度

线性度是指测量装置输出、输入之间关系与理想比例关系的偏离程度，也称线性误差。

常用标定曲线与拟合直线的最大偏差定义线性度。如图2.3所示，1为标定曲线，2为拟合直线，二者最大偏差为 B，在装置全量程范围 A 内，线性误差表示为

$$\text{线性误差} = \frac{B}{A} \times 100\% \tag{2.8}$$

拟合直线通常由两种方法确定：一种是端点连线法，用测量范围的最小和最大数据点连线来代替拟合直线，如图2.4中的直线3，该方法求解过程比较简单，但是其准确度较差；另一种是最小二乘法，通过找到一组数据的最佳函数匹配拟合直线方程，使输入与输出曲线上各点的线性误差的平方和最小。

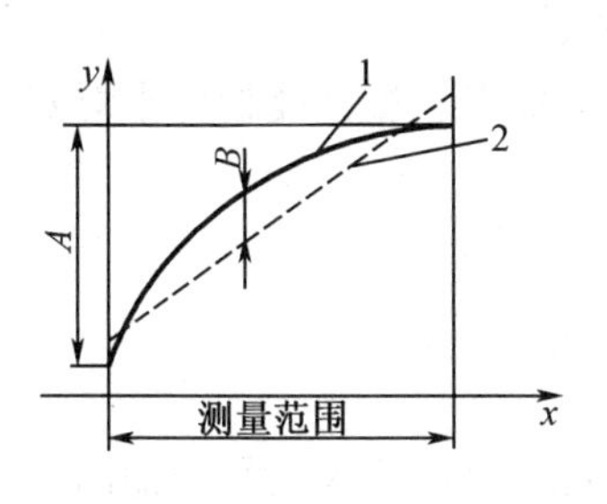

图 2.3 线性度曲线

1—标定曲线;2—拟合直线

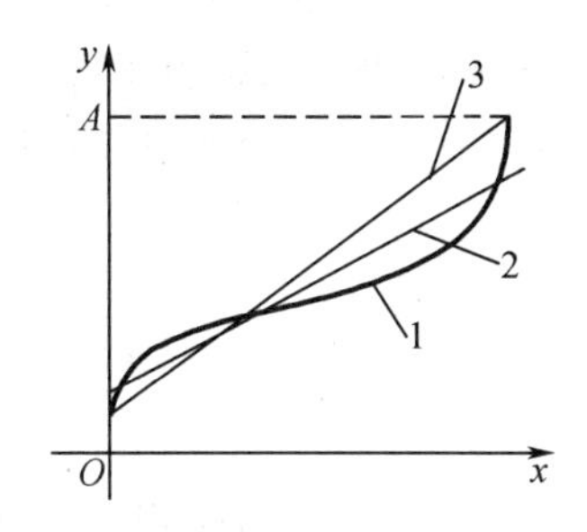

图 2.4 拟合直线的确定

1—标定曲线;2—最小二乘法拟合直线;

3—端点连线法拟合直线

2.2.3 回程误差

回程误差也称为迟滞或空程误差,是系统在正行程和反行程上输入－输出曲线不重合的程度。如图 2.5 所示,回程误差通常用同一输入量的两个输出量之差的最大值 h_{max} 与全量程范围 A 之比表示,即

$$\text{回程误差} = \frac{h_{max}}{A} \times 100\% \tag{2.9}$$

回程误差产生的原因主要是,仪器仪表中的磁性材料的磁滞、弹性材料的迟滞现象,以及机械结构中的摩擦和游隙等造成的。其表现为测试过程中输入量在递增过程中的标定曲线与输入量在递减过程中的标定曲线不重合。

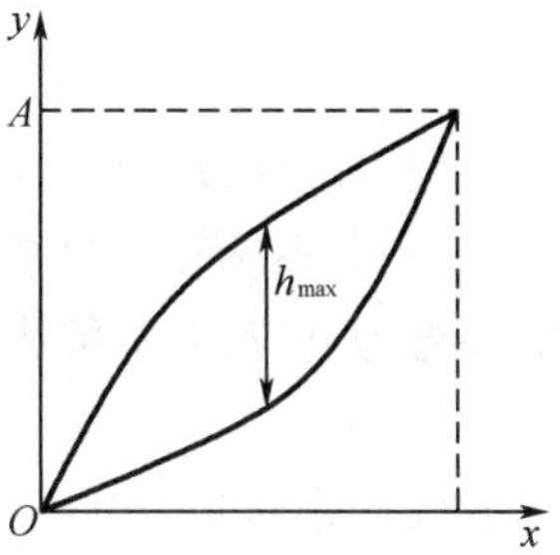

图 2.5 回程误差

2.2.4 分辨力

分辨力表示引起测量装置的输出值产生一个可察觉变化的最小输入量(被测量)的变化值。与分辨力相关的另一个概念是分辨率,即最小输入量的变化值与可能输入范围之比的百分数。显示模拟量的仪表的分辨力通常是最小刻度的 1/10。具有数字显示的测量装置,其分辨力是当最小有效数字变化 1 时相应的示值改变量,也相当于一个最小分度值。

2.2.5 重复性

重复性是在同一测试条件下,对同一被测量进行多次连续测量,所得到的测量值不一致的程度。测量结果分散范围越小,重复性越好,仪器精度越高。

2.2.6 漂移

漂移是指在输入量不变的情况下,测量装置输出量随时间发生变化。产生漂移的原因有两个方面:一是测量装置自身的结构参数不对称,二是周围环境温度或湿度的变化。最常见的漂移是温度漂移和零点漂移。温度漂移通常用测量装置工作环境温度偏离标准环境温度(一般为 20 ℃)时的输出值的变化量与温度变化量之比来表示。零点漂移是指测量装置输出零点偏离原始零点的大小。

总之，测试系统的输入输出之间最好满足单值、线性的关系，且静态特性参数应满足测量的要求。但实际测试系统由于各种因素，如设计方案、制造工艺、结构、材料以及使用条件等方面的影响，往往使系统的静态特性不够理想，因此需要用静态性能指标来对其进行客观地评价。

2.3 测试系统的动态特性

在工程测试中，大量的被测信号是随时间变化的动态信号，输入信号与输出信号之间表现为动态关系。测试系统的动态特性是指输入信号随时间变化时，输出信号随输入信号变化的关系。系统的动态特性用数学模型来描述，常见的数学模型有微分方程、传递函数和频率响应函数。

2.3.1 动态特性的数学模型

1. 微分方程

微分方程是根据相应的物理定律（如牛顿定律、能量守恒定律、基尔霍夫电路定律等），用线性常系数微分方程表示系统的输入 $x(t)$ 与输出 $y(t)$ 关系的数学方程式，例如：

$$\begin{aligned} & a_n \frac{\mathrm{d}^n}{\mathrm{d}t^n}y(t) + a_{n-1}\frac{\mathrm{d}^{n-1}}{\mathrm{d}t^{n-1}}y(t) + \cdots + a_1\frac{\mathrm{d}}{\mathrm{d}t}y(t) + a_0y(t) \\ = {} & b_m \frac{\mathrm{d}^m}{\mathrm{d}t^m}x(t) + b_{m-1}\frac{\mathrm{d}^{m-1}}{\mathrm{d}t^{m-1}}x(t) + \cdots + b_1\frac{\mathrm{d}}{\mathrm{d}t}x(t) + b_0x(t) \end{aligned} \tag{2.10}$$

方程中的系数为系统结构特性参数，方程的阶次由输出量最高微分阶次决定，常见为零阶系统、一阶系统和二阶系统。微分方程的特点是：直观，输入－输出关系明确，可区分瞬态响应和稳态响应，但求解比较麻烦。

2. 传递函数

设线性系统的初始条件为零，对式(2.10)微分方程两边取拉普拉斯变换，将输出量 $y(t)$ 的拉普拉斯变换 $Y(s)$ 与输入量 $x(t)$ 的拉普拉斯变换 $X(s)$ 之比定义为系统的传递函数 $H(s)$，即

$$H(s) = \frac{Y(s)}{X(s)} = \frac{b_ms^m + b_{m-1}s^{m-1} + \cdots + b_1s + b_0}{a_ns^n + a_{n-1}s^{n-1} + \cdots + a_1s + a_0},\ (n \geqslant m) \tag{2.11}$$

式中，s 为复变量，$s = \alpha + \mathrm{j}\omega$。

传递函数以代数式的形式表示系统输入与输出之间的传递特性。传递函数的求解过程比微分方程简单。传递函数主要特点如下：

①传递函数 $H(s)$ 反映系统本身固有的特性，与输入量 $x(t)$ 及系统的初始状态无关。

②传递函数与微分方程等价。拉普拉斯变换是线性变换，不丢失信息，因此传递函数与微分方程等价。

③不同的物理系统可以有相同的传递函数。传递函数只表征系统的传输特性，与系统的物理结构无关。例如，液柱温度计和 RC 低通滤波器同是一阶系统，具有相同的传递函数，但其中一个是热学系统，另一个是电学系统，两者的物理性质完全不同。

3. 频率响应函数

微分方程是在时域中描述系统特性，传递函数是在复数域中描述系统特性，而频率响应

函数是在频率域中描述系统特性的。因为频率响应函数的物理概念明确,容易通过实验来建立,在工程分析中具有较大优势,所以频率响应函数是实验研究系统的重要工具。

(1)频率特性的概念

线性系统在简谐信号 $x(t)=X_0\sin\omega t$ 的激励下,其稳态输出为同频率的简谐信号,$y(t)=Y_0\sin(\omega t+\varphi)$。线性系统在简谐信号的激励下,其稳态输出与输入的幅值比称作幅频特性,记为 $A(\omega)$;稳态输出与输入的相位差称作相频特性,记为 $\varphi(\omega)$。二者统称为系统的频率特性,记为 $H(\omega)$。频率特性也称为频率响应函数。

(2)频率特性的表示方法

频率特性是一个复数函数,可以表示为

$$H(\omega)=U(\omega)+\mathrm{j}V(\omega)=A(\omega)\mathrm{e}^{\mathrm{j}\varphi(\omega)} \tag{2.12}$$

式中,$U(\omega)$ 和 $V(\omega)$ 分别为 $H(\omega)$ 的实部和虚部,幅频特性 $A(\omega)$ 为 $H(\omega)$ 的模,相频特性 $\varphi(\omega)$ 为 $H(\omega)$ 的相角,模与相角可分别由下式计算,即

$$A(\omega)=|H(\omega)|=\sqrt{U^2(\omega)+V^2(\omega)} \tag{2.13}$$

$$\varphi(\omega)=\arctan\frac{V(\omega)}{U(\omega)} \tag{2.14}$$

(3)频率响应函数的求取

频率响应函数的求取通常有三种方法。

①傅里叶变换法。当初始条件为零时,同时测得输入 $x(t)$ 和输出 $y(t)$,由其傅里叶变换 $X(\omega)$ 和 $Y(\omega)$ 的比值,求得频率响应函数 $H(\omega)=Y(\omega)/X(\omega)$。

②在系统的传递函 $H(s)$ 已知的情况下,令 $H(s)$ 中 $s=\mathrm{j}\omega$,便可求出频率响应函数 $H(\omega)$ 为

$$H(\omega)=\frac{Y(\omega)}{X(\omega)}=\frac{b_m(\mathrm{j}\omega)^m+b_{m-1}(\mathrm{j}\omega)^{m-1}+\cdots+b_1(\mathrm{j}\omega)+b_0}{a_n(\mathrm{j}\omega)^n+a_{n-1}(\mathrm{j}\omega)^{n-1}+\cdots+a_1(\mathrm{j}\omega)+a_0},\ (n\geqslant m) \tag{2.15}$$

③实验法。可依次输入不同频率的简谐信号激励测试系统,对于某一个频率 $\omega_i(i=1,2,\cdots)$,测出输入和稳态输出幅值 X_i 和 Y_i,以及相位差 φ_i,便有一组 $A_i=\dfrac{Y_i}{X_i}$ 和 φ_i,当频率 ω_i 在 (ω_1,ω_2) 范围内依次变化时,用全部数据 $A_i-\omega_i$ 和 $\varphi_i-\omega_i$ 便可绘制出频率响应特性曲线,即幅频特性曲线 $A(\omega)-\omega$ 和相频特性曲线 $\varphi(\omega)-\omega$。

4. 环节的串联与并联

(1)串联

有两个环节的传递函数分别为 $H_1(s)$ 与 $H_2(s)$,如图 2.6 所示,若它们之间没有能量交换,则串联而成的测试系统的传递函数为

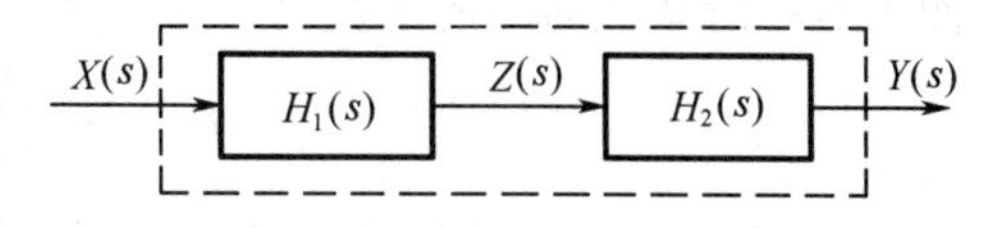

图 2.6 两个环节串联传递函数

$$H(s)=\frac{Y(s)}{X(s)}=\frac{Z(s)}{X(s)}\frac{Y(s)}{Z(s)}=H_1(s)H_2(s) \tag{2.16}$$

一般地,由 n 个环节串联而成的系统其传递函数为

$$H(s)=\prod_{i=1}^{n}H_i(s) \tag{2.17}$$

(2)并联

若系统由两个环节并联而成,如图 2.7 所示,则因为 $Y(s)=Y_1(s)+Y_2(s)$,因而有

$$H(s) = \frac{Y(s)}{X(s)} = \frac{Y_1(s) + Y_2(s)}{X(s)} = H_1(s) + H_2(s) \tag{2.18}$$

由 n 个环节并联组成的系统,其传递函数为

$$H(s) = \sum_{i=1}^{n} H_i(s) \tag{2.19}$$

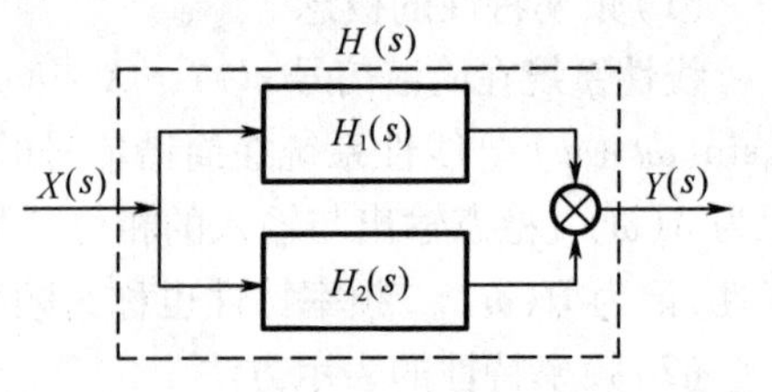

图 2.7　两个环节并联传递函数

(3)串联与并联对应的频率响应函数

若 n 个环节串联,系统频率响应函数为

$$H(\omega) = \prod_{i=1}^{n} H_i(\omega) \tag{2.20}$$

其幅频、相频特性分别为

$$A(\omega) = \prod_{i=1}^{n} A_i(\omega) \tag{2.21}$$

$$\varphi(\omega) = \sum_{i=1}^{n} \varphi_i(\omega) \tag{2.22}$$

而 n 个环节并联,系统的频率响应函数为

$$H(\omega) = \sum_{i=1}^{n} H_i(\omega) \tag{2.23}$$

2.3.2　一阶、二阶系统的频率特性

1. 一阶系统

用一阶微分方程描述的系统称为一阶系统,其微分方程为

$$a_1 \frac{\mathrm{d}y(t)}{\mathrm{d}t} + a_0 y(t) = b_0 x(t)$$

式中,令 $\tau = a_1/a_0$,称为时间常数; $S = b_0/a_0$,称为系统灵敏度,为了讨论方便,常常取 $S = 1$ 。则上式可写成

$$\tau \frac{\mathrm{d}y(t)}{\mathrm{d}t} + y(t) = Sx(t)$$

对上式两边取拉氏变换,则有

$$\tau sY(s) + Y(s) = X(s)$$

进而求得一阶系统的传递函数为

$$H(s) = \frac{Y(s)}{X(s)} = \frac{1}{\tau s + 1} \tag{2.24}$$

令式(2.24)中 $s = \mathrm{j}\omega$,则一阶系统的频率响应函数为

$$H(\omega) = \frac{1}{\mathrm{j}\omega\tau + 1} \tag{2.25}$$

其幅频特性和相频特性分别为

$$A(\omega) = |H(\omega)| = \frac{1}{\sqrt{1 + (\omega\tau)^2}} \tag{2.26}$$

$$\varphi(\omega) = \angle H(\omega) = -\arctan(\omega\tau) \tag{2.27}$$

式(2.27)中,负号表示输出滞后于输入。一阶系统的频率特性可用伯德(Bode)图表示,如图 2.8 所示,或者以无量纲系数 $\omega\tau$ 为横坐标,以幅值 $A(\omega)$ 和相位 $\varphi(\omega)$ 为纵坐标,

绘制成幅频特性和相频特性曲线，如图 2.9 所示。

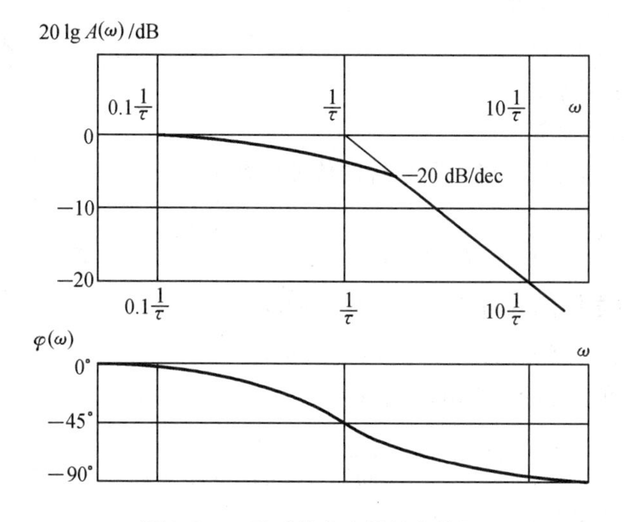

图 2.8 一阶系统频率特性伯德图

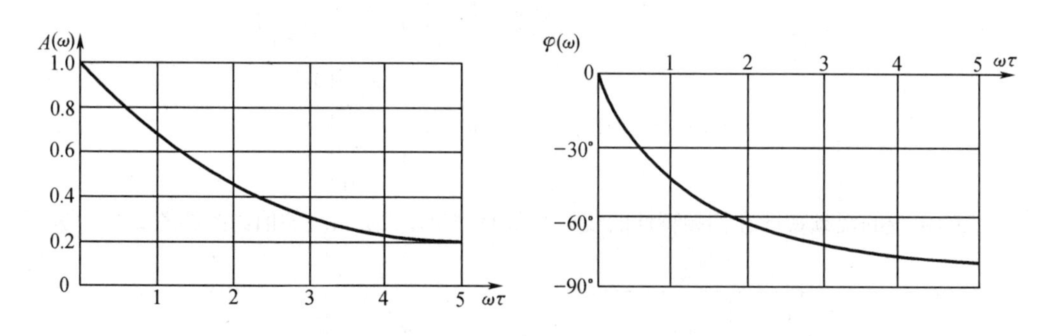

图 2.9 一阶系统的幅频特性和相频特性曲线

一阶系统的频率响应特性如下。

①τ 为一阶系统的时间常数，是反映一阶系统特性的重要参数，τ 越小，系统的通频带越宽，系统的响应时间越短。

②$\omega = 1/\tau$ 点称为转折频率，如图 2.8 所示，在 $\omega = 1/\tau$ 处，$A(\omega)$ 为 −3 dB，相角滞后 45°。

③一阶系统的伯德图可用渐近线来描述，当 $\omega \ll 1/\tau$ 时，这段折线为水平线 $A(\omega) = 1$，表明输出、输入幅值几乎相等；当 $\omega \gg 1/\tau$ 时，折线的斜率为 −20 dB/dec，即频率每增加 10 倍，$A(\omega)$ 下降 20 dB，表明输出的幅值被极大地衰减。

④从图 2.9 可以看出，一阶系统的幅频特性 $A(\omega)$ 随 ω 的增大而减小，故一阶系统是一个低通滤波器，0 ~ $1/\tau$ 所对应的频带宽度称为一阶系统的通频带，从这个意义上将 $1/\tau$ 称为一阶系统的截止频率。

2. 二阶系统

由二阶微分方程描述的系统称为二阶系统，以弹簧 − 质量 − 阻尼系统为例，如图 2.10 所示，其微分方程为

$$m\frac{d^2y(t)}{dt^2}+c\frac{dy(t)}{dt}+ky(t)=x(t)$$

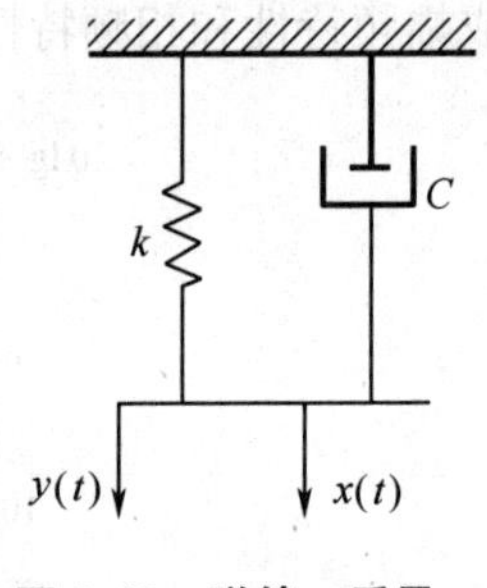

图 2.10　弹簧－质量－阻尼系统

式中　m——系统的质量；

c——黏性阻尼系数；

k——弹簧刚度系数。

上式两边取拉氏变换，得到二阶系统的传递函数为

$$H(s)=\frac{\omega_n^2}{s^2+2\xi\omega_n s+\omega_n^2} \tag{2.28}$$

式中　ω_n——二阶系统的固有频率，$\omega_n=\sqrt{k/m}$；

ξ——二阶系统的阻尼比，$\xi=c/(2\sqrt{mk})$。

令 $s=j\omega$，二阶系统的频率响应函数为

$$H(\omega)=\frac{\omega_n^2}{(j\omega)^2+2\xi\omega_n(j\omega)+\omega_n^2} \tag{2.29}$$

其幅频特性和相频特性分别为

$$A(\omega)=|H(\omega)|=\frac{1}{\sqrt{\left[1-\left(\frac{\omega}{\omega_n}\right)^2\right]^2+4\xi^2\left(\frac{\omega}{\omega_n}\right)^2}} \tag{2.30}$$

$$\varphi(\omega)=\angle H(\omega)=-\arctan\frac{2\xi\left(\frac{\omega}{\omega_n}\right)}{1-\left(\frac{\omega}{\omega_n}\right)^2} \tag{2.31}$$

二阶系统的幅频特性和相频特性曲线如图 2.11 所示，二阶系统的伯德图如图 2.12 所示。

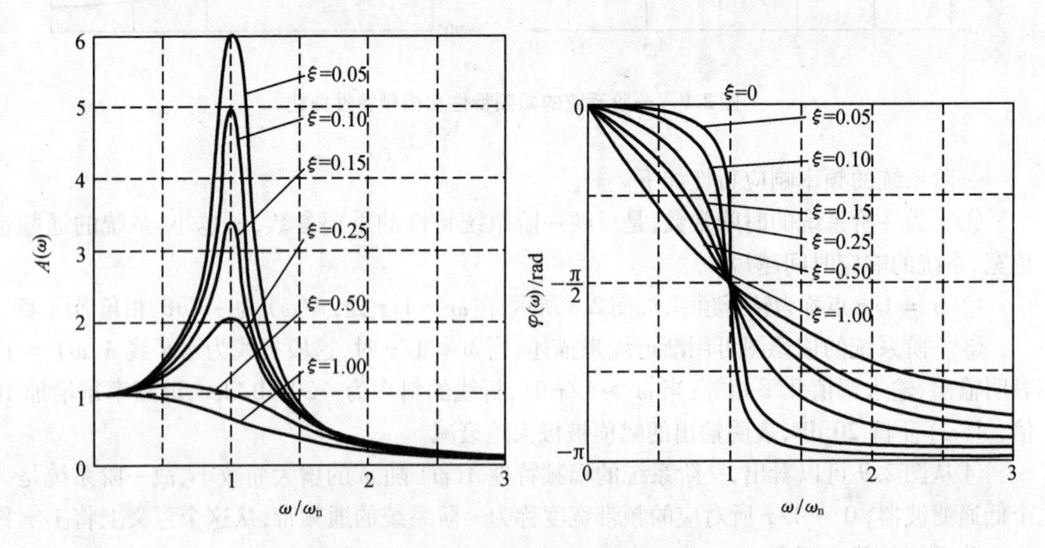

图 2.11　二阶系统的幅频、相频特性曲线

二阶系统的频率响应特性如下。

①影响二阶系统动态特性的主要参数是固有频率 ω_n 和阻尼比 ξ。其中固有频率的影响更为重要。如图 2.12 所示，当 $\omega \ll \omega_n$ 时，$A(\omega)\approx 1$，$\varphi(\omega)$ 很小，且和频率近似成正比

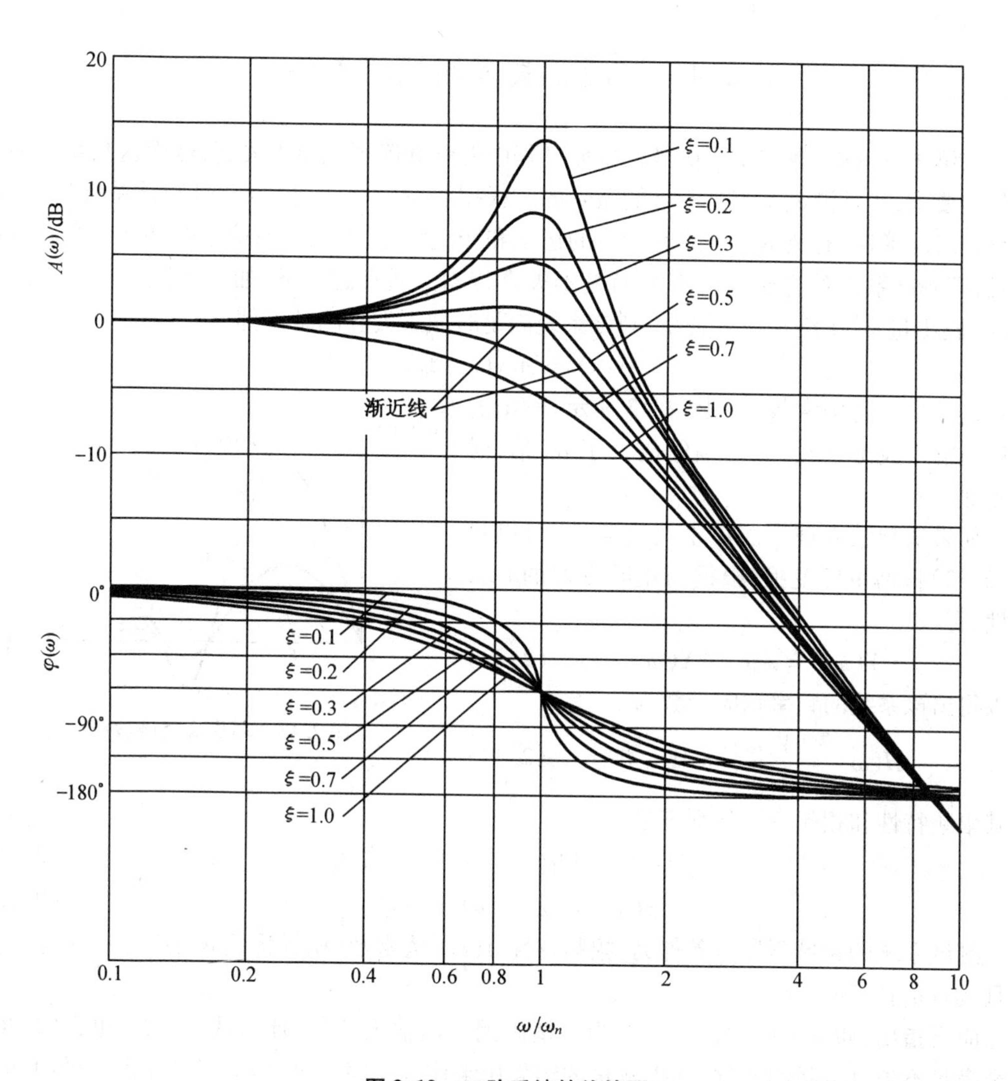

图 2.12　二阶系统的伯德图

增加；当 $\omega \gg \omega_n$ 时，$A(\omega) \to 0$，$\varphi(\omega) \to -180°$，即输出信号几乎和输入反相；当 $\omega \approx \omega_n$ 时，系统发生共振。因此作为实际系统，极少选用 $\omega \approx \omega_n$ 这种频率关系，但这种关系在测定系统本身的参数时，却很重要。

②如图 2.12 所示，在 $\omega = \omega_n$ 附近，系统幅频特性 $A(\omega)$ 受阻尼比 ξ 影响极大，当 ξ 在 0.7 左右时，$A(\omega)$ 的水平直线段会相应地长一些，$\varphi(\omega)$ 与 ω 之间也在较宽频率范围内更接近线性关系，因此当 ξ =0.6 ~0.8 时，二阶系统可获得较合适的综合特性。计算表明，当 $\xi = 0.7$ 时，在 $\omega = (0 \sim 0.58)\omega_n$ 的范围内，$A(\omega)$ 的变化不超过5%，同时 $\varphi(\omega)$ 也接近于过坐标原点的斜直线，系统具有较好的响应特性；而当 $\xi < 0.7$ 时，$A(\omega)$ 在 $\omega = \omega_n$ 附近产生较大振荡；当 $\xi > 0.7$ 时，$A(\omega)$ 衰减较大。

③二阶系统是一个振荡环节。从测试的角度来看，总是希望测试系统在较宽的频率范围内由频率特性不理想所引起的误差尽可能小，因此要选择恰当的固有频率和阻尼比的组合，以便获得较小的误差和较宽的工作频率范围。一般二阶系统选用 $\omega \leqslant (0.6 \sim 0.8)\omega_n$，$\xi = 0.65 \sim 0.7$。

2.4 实现不失真测试的条件

在测试系统中，我们希望信号在传输过程中能够准确再现而不失真，然而这只是一种理想化的要求，实际测试系统是不可能做到的。根据测试的要求，信号经过测试系统后，只要能够相对准确地、有效地反映原有信号的运动和变化状态，并保留原信号的特征和全部有用信息，则测试系统对信号传输来说，就是不失真传输。通常意义下，如果测试系统的输入量 $x(t)$ 、输出量 $y(t)$ 满足以下关系，则该系统满足时域不失真测试条件。

$$y(t) = A_0 x(t - t_0) \tag{2.32}$$

式中，A_0 和 t_0 都为常数。如图 2.13 所示，输出的波形与输入波形一致，只是幅值放大了 A_0 倍，时间延迟了 t_0 。

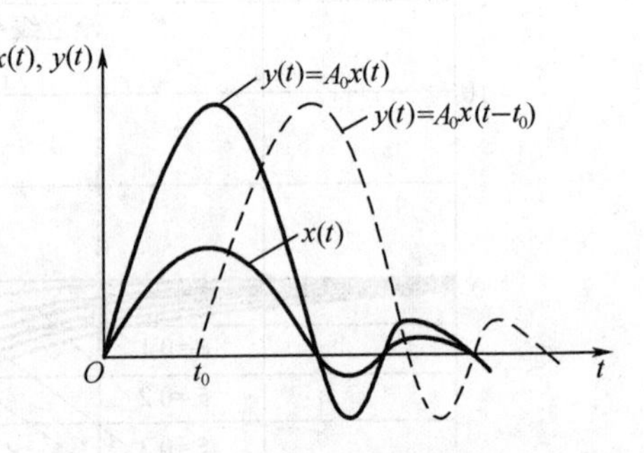

图 2.13　不失真时域波形

如果从频域内理解测试不失真条件，可以将式(2.32)作傅里叶变换，根据傅里叶变换的时移特性，有

$$Y(\omega) = A_0 e^{-j\omega t_0} X(\omega) \tag{2.33}$$

可以得出该系统的频率响应函数为

$$H(\omega) = \frac{Y(\omega)}{X(\omega)} = A_0 e^{-j\omega t_0} \tag{2.34}$$

则其幅频特性和相频特性分别满足

$$A(\omega) = |H(\omega)| = A_0 = \text{常数} \tag{2.35}$$

$$\varphi(\omega) = \angle H(\omega) = -t_0\omega \tag{2.36}$$

测试系统的频域不失真条件为：幅频特性 $A(\omega)$ 为常数，相频特性 $\varphi(\omega)$ 是一条通过原点且具有负斜率的直线。

应当指出，如果测试的目的只是为了精确测量出输入波形，那么式(2.35)和式(2.36)完全满足不失真测量的条件；如果测量的结果用来作为反馈信号，应力求减小滞后的时间。

实际测量装置不可能在非常广泛的范围内满足测试不失真条件，因而信号会出现一定的幅值失真或相位失真。如图 2.14 所示，$x(t)$ 信号是由四个频率不同的信号合成的，当 $x(t)$ 通过测试系统时，从图中可以看出输出信号 $y(t)$ 相对于输入信号 $x(t)$ 出现了不同的幅值放大和相位滞后。对于单一频率的信号，由于线性系统具有频率保持特性，只要其幅值未进入非线性区，输出信号的频率也是单一的，不存在失真问题。对于含有多种频率成分的信号，既容易出现幅值失真，也会出现相位失真，特别是频率成分跨越 ω_n 前后信号失真尤为严重。

从实现不失真测试条件和系统的性能综合来看，对于一阶系统，时间常数 τ 越小，系统的响应越快，满足测试不失真条件的频带就越宽。因此，一阶系统的时间常数 τ 越小越好。

对于二阶测试系统，其动态特性参数有 ω_n 和 ξ 。在 $\omega < 0.3\omega_n$ 频率内，$A(\omega)$ 的幅值变化不超过 10%，$\varphi(\omega)$ 接近于一条直线，该系统若用于测量该频率范围内的信号，波形失真很小。在 $\omega > (2.5 \sim 3.0)\omega_n$ 的范围内，$\varphi(\omega)$ 接近于 180°，且随 ω 变化很小，若在实际测量或数据处理中用减去固定相位差的办法，则相频特性基本上满足不失真测量条件，但是该频段幅频特性 $A(\omega)$ 的值太小，表明幅频特性衰减较大。若输入信号的频率 ω 在 (2.5 ~

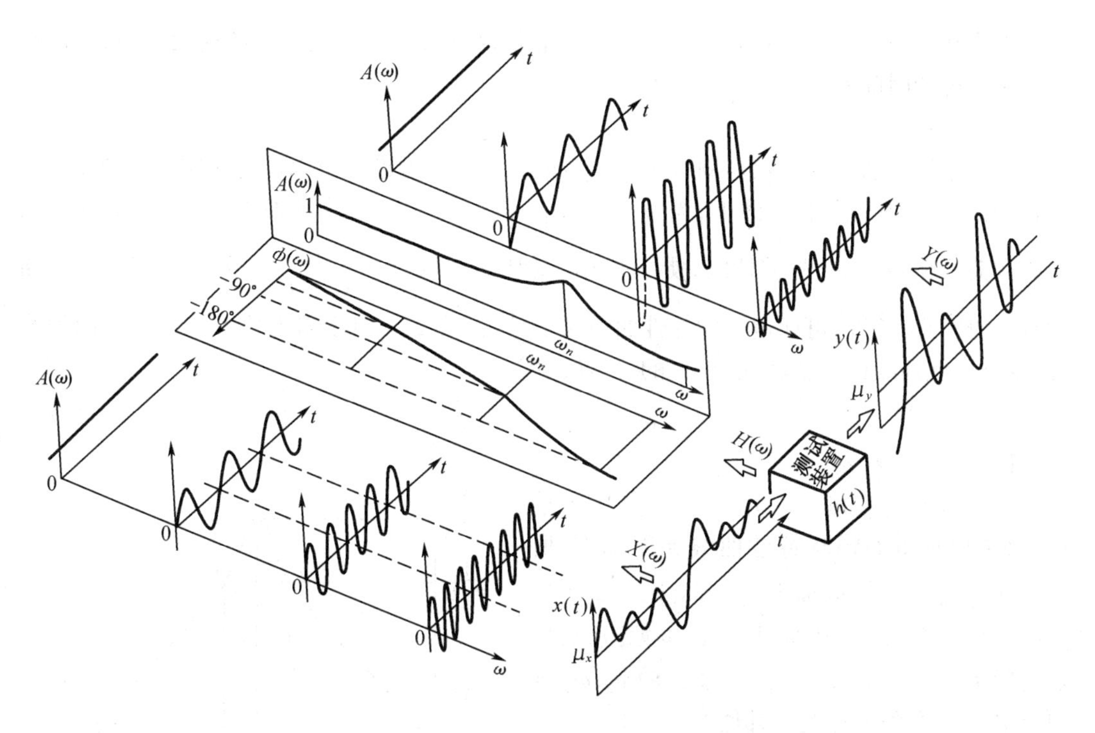

图 2.14　含有多个频率成分信号通过测试系统后的输出

3.0)ω_n 区间内,系统的频率特性受 ξ 的影响较大,应具体问题具体分析。

当 $\xi = 0.707$ 时,ω 在 $(0 \sim 0.58)\omega_n$ 范围内,幅频特性 $A(\omega)$ 的变化不超过5%,同时相频特性 $\varphi(\omega)$ 接近于直线。通过分析可知,$\xi = 0.65 \sim 0.7$ 之间二阶系统可获得较为合适的综合特性。

2.5　测试系统动态特性参数的测试

测试系统动态特性参数的测试就是求取一阶、二阶系统的动态特性参数。一阶系统为时间常数 τ,二阶系统为 ω_n 和 ξ,这个过程也称为系统的动态标定。测试系统动态特性参数的测量方法通常有两种:一是频率响应法,二是阶跃响应法。下面分别介绍这两种测量方法。

2.5.1　频率响应法

频率响应法,就是系统在正弦信号激励下,根据稳态输出时幅频特性曲线 $A(\omega) - \omega$ 、相频特性曲线 $\varphi(\omega) - \omega$ 求取系统的特征参数。这种方法实质上是一种稳态响应法,即通过输出的稳态响应来标定系统的动态特性参数。对系统施以正弦激励 $x(t) = X_0\sin\omega t$,在输出达到稳态后分别测量输出和输入的幅值比与相位差,绘制幅频特性曲线 $A(\omega) - \omega$ 和相频特性曲线 $\varphi(\omega) - \omega$ 。

1.一阶系统

一阶系统动态特性参数是时间常数 τ,可以通过幅频或相频特性的计算式(2.26)或式(2.27)求取,也可以由幅频特性曲线和相频特性曲线上的特殊点求取。从图 2.8 可以看出

一阶系统在 $\omega = 1/\tau$ 处，$A(\omega)$ 为 -3 dB，相角滞后 45°，因此由曲线上的这两个值，可以确定一阶系统的时间常数 τ。

2. 二阶系统

二阶系统动态特性参数是固有频率 ω_n 和阻尼比 ξ，理论上可以通过相频特性曲线来估计 ω_n 和 ξ。在相频特性曲线上，当 $\omega = \omega_n$ 时，$\varphi(\omega_n) = 90°$，由此便可求出固有频率 ω_n，作相频曲线在 $\omega = \omega_n$ 处的切线，便可求出阻尼比 ξ，即 $\xi = -\dfrac{1}{\varphi(\omega)}$。但一般来讲，相位角测量比较困难，所以，可通过幅频特性曲线来估计 ω_n 和 ξ。对于阻尼比 $\xi < 1$ 的欠阻尼系统，幅频特性曲线的峰值在偏离 ω_n 的 ω_r 处，且

$$\omega_r = \omega_n \sqrt{1 - 2\xi^2} \tag{2.37}$$

当 ξ 很小时，$\omega_r \approx \omega_n$。

对于阻尼比 ξ 可以采用半功率点法来估计，由实验测得的幅频特性曲线如图 2.15 所示，在峰值的 $1/\sqrt{2}$ 处为半功率点，作一条过该点的水平线交幅频特性曲线于 a，b 两点，对应点的频率为 ω_1，ω_2，令 $\omega_1 = (1 - \xi)\omega_n$，$\omega_2 = (1 + \xi)\omega_n$，则阻尼比的估计值为

$$\xi = \frac{\omega_2 - \omega_1}{2\omega_n} \tag{2.38}$$

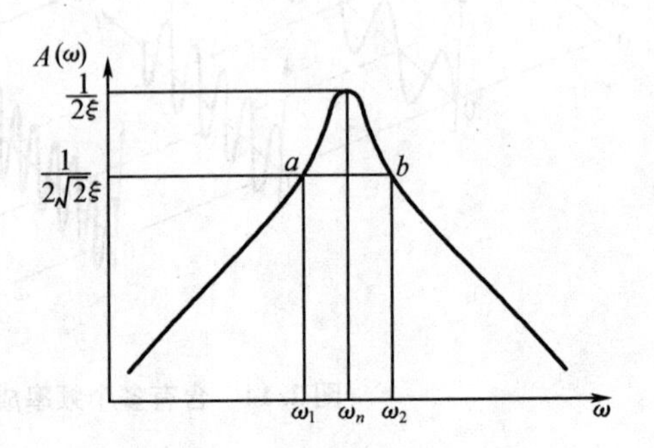

图 2.15　半功率点法测阻尼比

阻尼比 ξ 也可由最大峰值 $A(\omega_r)$ 和频率为零所对应的幅频特性值 $A(0)$ 之间的比值来求得

$$\frac{A(\omega_r)}{A(0)} = \frac{1}{2\xi\sqrt{1 - \xi^2}} \tag{2.39}$$

2.5.2　阶跃响应法

用阶跃响应法求测试系统的动态特性参数是一种时域测试方法。所谓阶跃响应法就是给系统输入一个阶跃信号，根据所测得的阶跃响应曲线求取系统的动态特性参数。

1. 一阶系统

给一阶系统输入阶跃信号，测得阶跃响应曲线，如图 2.16 所示。当输出值达到稳态值的 63.2% 时，所需要的时间就是一阶系统的时间常数 τ。显然，这种方法很难做到精确的测试，同时又没涉及测试的全过程，所以测量精度较低。

为获得较高精度的测量结果，一阶系统的阶跃响应可以改写成 $1 - y(t) = e^{-t/\tau}$，两边取对数，有

$$\ln[1 - y(t)] = -\frac{t}{\tau} \tag{2.40}$$

式(2.40)表明，$\ln[1 - y(t)]$ 和 t 成线性关系，如图 2.17 所示。可根据测得的 $y(t)$ 值作出 $\ln[1 - y(t)] - t$ 曲线，并根据其斜率值计算时间常数 τ。显然，这种方法运用了全部测量数据。

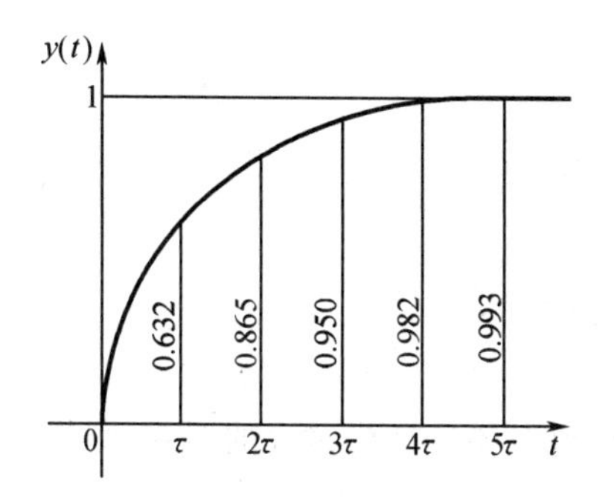

图 2.16 一阶系统的单位阶跃响应曲线

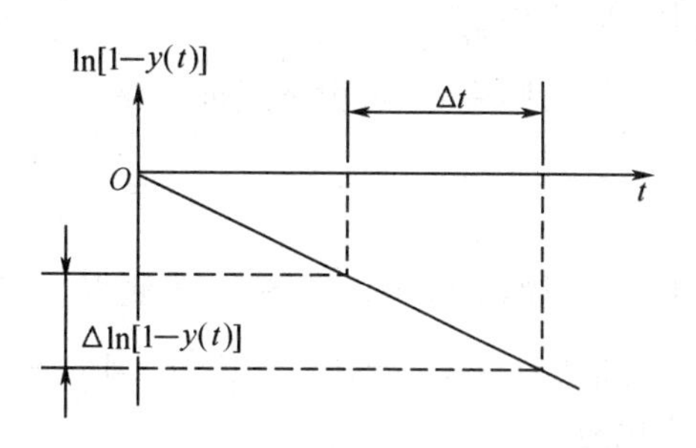

图 2.17 $\ln[1-y(t)]$ 与 t 的关系曲线

2. 二阶系统

由二阶系统欠阻尼状态下的单位阶跃响应 $y(t)=1-\dfrac{e^{-\xi\omega_n t}}{\sqrt{1-\xi^2}}\sin(\omega_d t+\varphi_n)$，$\varphi_n=\arctan\dfrac{\sqrt{1-\xi^2}}{\xi}$ 可知,其瞬态响应是以有阻尼振荡角频率 $\omega_d=\omega_n\sqrt{1-\xi^2}$ 作衰减振荡的,其各峰值所对应的时间为 π/ω_d，$2\pi/\omega_d$，…。如图 2.18 所示,当 $t=\pi/\omega_d$ 时,$y(t)$ 取最大值,则最大超调量 M 与阻尼比 ξ 的关系式为

$$M=y(t)_{\max}-1=e^{-\left(\frac{\xi\pi}{\sqrt{1-\xi^2}}\right)} \tag{2.41}$$

$$\xi=\sqrt{\frac{1}{\left(\frac{\pi}{\ln M}\right)^2+1}} \tag{2.42}$$

当从图 2.18 曲线上测出 M 后,由式(2.41)或式(2.42)即可求出阻尼比 ξ。

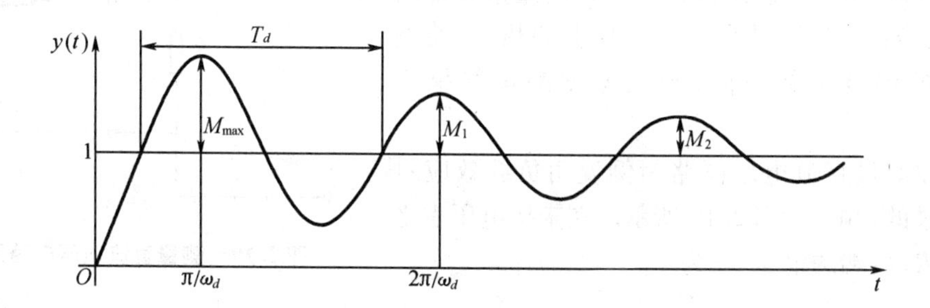

图 2.18 欠阻尼二阶系统的阶跃响应

如果测得响应的瞬变过程较长,则可以利用任意两个相隔 n 个周期数的超调量 M_i 和 M_{i+n} 来求取阻尼比 ξ。设 M_i 和 M_{i+n} 所对应的时间分别为 t_i 和 t_{i+n}，则

$$t_{i+n}=t_i+\frac{2n\pi}{\omega_n\sqrt{1-\xi^2}}$$

将其代入二阶系统的阶跃响应 $y(t)$ 的表达式,整理后可得

$$\xi=\sqrt{\frac{\delta_n^2}{\delta_n^2+4\pi^2n^2}} \tag{2.43}$$

式中，$\delta_n = \ln \dfrac{M_i}{M_{i+n}}$。

而固有频率 ω_n 可由下式求得

$$\omega_n = \frac{\omega_d}{\sqrt{1-\xi^2}} = \frac{2\pi}{T_d\sqrt{1-\xi^2}}$$

式中，振荡周期 T_d 可以从图 2.18 测得。

考虑到 $\xi < 0.3$ 时，以 1 代替 $\sqrt{1-\xi^2}$ 进行近似计算不会产生过大的误差，则式(2.43)可简化为

$$\xi \approx \frac{\ln \dfrac{M_i}{M_{i+n}}}{2\pi n} \tag{2.44}$$

2.6 负载效应

在实际测量过程中，测试系统与被测对象之间必定存在相互联系，因而会发生相互作用与能量交换，测试系统构成被测对象的负载，必然对测量结果产生影响，因此分析测试系统应该考虑负载效应的影响。

2.6.1 负载效应的概念

当某一系统（环节）后接另一系统（环节）时，由于其相互作用和影响而产生的种种现象，称为负载效应。负载效应所产生的后果，有时可以忽略不计，有时很严重。如使用探针温度计测量集成电路某节点的温度，温度计会吸收芯片上的热量，使整个芯片的温度大幅下降，导致温度测量结果不准确。

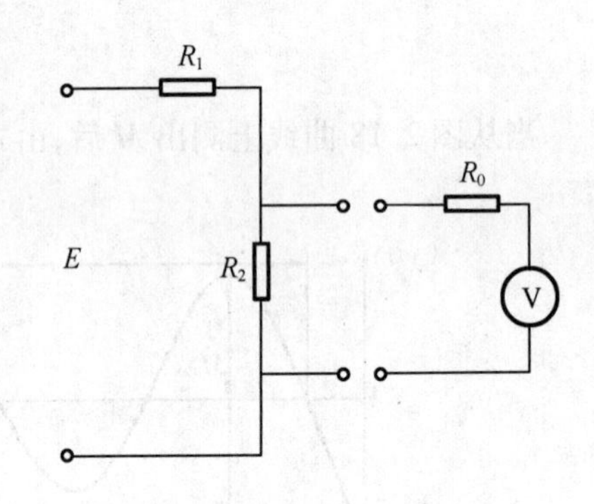

图 2.19 测量直流电压电路图

现以测量直流电压电路为例说明负载效应对测量结果的影响，如图 2.19 所示。在未接电压表之前电阻 R_2 两端的电压 U_o 为

$$U_o = \frac{R_2}{R_1+R_2}E \tag{2.45}$$

为了测量输出电压，需要在 R_2 两端并联一个内阻为 R_0 的电压表，由于电压表具有内阻，因此电阻 R_2 两端的电压 U 变为

$$U = \frac{R_L}{R_1+R_L}E = \frac{R_0R_2}{R_1(R_0+R_2)+R_0R_2}E \tag{2.46}$$

式中

$$R_L = \frac{R_0R_2}{R_0+R_2}$$

由于电压表的接入，测试系统的状态以及 R_2 两端的电压发生了变化，从而使得测量结果产生了误差，并且误差随着负载电阻 R_0 的增大而减小。下面定量说明负载效应的影响，若 $R_1 = R_2 = 100\ \text{k}\Omega$，$E = 100\ \text{V}$，代入式(2.45)计算，则 $U_o = 50\ \text{V}$；若取 $R_0 = 150\ \text{k}\Omega$，代入式

(2.46)计算，则 $U=37.5\ \mathrm{V}$，其相对误差为 $\varepsilon=25\%$；若提高内阻，取 $R_0=1\ \mathrm{M\Omega}$，代入式(2.46)计算，则 $U=47.6\ \mathrm{V}$，其相对误差 $\varepsilon=4.8\%$；若取 $R_0=10\ \mathrm{M\Omega}$，则 $U=49.75\ \mathrm{V}$，其相对误差 $\varepsilon=0.5\%$。这个例子充分说明了负载效应对测量结果的影响有时是很大的。因此在测量电压时，要求电压表的内阻应尽可能大。若要使 $U\approx U_o$，则必须使 $R_0\gg R_2$，一般取 $R_0>(10\sim20)R_2$。

事实上，当测试系统连接到被测对象上时，会出现两种情况：一是连接点的状态发生改变，即连接点处的物理参数发生变化；二是两个环节之间发生能量交换，即产生负载效应，使得测试系统特性发生改变。因此分析测试系统特性时，不能再独立地考虑两个环节，而是将它们看作一个整体来分析，尽量减小或避免负载效应带来的影响。

例 2.1 如图 2.20 所示为两个 RC 一阶低通滤波器串联前后的电路，其中图 2.20(a)和图 2.20(b)的传递函数分别为

$$H_1(s)=\frac{Y_1(s)}{X_1(s)}=\frac{1}{1+R_1C_1s}=\frac{1}{1+\tau_1 s} \tag{2.47}$$

$$H_2(s)=\frac{Y_2(s)}{X_2(s)}=\frac{1}{1+R_2C_2s}=\frac{1}{1+\tau_2 s} \tag{2.48}$$

若直接将两个低通滤波器串联并看成一个环节，如图 2.20(c)所示，串联后环节的传递函数为

$$H(s)=\frac{Y_2(s)}{X_1(s)}=\frac{Y_2(s)}{Y_1'(s)}\frac{Y_1'(s)}{X_1(s)}=\frac{1}{1+(\tau_1+\tau_2+R_1C_2)s+\tau_1\tau_2s^2} \tag{2.49}$$

而在理想状态下，如果忽略负载效应，不考虑两个环节彼此的能量交换，独立地分析两个环节，则两个低通滤波器串联后的传递函数为

$$H_1(s)H_2(s)=\frac{1}{(1+\tau_1 s)}\frac{1}{(1+\tau_2 s)}=\frac{1}{1+(\tau_1+\tau_2)s+\tau_1\tau_2s^2} \tag{2.50}$$

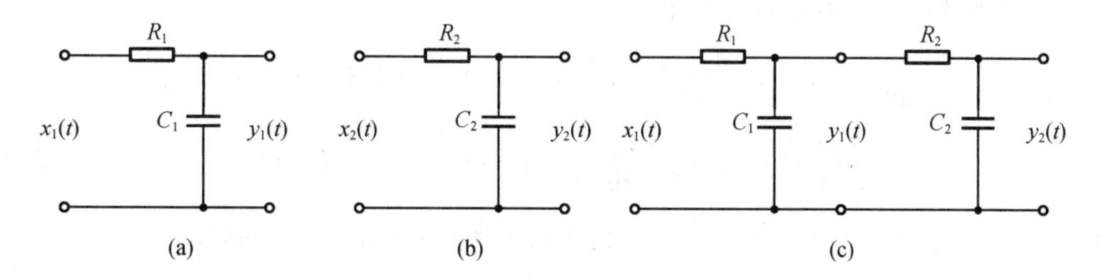

图 2.20 RC 低通滤波器串联的负载效应

(a)低通滤波器 1；(b)低通滤波器 2；(c)两个低通滤波器串联

从上面的分析可以看出 $H(s)\neq H_1(s)H_2(s)$，这就是由于两个环节直接串联，它们之间有能量交换，即产生负载效应，导致传递函数分析结果不同。若要减小负载效应的影响，最简单的方法就是采取隔离措施，在两个环节之间插入高输入阻抗、低输出阻抗的运算放大器。运算放大器既不从前面环节吸取能量，又不会因为后续环节的接入产生负载效应而减小输出电压。

如果把图 2.20(a)看作被测对象，图 2.20(b)看作测试系统，为了减小负载效应，应使 $H(s)\approx H_1(s)$。因此在选择测试系统结构参数时，应选用 $\tau_2\ll\tau_1$，即测试系统时间常数远远小于被测系统的时间常数，同时测试系统的储能元件 C_2 也应尽量小。

例 2.2 图 2.21 所示为质量块、弹簧、阻尼器组成的测力计，用来测量机械系统的被测力 F_1，力的测量值由标尺读出。

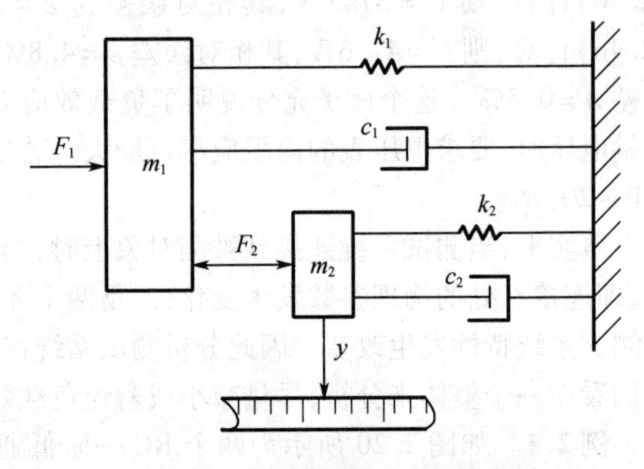

图 2.21　测力计测量力的力学模型

在静态情况下系统的速度与加速度均为零，可得下列两个平衡关系。

对于机械系统有

$$F_1 = k_1 y + F_2 \tag{2.51}$$

对于测力计有

$$F_2 = k_2 y \tag{2.52}$$

解这两个方程得到测力计所测得力 F_2 与被测力 F_1 之间的关系为

$$F_2 = \frac{k_2}{k_1 + k_2} F_1 \tag{2.53}$$

这说明在静态情况下，由于负载效应的作用，测力计对被测系统是有影响的。为了减小负载效应，应使 $F_2 \approx F_1$，选择 $k_2 \gg k_1$，即测力计的刚度远大于被测系统的刚度。

在动态情况下，系统的速度和加速度都不为零，可得下列两个微分平衡式。

对于机械系统有

$$m_1 \frac{\mathrm{d}^2 y(t)}{\mathrm{d}t^2} + c_1 \frac{\mathrm{d}y(t)}{\mathrm{d}t} + k_1 y(t) = F_1(t) - F_2(t) \tag{2.54}$$

对于测力计有

$$m_2 \frac{\mathrm{d}^2 y(t)}{\mathrm{d}t^2} + c_2 \frac{\mathrm{d}y(t)}{\mathrm{d}t} + k_2 y(t) = F_2(t) \tag{2.55}$$

将上述两式归一化为标准形式，即

$$\frac{\mathrm{d}^2 y(t)}{\mathrm{d}t^2} + 2\xi_1 \omega_{\mathrm{n1}} \frac{\mathrm{d}y(t)}{\mathrm{d}t} + \omega_{\mathrm{n1}}^2 y(t) = S_1 \omega_{\mathrm{n1}}^2 (F_1(t) - F_2(t)) \tag{2.56}$$

$$\frac{\mathrm{d}^2 y(t)}{\mathrm{d}t^2} + 2\xi_2 \omega_{\mathrm{n2}} \frac{\mathrm{d}y(t)}{\mathrm{d}t} + \omega_{\mathrm{n2}}^2 y(t) = S_2 \omega_{\mathrm{n2}}^2 F_2(t) \tag{2.57}$$

式中　$\omega_{\mathrm{n1}} = \sqrt{k_1/m_1}, \omega_{\mathrm{n2}} = \sqrt{k_2/m_2}$ ——机械系统和测力计的固有频率；

$\xi_1 = \dfrac{c_1}{2\sqrt{k_1 m_1}}, \xi_2 = \dfrac{c_2}{2\sqrt{k_2 m_2}}$ ——机械系统和测力计的阻尼；

$S_1 = 1/k_1, S_2 = 1/k_2$——机械系统和测力计的静态灵敏度。

若取静态灵敏度 S_1，S_2 均为 1，则上面两式取拉氏变换后联立求解，得到测力计接到被测系统后的传递函数为

$$H(s) = \frac{Y(s)}{F_1(s)} = \frac{1}{\left[1 + \left(\dfrac{s}{\omega_{\mathrm{n1}}}\right)^2 + 2\xi_1\left(\dfrac{s}{\omega_{\mathrm{n1}}}\right)\right] + \left[1 + \left(\dfrac{s}{\omega_{\mathrm{n2}}}\right)^2 + 2\xi_1\left(\dfrac{s}{\omega_{\mathrm{n2}}}\right)\right]}$$

当测力计未接到测试系统时，传递函数为

$$H_1(s) = \frac{\omega_{\mathrm{n1}}^2}{s^2 + 2\xi_1 \omega_{\mathrm{n1}} s + \omega_{\mathrm{n1}}^2} = \frac{1}{1 + \left(\dfrac{s}{\omega_{\mathrm{n1}}}\right)^2 + 2\xi_1\left(\dfrac{s}{\omega_{\mathrm{n1}}}\right)}$$

$$H_2(s)=\frac{\omega_{n2}^2}{s^2+2\xi_2\omega_{n2}s+\omega_{n2}^2}=\frac{1}{1+\left(\frac{s}{\omega_{n2}}\right)^2+2\xi_2\left(\frac{s}{\omega_{n2}}\right)}$$

为使测量结果尽可能反映被测对象的动态特性,尽量减少测力计接入被测系统后的负载效应,应使 $H(s)\approx H_1(s)$。因此应选 $\omega_{n2}\gg\omega_{n1}$,即测力计的固有频率远高于被测对象的固有频率,同时阻尼比 $\xi=0.6\sim0.7$ 为最佳,测力计的静态灵敏度 S_2 远低于被测对象的静态灵敏度 S_1。

2.6.2 减小负载效应的措施

减小负载效应的措施需要根据具体情况具体分析,对于测试系统中常采用的电压输出环节,减小负载效应的具体措施有:

(1)提高后续环节(负载)的输入阻抗。

(2)在两个环节中插入高输入阻抗、低输出阻抗的运算放大器,以减小后一环节吸取前一环节的能量,同时使得前一环节在接入后一环节(负载)后又能减少电压输出的变化,从而减轻负载效应。若将电阻推广至广义阻抗,那么用相似方法即能够研究各种物理系统环节之间的负载效应。

(3)使用反馈或零点测量原理,使后续环节几乎不从前面环节吸取能量,例如用电位差计测量电压等。

总之,在测试过程中应当建立整体系统的概念,充分考虑各种装置或环节连接后产生的影响。测试系统接入被测对象,就成为被测对象的负载;在选择传感器时必须充分考虑传感器对被测对象的负载效应,以减小负载效应造成的测量误差。因此在组成测试系统时必须充分考虑系统对被测对象、系统各环节之间的负载效应。

2.7 习　　题

2.7.1 选择题

1. ________不属于测试系统的静特性。

A. 灵敏度　　B. 线性度　　C. 回程误差　　D. 阻尼系数

2. 影响一阶系统的动态特性参数是________。

A. 固有频率　　B. 线性度　　C. 时间常数　　D. 阻尼比

3. 用阶跃响应法求一阶装置的动态特性参数,可取输出值达到稳态值________倍所经过的时间作为时间常数。

A. 0.632　　B. 0.865　　C. 0.950　　D. 0.982

4. 输出信号与输入信号的幅值之比随频率的变化关系称作________。

A. 传递函数　　B. 相频特性　　C. 幅频特性　　D. 频率响应函数

5. 影响二阶系统的动态特性参数为________。

A. 固有频率和阻尼比　　B. 灵敏度

C. 时间常数　　D. 回程误差

2.7.2 填空题

1. 某一阶系统的频率响应函数为 $H(\omega) = \frac{1}{2j\omega + 1}$，输入信号 $x(t) = \sin\frac{t}{2}$，则稳态输出信号 $y(t)$ 的频率 $\omega =$ ________，幅值 $y =$ ________，相位 $\varphi =$ ________。

2. 当测试系统的输出 $y(t)$ 与输入 $x(t)$ 之间的关系为 $y(t) = A_0 x(t - t_0)$ 时，该系统能实现________测试，此时系统的频率特性为 $H(\omega) =$ ________。

3. 要满足不失真测试条件，频域内幅频特性 $A(\omega)$________，相频特性 $\varphi(\omega)$________。

4. 当测试装置与被测对象直接相连时，二者之间容易产生________现象。

5. 测试系统的静态特性指标主要有________。

2.7.3 判断题

1. 一个线性系统不满足“不失真测试”条件，若用它传输一个 1 000 Hz 的正弦信号，则必然导致输出波形失真。(　　)

2. 当输入信号 $x(t)$ 一定时，系统的输出 $y(t)$ 将完全取决于传递函数 $H(s)$，而与该系统的物理模型无关。(　　)

3. 传递函数相同的各种装置，其动态特性均相同。(　　)

4. 测量装置的灵敏度越高，其测量范围就越大。(　　)

5. 幅频特性是指系统的响应与输入信号的振幅比与频率之间的关系。(　　)

2.7.4 简答和计算题

1. 什么叫灵敏度、线性度和回程误差，如何表示？

2. 压力传感器灵敏度为 $S = 50$ pC/MPa，把它和一台灵敏度为 0.05 V/pC 的电荷放大器连接，并接入到灵敏度为 40 mm/V 的光线示波器上，如果系统的输出为 10 mm，求：

(1) 画出测试系统框图；

(2) 系统总的灵敏度；

(3) 被测压力。

3. 某测试装置为一线性时不变系统，其传递函数为 $H(s) = \frac{1}{0.005s + 1}$。求其对周期信号 $x(t) = 0.5\cos 10t + 0.2\cos\left(100t - \frac{\pi}{4}\right)$ 的稳态响应 $y(t)$。

4. 用一个一阶系统作 100 Hz 正弦信号的测量，如果限制振幅误差在 5% 以内，那么时间常数应取多少？若用该系统测量 50 Hz 正弦信号，则此时的幅值误差和相角差是多少？

5. 设某力传感器为二阶振荡系统，已知该传感器的固有频率为 800 Hz，阻尼比 ξ 为 0.14，使用该传感器测量频率为 400 Hz 的正弦信号时，其幅值比和相角差各为多少？若阻尼比 ξ 改为 0.7，幅值比和相角差又如何变化？

第3章　常用传感器

【教学提示】

本章主要讲述常用传感器的原理、结构、特点、应用，以及传感器的选用原则。传感器的工作原理是教学中的难点。

【教学指导】

1. 掌握参数式传感器和发电式传感器的工作原理及输出特性;
2. 了解其他常用新型传感器的工作原理;
3. 熟悉各种传感器的使用要求和应用场合。

3.1　常用传感器概述

传感器是测试系统的第一级，是感受和获取被测信号的装置。它把被测量，如力、温度、位移等物理量，转换为容易测量或容易传输的信号，传送给测试系统的下一个环节测量电路。

随着测试技术、自动控制与信息技术的发展，传感器作为这些领域里的重要构成要素受到了普遍重视。深入研究传感器的原理和应用，研制开发新型传感器，对于科学技术和加工制造中的自动控制与智能化发展，以及人类观测研究自然界事物的深度和广度都有重要的实际意义。

3.1.1　传感器的组成及分类

1. 传感器的组成

工程中常用的传感器种类繁多，往往一种物理量可用多种类型的传感器来测量，或者多种物理量也可用同一种传感器测量。传感器由敏感元件、转换元件和信号调理电路等组成，如图3.1所示。

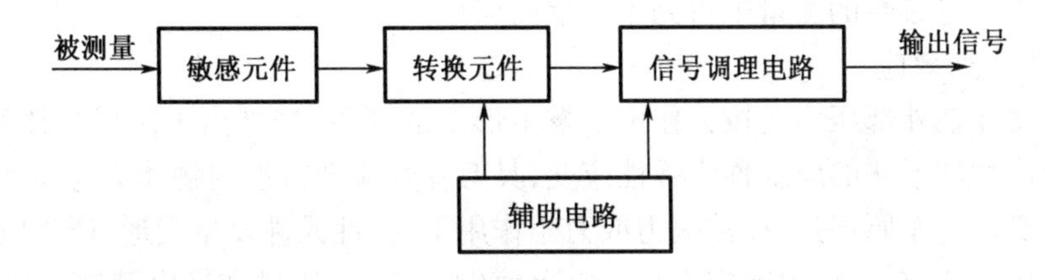

图3.1　传感器组成框图

敏感元件是指直接感受被测对象的部分。转换元件是指将敏感元件所感受的信息直接转换成电信号的部分，例如，应变式压力传感器由弹性膜片和电阻应变片组成，其中的弹性膜片就是敏感元件，它能够将压力转换成弹性形变，电阻应变片随之发生形变，并将应变量转换成电阻的变化量，电阻应变片就是转换元件。敏感元件和转换元件两者合一的传感器是很多的，例如，压电晶体、热电偶、热敏电阻、光电器件等都属于这种类型的传感器。当然，不是所有的传感器都包括敏感元件和转换元件，如果敏感元件直接输出的是电量，它同时也是转换元件。

信号调理电路是指把转换元件输出的电信号转换为便于记录、处理和控制的有用信号的电路。

辅助电路通常指电源。

2. 传感器的分类

传感器的种类很多，原理各异，分类方法也不相同，归纳起来有如下几种。

(1)按照传感器输出量的性质不同，传感器分为模拟传感器和数字传感器。其中数字传感器便于与计算机联用，并且抗干扰性强，精度高。例如，脉冲盘式角度数字传感器、光栅传感器等。传感器数字化是传感器技术的发展趋势。

(2)按照敏感材料不同，传感器分为半导体传感器、陶瓷传感器、石英传感器、光导纤维传感器、金属传感器、有机材料传感器、高分子材料传感器等。

(3)按照工作原理不同，传感器分为参数式传感器(如电阻式、电容式、电感式传感器)，发电式传感器(如压电式、磁电式、热电式传感器)，光电式传感器(如红外、光纤、激光传感器)以及机械式传感器等。

(4)按照被测量不同，传感器分为力学量、光学量、磁学量、几何学量、运动学量、流速与流量、液面、热学量、化学量、生物量传感器等。

3.2 参数式传感器

3.2.1 电阻式传感器

电阻式传感器是一种将被测量转换成电阻值变化的传感器。电阻式传感器可以测量力、位移、应变、扭矩等非电量参数，在非电量电测技术中应用十分广泛。目前广泛使用的电阻式传感器主要有金属电阻应变片和半导体应变片两类。

1. 金属电阻应变片

金属电阻应变片工作时引起的电阻值变化很小，但其测量灵敏度较高。它在压力、力矩、加速度、质量等参数的测量中得到了广泛的应用。

(1)电阻应变效应

应变是物体在外部压力或拉力作用下发生形变的现象，当外力去除后物体又能完全恢复其原来的尺寸和形状的应变称为弹性应变，具有弹性应变特性的物体称为弹性元件。

电阻应变片工作原理是：在被测力或力矩作用下，弹性元件发生变形，产生应变或位移，传递给与之相连的应变片，引起应变片的电阻值发生变化，通过转换电路变成电压输出，输出电压的大小反映了被测力或力矩的大小。

电阻丝在外力作用下发生机械变形时，其电阻值发生变化，这一现象就是电阻应变效应。

设有一段长为 l，截面面积为 A(设 $A=\pi r^2$)，电阻率为 ρ 的金属丝，其电阻值为

$$R = \rho \frac{l}{A} \tag{3.1}$$

电阻丝受到拉力 F 作用时，将伸长 Δl，截面面积相应减少 ΔA，电阻率变化 $\Delta \rho$。将上述变化引起的电阻变化 ΔR 用全微分表示为

$$\mathrm{d}R = \frac{\rho}{A}\mathrm{d}l - \frac{\rho l}{A^2}\mathrm{d}A + \frac{l}{A}\mathrm{d}\rho$$

则电阻的相对变化为

$$\frac{\mathrm{d}R}{R} = \frac{\mathrm{d}l}{l} - 2\frac{\mathrm{d}r}{r} + \frac{\mathrm{d}\rho}{\rho} \tag{3.2}$$

式中 $\mathrm{d}R/R$——电阻相对变化量；

$\mathrm{d}l/l$——电阻丝轴向相对变化量(纵向应变)；

$\mathrm{d}r/r$——电阻丝横向相对变化量(径向应变)；

$\mathrm{d}\rho/\rho$——电阻率相对变化量。

在弹性范围内轴向应变与径向应变关系有

$$\frac{\mathrm{d}r}{r} = -\gamma\frac{\mathrm{d}l}{l} \tag{3.3}$$

式中，γ 为电阻材料的泊松比，金属材料约为 0.3。如果 $\varepsilon = \mathrm{d}l/l$ 为纵向应变的话，可得

$$\frac{\mathrm{d}R}{R} = (1 + 2\gamma)\varepsilon + \frac{\mathrm{d}\rho}{\rho} \tag{3.4}$$

由式(3.4)可知，电阻相对变化量由两方面因素决定：一个是材料的几何尺寸的变化，另一个是材料的电阻率的变化。

对于金属材料而言，电阻相对变化量主要是由金属材料几何尺寸的变化引起的，因此式(3.4)可以简化为

$$\frac{\mathrm{d}R}{R} \approx (1 + 2\gamma)\varepsilon \tag{3.5}$$

电阻相对变化量与应变呈线性关系，一般用灵敏度系数 S_g 表示其特性，即

$$S_g = \frac{\mathrm{d}R/R}{\varepsilon} = (1 + 2\gamma) + \frac{\mathrm{d}\rho}{\rho\varepsilon} \tag{3.6}$$

对于大多数金属电阻材料来说，$1 + 2\gamma \gg \frac{\mathrm{d}\rho}{\rho\varepsilon}$，因此有

$$S_g \approx 1 + 2\gamma \tag{3.7}$$

金属电阻材料灵敏度系数 S_g 是一个常数，S_g 一般取 1.7~3.6。

(2)金属电阻应变片结构

如图 3.2 所示，金属电阻应变片主要由金属敏感栅 2、绝缘基片 1 及覆盖片 3 组成。敏感栅两头焊有引出线 4，作连接测量导线用。敏感栅长度 l 称为标距或工作基长；其宽度 b 称为基宽；$l \times b$ 称为使用面积，其规格用使用面积表示。

敏感栅是应变片中实现应变－电阻转换的敏感元件。它通常由直径为 0.01~0.05 mm 高电阻系数的金属丝弯曲成栅状，用黏合剂将其固定在基片上。基片应保证将试件上的应变准确地传递到敏感栅上去，因此它必须很薄，一般为 0.02~0.04 mm。为了能与试件及敏感栅牢固地黏结在一起，基片应有良好的绝缘、抗潮和耐热性能。基片材料有纸、胶膜、玻璃纤维、布等。覆盖片是由纸、胶做成覆盖在敏感栅上的保护层，起着防潮、防蚀、防损等作用。

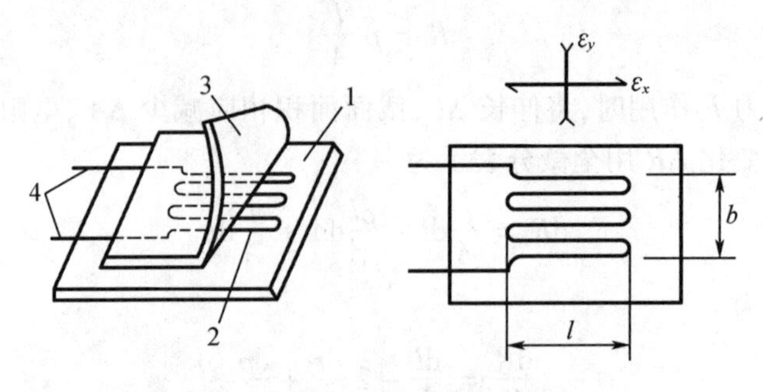

图 3.2　金属电阻应变片的基本结构

1—绝缘基片；2—金属敏感栅；3—覆盖片；4—引出线

引出线一般由 0.1 ~0.15 mm 低阻镀锡铜丝制成。

(3)金属电阻应变片类型

①金属丝式应变片

直径为 0.025 mm 高电阻率的电阻丝最常用作敏感栅，其制作简单、性能稳定、成本低、易粘贴。由于合金材料灵敏度系数高于纯金属，实际应用中多采用合金材料。

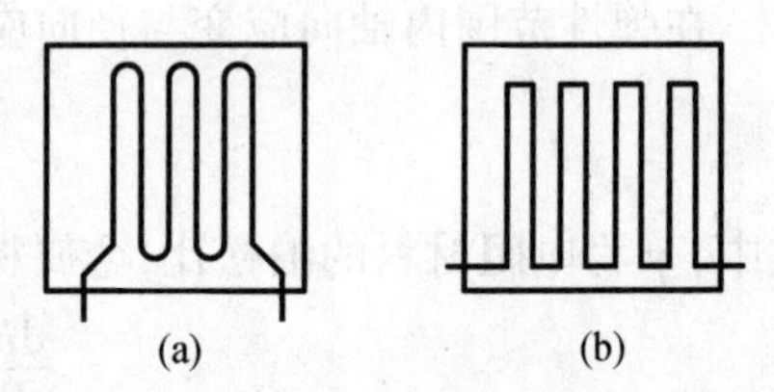

图 3.3　两种金属丝式应变片形状

(a)圆角线栅式；(b)直角线栅式

金属丝式应变片有圆角线栅式和直角线栅式两种，如图 3.3 所示。圆角线栅式为最常见形式，制造方便，但它的横向效应较大。

②金属箔式应变片

金属箔式应变片如图 3.4 所示。它是利用照相制版、光刻或腐蚀技术将厚为 0.003 ~0.01 mm 的箔片制成敏感栅，所用材料应是以康铜和镍铬合金为主。

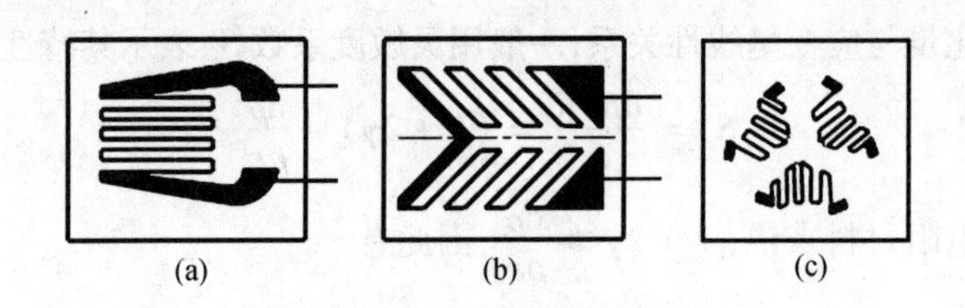

图 3.4　三种金属箔式应变片

(a)普通单轴型；(b)测扭矩型；(c)多轴型

金属箔式应变片有如下优点：敏感栅可制成复杂形状，且尺寸准确，栅长可达 0.2 mm；箔栅的厚度远比电阻丝小，因而有较好的散热性能，允许通过较大的工作电流；箔式应变片横栅较宽，因而横向效应较丝式应变片小；与弹性体表面粘贴面积大，同时因栅薄，也便于粘贴到弯曲的弹性元件表面上；机械滞后较小，应力传递性能好，寿命长。其缺点是：电阻值分散，需要调整。鉴于这些特点，箔式应变片的使用范围日益广泛，并逐步取代丝式应变片。

金属电阻应变片工作性能稳定、精度高、应用广泛，至今还在不断改进和开发新型应变片，以适应工程应用的需要，但其主要缺点是灵敏度系数小，一般为 2 ~4。为了改善这一不足，20 世纪 60 年代后期，相继开发出多种类型的半导体电阻应变片。

2. 半导体应变片

利用半导体材料做成的传感器有两种类型:一种是利用半导体材料的体电阻做成的粘贴式应变片;另一种是在半导体材料的基片上用集成电路工艺制成扩散电阻,称为扩散型压阻传感器。

半导体应变片灵敏度高,分辨率高,频率响应快,体积小。它主要用于测量压力、加速度和载荷等参数。因为半导体材料对温度很敏感,所以半导体应变片的温度误差较大,使用时必须对其进行温度补偿。

(1)压阻效应

所谓压阻效应是指半导体材料沿某一轴向受到外力时,其电阻率发生变化的现象。半导体应变片的工作原理是基于半导体材料的压阻效应。对于半导体材料来说,电阻相对变化量主要是由半导体材料电阻率的变化引起的,电阻率的变化与材质有关,$d\rho/\rho = \lambda E\varepsilon$,式(3.4)可简化为

$$\frac{dR}{R} \approx \lambda E\varepsilon \tag{3.8}$$

式中 λ——半导体晶体压阻系数;

E——半导体晶体弹性模量。

λE 是因纵向应力所引起的压阻效应,半导体应变片灵敏度主要由 λE 决定,因此灵敏度系数为

$$S_g = \frac{dR}{R\varepsilon} \approx \lambda E \tag{3.9}$$

半导体应变片灵敏度是电阻应变片的 50 ~ 80 倍,且尺寸小、横向效应小、蠕动及机械滞后小,更适用于动态测量。

(2)半导体应变片的结构

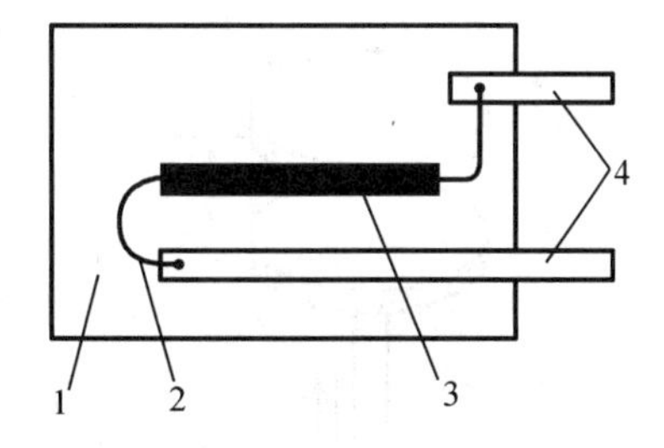

图 3.5 半导体应变片结构

1—绝缘基片;2—内引线;3—敏感栅;4—带状电极引线

半导体应变片由绝缘基片、敏感栅和电极引线等部分组成,如图 3.5 所示。单条状敏感栅由硅或锗制成,内引线是连接敏感栅和电极的金属线,基片是绝缘胶膜,带状电极引线一般由康铜制成。

半导体电阻应变片的主要缺点是:温度稳定性差,测量较大应变时非线性严重,在应用时要采取相应的温度补偿和非线性校正措施。

金属电阻应变片与半导体应变片的主要区别在于:前者是利用金属导体变形引起电阻的变化,后者则是利用半导体电阻率变化引起电阻的变化。

3.2.2 电容式传感器

电容式传感器是利用将非电量的变化转换为电容量的变化的原理工作的。电容式传感器广泛用于测量直线位移、角位移、压力差、加速度、液位、重力等,并正逐步扩大到液面位置、料面位置、成分含量等物理量的测量。

电容式传感器以电容器作为敏感元件。根据平行板电容的原理,当忽略极板间电场的边缘效应时,其电容量的计算式为

$$C = \frac{\varepsilon_0 \varepsilon A}{d} \tag{3.10}$$

式中　C——电容器电容量，F；

A——极板的有效面积，m^2；

d——极板间距离，m；

ε——极板间介质的相对介电常数（$\varepsilon_{空气} \approx 1$，其他介质材料 $\varepsilon > 1$），F/m；

ε_0——真空的介电常数，$\varepsilon_0 = 8.854 \times 10^{-12}$ F/m。

当被测量的变化引起电容式传感器的有关参数 ε, A, d 发生变化时，电容量 C 将随之变化。在实际应用中，通常保持其中两个参数不变，而只改变另一个参数，该参数所引起的电容量的变化，通过测量电路转换为电压或电荷输出。

常见电容式传感器有三种类型：变极距式（改变 d）、变面积式（改变 A）和变介电常数式（改变 ε）。而根据极板形状，电容式传感器又分为平板型、圆柱型和球面型（较少采用）三种。

1. 变极距式电容传感器

图 3.6 所示是变极距式电容传感器的结构示意图，以圆平板型为例，传感器由一个固定极板和一个可动极板构成，如图 3.6(a)所示；但在许多应用中，电容式传感器只有一个固定极板，可动极板直接由被测金属充当，如图 3.6(b)所示。一般取 $C = 20 \sim 300$ pF；$d = 0.01 \sim 1$ mm。

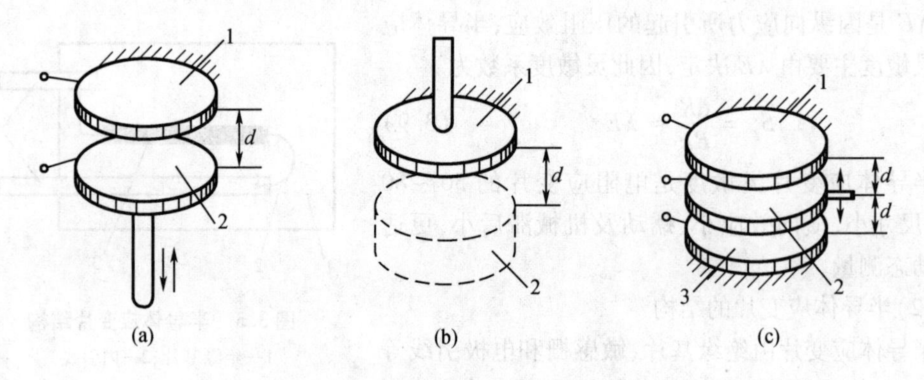

图 3.6　变极距式电容传感器结构示意图

1,3—固定极板；2—可动极板

由式(3.10)可知，如果电容器的两极板相互覆盖面积 A 及介质 ε 不变，当极距有一个微小变化量 Δd 时，电容量的变化量 ΔC 为

$$\Delta C = -\frac{\varepsilon_0 \varepsilon A}{d^2}\Delta d \tag{3.11}$$

传感器的灵敏度为

$$S = \frac{\Delta C}{\Delta d} = -\frac{\varepsilon_0 \varepsilon A}{d^2} \tag{3.12}$$

由上式可以看出，灵敏度 S 与极距的平方成反比，极距越小，灵敏度越高。由于灵敏度并非常数，而是随极距发生变化，这将引起非线性误差。为了减小非线性误差，通常规定传感器在较小的间隙变化范围内工作，一般取 $\Delta d / d \leqslant 0.1$。在实际应用中，为了提高传感器的灵敏度和线性度，克服外界条件的变化（如电源电压波动、环境温度变化）对测量精度的影响，常常采用差动式结构，如图 3.6(c)所示。

变极距式电容传感器的特点是:可进行动态非接触测量,灵敏度高,适用于较小位移的测量,但是具有非线性误差。

2. 变面积式电容传感器

图3.7是变面积式电容传感器的结构示意图。改变两极板间的有效面积通常有三种方式,常用的有角位移型、直线位移型和圆柱线位移型,其工作原理及特性分述如下。

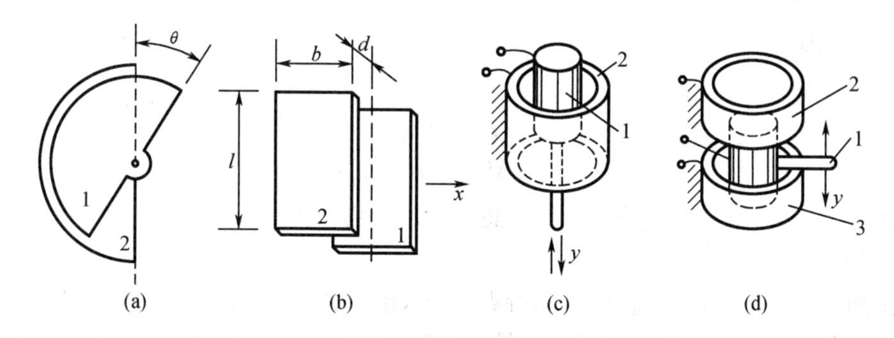

图3.7 变面积式电容传感器结构示意图

(1)角位移型电容传感器

图3.7(a)所示为角位移型,当动板1转动某一角度θ时,两极板之间的覆盖面积发生变化,导致电容量变化为

$$\Delta C = \frac{\varepsilon_0 \varepsilon r^2}{2d}\Delta\theta \tag{3.13}$$

其灵敏度为

$$S = \frac{\Delta C}{\Delta\theta} = \frac{\varepsilon_0 \varepsilon r^2}{2d} \tag{3.14}$$

由于灵敏度为常数,所以角位移型电容传感器输出与输入呈线性关系。

(2)直线位移型电容传感器

图3.7(b)为平面直线位移型电容传感器,当动板1沿x方向有一直线位移时,两极板之间的覆盖面积发生变化,导致电容量变化为

$$\Delta C = \frac{\varepsilon_0 \varepsilon l}{d}\Delta x \tag{3.15}$$

其灵敏度为

$$S = \frac{\Delta C}{\Delta x} = \frac{\varepsilon_0 \varepsilon l}{d} \tag{3.16}$$

由于灵敏度为常数,所以直线位移型电容传感器输出与输入呈线性关系。如图3.7(b)所示,减小极板宽度b可提高灵敏度,但b不能太小,必须保证$b \gg d$,否则边缘不均匀电场的影响将会增大。

(3)圆柱线位移型电容传感器

平行极板型电容传感器,无论角位移型还是直线位移型,不足之处都是对移动极板的平行度要求极高,极板之间稍有倾斜,就会引起极距d发生变化,影响测量精度。因此一般情况下,变面积式电容传感器常做成圆柱型。

图3.7(c)为圆柱线位移型电容传感器。当动板1沿y方向有一直线位移时，外圆筒和内圆柱之间的覆盖长度将发生变化，导致电容量的变化为

$$\Delta C=\frac{2\pi\varepsilon_0\varepsilon}{\ln(r_2/r_1)}\Delta l \tag{3.17}$$

式中　l——外圆筒和内圆柱重叠部分长度；

r_2——外圆筒内径；

r_1——内圆柱外径。

其灵敏度为

$$S=\frac{\Delta C}{\Delta l}=\frac{2\pi\varepsilon_0\varepsilon}{\ln(r_2/r_1)} \tag{3.18}$$

灵敏度为常数，圆柱线位移型电容传感器输出与输入也呈线性关系。图3.7(d)为圆柱差动式结构。

综上所述，变面积式电容传感器的特点是：输出与输入为线性关系；传感器灵敏度为常数；但是与变极距式电容传感器相比，灵敏度较低，适用于较大直线位移与角位移的测量。

3. 变介电常数式电容传感器

不同的电介质，具有不同的介电常数，改变极板间介质的介电常数也可以改变电容量的大小，这种传感器常用来检测容器中液位的高度或片状电介质的厚度。图3.8为四种变介电常数式电容传感器的结构示意图。图3.8(a)可用于测量电介质的厚度，图3.8(b)用于测量位移，图3.8(c)为根据介质的介电常数随温度、湿度、容量改变来测量温度、湿度、容量等，图3.8(d)用于测量液面位置的变化。

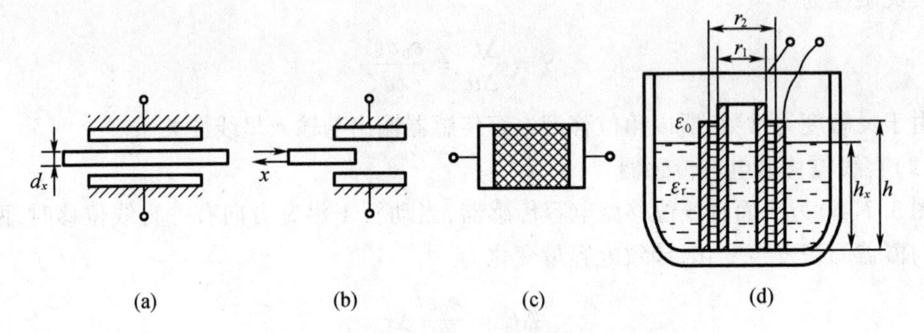

图3.8　变介电常数式电容传感器结构示意图

以图3.8(d)所示结构为例，外筒与内筒之间的电容量相当于两个电容器并联，一个电容器的电介质为空气，另一个为液体，介电常数分别为ε_0和ε_r，电容量为

$$C=\frac{2\pi\varepsilon_0\varepsilon_r h_x}{\ln(r_2/r_1)}+\frac{2\pi\varepsilon_0(h-h_x)}{\ln(r_2/r_1)}=\frac{2\pi\varepsilon_0}{\ln(r_2/r_1)}[h+h_x(\varepsilon_r-1)] \tag{3.19}$$

式中　h——外筒电极高度；

r_1,r_2——分别为内筒电极外半径和外筒电极内半径；

h_x——液面高度。

式(3.19)中，h,r_1,r_2,ε_r均为常数，因此电容量C与液面高度h_x呈线性关系。

3.2.3 电感式传感器

电感式传感器是利用电磁感应的原理，将被测量转换成电感量变化的传感器。根据变换方式不同，它主要分为可变磁阻式、互感式和涡流式三种。电感式传感器可以用来测量位移、压力、流量、振动、重力、力矩、应变等物理量。

1. 可变磁阻式电感式传感器

可变磁阻式传感器是把被测量转换成线圈自感 L 的变化工作的。它由线圈、铁芯和可移动衔铁组成。在铁芯与衔铁之间存在一个间隙，气隙长度为 δ，由电工学得知，线圈自感量为

$$L = \frac{W\Phi}{I} = \frac{W^2}{R_m} \tag{3.20}$$

式中 Φ——线圈总磁通；

I——通过线圈的电流；

W——线圈的匝数；

R_m——磁路总磁阻。

由于气隙长度 δ 较小，如果忽略磁路的铁损，则总磁阻为

$$R_m = \frac{l}{\mu A} + \frac{2\delta}{\mu_0 A_0} \tag{3.21}$$

式中 l——铁芯导磁长度，m；

μ——铁芯的磁导率，H/m；

A——铁芯导磁截面面积，m^2；

μ_0——空气磁导率，$\mu_0 = 4\pi \times 10^{-7}$ H/m；

A_0——空气间隙导磁截面面积。

由于铁芯是用高导磁材料制成的，其磁阻远小于空气间隙的磁阻，可以忽略，故有

$$R_m \approx \frac{2\delta}{\mu_0 A_0}$$

将上式代入式(3.20)，则有

$$L \approx \frac{W^2 \mu_0 A_0}{2\delta} \tag{3.22}$$

此式表明，自感 L 与气隙长度 δ 成反比，而与空气间隙导磁截面面积 A_0 成正比。

(1)变气隙式电感式传感器

如果保持气隙导磁截面面积 A_0 不变，则自感 L 为气隙长度 δ 的单值函数，由此可构成变气隙式电感传感器，其结构示意图如图3.9所示。

当气隙长度变化 δ 时，自感 L 与气隙长度 δ 成线性关系，如图3.10所示，传感器灵敏度为

$$S = \frac{W^2 \mu_0 A_0}{2\delta^2} \tag{3.23}$$

灵敏度 S 与气隙长度 δ 的平方成反比，δ 越小，灵敏度越高。由于灵敏度不为常数，而是随气隙长度 δ 发生变化，会引起非线性误差。为了减小非线性误差，通常规定传感器在较小的间隙变化范围内工作，一般取 $\Delta\delta/\delta_0 \leqslant 0.1$。变气隙式电感式传感器适用于较小位移的测量，大约为0.001～1 mm。

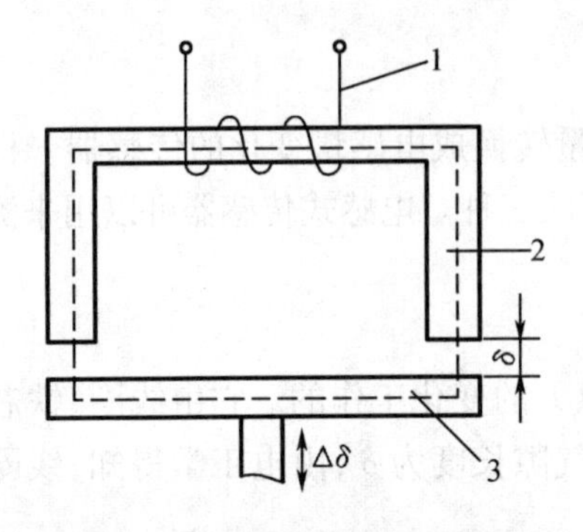

图 3.9　变气隙式电感式传感器

1—线圈；2—铁芯；3—衔铁

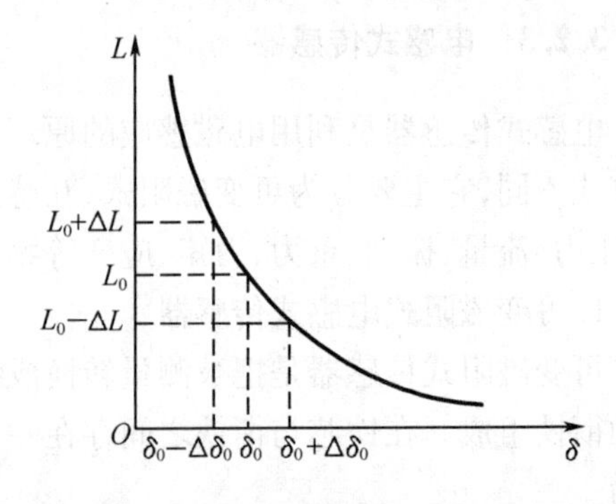

图 3.10　变气隙式电感式传感器特性曲线

(2)变面积式电感式传感器

变面积式电感式传感器的结构与变气隙式的结构相似，如图 3.9 所示。气隙长度 δ 保持不变，自感 L 随气隙导磁截面面积 A_0 改变。设 $A_0 = l \times b$，当衔铁沿着衔铁长度 l 方向移动时，气隙导磁截面面积 A_0 改变，自感 L 与 A_0 成线性关系，传感器灵敏度为常数，即

$$S = \frac{W^2 \mu_0 b}{2\delta} \tag{3.24}$$

变面积式电感式传感器可以得到较大的线性范围，但是与变气隙式电感式传感器相比，其灵敏度降低。

2. 涡流式电感式传感器

涡流式电感式传感器是利用金属导体在交变磁场中的涡电流效应工作的。金属导体置于变化的磁场中或在磁场中作切割磁力线运动时，导体内将产生呈漩涡状的感应电流，此电流叫涡电流，这种现象叫涡流效应。

涡流式传感器最大的特点是，能对位移、厚度、表面温度、速度、应力、材料损伤等进行非接触连续测量，另外还具有体积小、灵敏度高、频带宽等优点，应用极其广泛。

图 3.11 为涡流式传感器原理图，传感器主要由线圈和被测金属导体组成的。根据法拉第电磁感应定律，当线圈通以正弦交变电流 I_1 时，线圈周围空间必然产生正弦交变磁场 H_1，使置于此磁场中的金属导体产生感应涡电流 I_2，I_2 又产生新的交变磁场 H_2。根据楞次定律，H_2 将反作用于原磁场 H_1，由于涡流磁场的作用，使得原线圈的等效阻抗 Z 发生变化，变化程度与线圈和导体间的距离 δ 有关，并且还与金属导体的电阻率 ρ、磁导率 μ 以及线圈的激磁频率 f 有关。

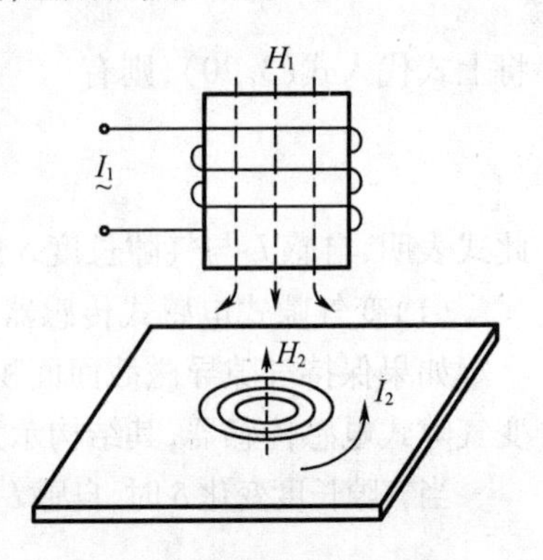

图 3.11　涡流式传感器原理图

如果保持其他参数不变，而只改变其中一个参数，传感器线圈阻抗 Z 就是这个参数的单值函数。通过与传感器配用的测量电路测出阻抗 Z 的变化量，即可实现对该参数的测量。

涡流式传感器在金属导体内产生涡电流，其渗透深度与传感器线圈的激磁电流的频率有关。按照涡电流在导体内的贯穿情况，涡流式传感器可分为高频反射式和低频透射式

两种。

（1）高频反射式涡流式传感器

高频反射式涡流式传感器原理如图 3.11 所示。其结构非常简单，由一个扁平线圈固定在框架上构成。线圈用高强度漆包线或银线绕制而成，用胶粘在框架端部，也可以在框架的端部开一条槽，将导线绕在槽内形成一个线圈。

图 3.12 为常见的一种变间隙型涡流式传感器——CZF1 型涡流式传感器。它采用把导线绕在框架 2 的槽内的方法形成线圈，框架采用聚四氟乙烯，使用时通过框架衬套 3 将整个传感器安装在支架 4 上。

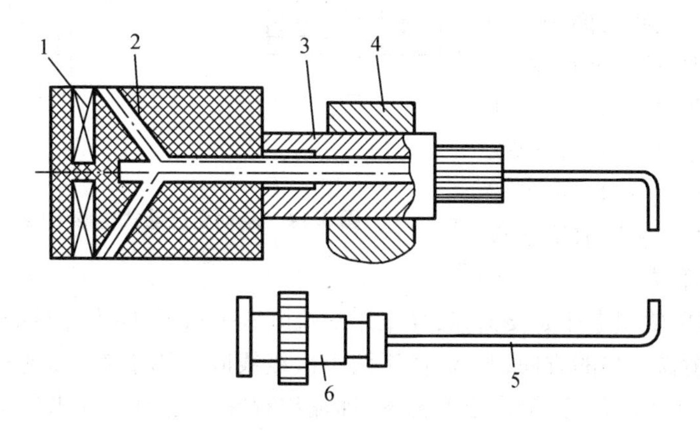

图 3.12　变间隙型涡流式传感器结构简图

1—线圈；2—框架；3—框架衬套；4—支架；5—电缆；6—插头

（2）低频透射式涡流传感器

低频透射式涡流传感器的原理如图 3.13 所示。传感器由两个绕在胶木棒上的线圈组成，一个为发射线圈，一个为接收线圈，它们分别位于被测金属材料的两侧。由振荡器产生的低频电压 U_1 加到发射线圈 L_1 的两端后，线圈流过一个同频电流，并在其周围产生一个交变磁场。如果两线圈间不存在被测物体，那么 L_1 的磁力线就能直接贯穿于 L_2，接收线圈 L_2 两端就会感应出一交变电动势 E，E 的大小与 U_1 的幅值、频率以及 L_1 和 L_2 的匝数、结构和两者之间相对位置有关。如果这些参数都是确定的，那么 E 就是定值。

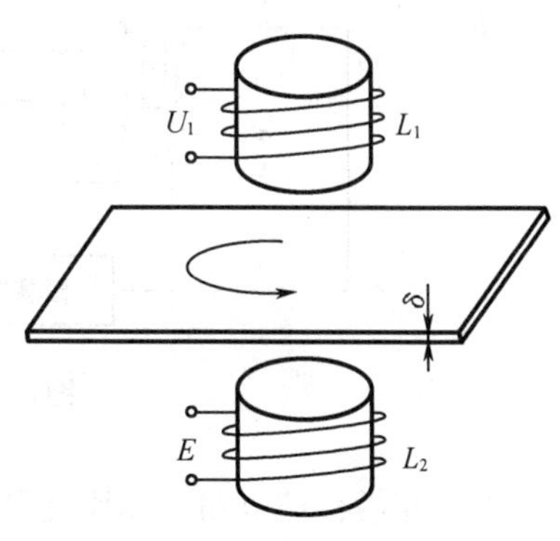

图 3.13　低频透射式涡流传感器原理图

当 L_1 和 L_2 之间放入金属板后，金属板内部就会产生涡电流 I，涡电流 I 损耗了部分磁场能量，使到达 L_2 上的磁场减弱，从而引起 E 下降。金属板的厚度 δ 越大，产生的涡电流就越大，损耗磁场的能量就越大，E 就越小。

3. 差动变压器式电感式传感器

这种传感器利用了电磁感应的互感现象，把被测量转换为线圈互感的变化。差动变压器式电感传感器结构形式较多，有变气隙式、变面积式和螺管式等。在工程应用中，应用最多的是螺管式差动变压器式电感传感器。

差动变压器式电感传感器简称差动变压器，其结构也是由线圈、铁芯和衔铁三部分组成，如图 3.14(a)所示。与可变磁阻式电感传感器不同之处在于，差动变压器有两级线圈，一个初级线圈(又称激励线圈)和两个次级线圈(也称输出线圈)。初级线圈 W 通交流电源，次级线圈由两个完全相同的两只线圈 W_1 和 W_2 反极性串联而成，如图 3.14(b)所示。

当初级线圈通交流电压时，两个次级线圈 W_1 和 W_2 分别产生感应电动势 e_1 和 e_2，二者大小与衔铁位置有关。当衔铁处于中间位置时，$e_1=e_2$，输出电压 $e_0=0$；当衔铁偏离中间位置时，次级线圈中感应电势不再相等，便有电压 e_0 输出。当衔铁向上运动时，$e_1>e_2$，输出电压 $e_0>0$；当衔铁向下运动时，$e_1<e_2$，输出电压 $e_0<0$。可见输出电压 e_0 的大小和极性取决于衔铁移动量的大小和方向。

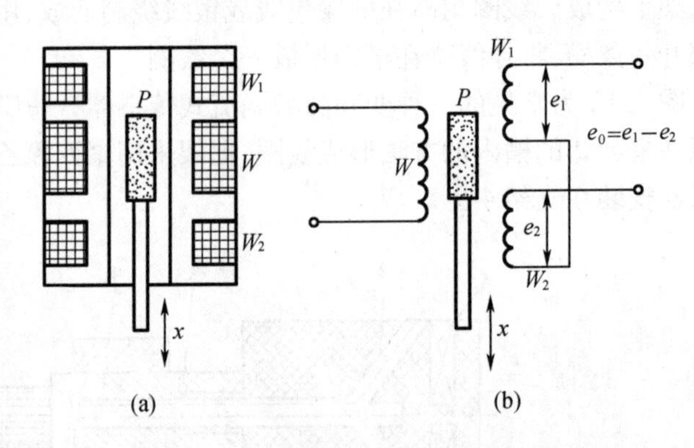

图 3.14　差动变压器式电感传感器原理图

差动变压器的输出电压是交流量，如果用交流电压表指示，输出值只能反映衔铁位移的大小，不能反映衔铁位移的方向；其次，由于两个次级线圈结构不对称，或材质不均匀，容易造成即使衔铁位于中间位置，输出也不为零，即输出存在一定的零点残余电压。为此，差动变压器的测量电路需选用差动相敏检波电路，如图 3.15 所示。

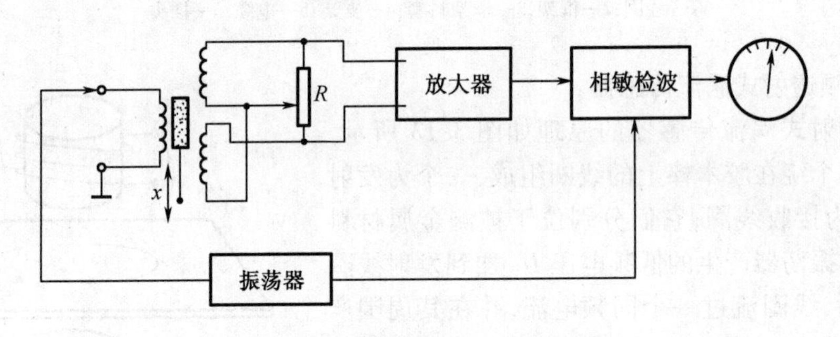

图 3.15　差动相敏检波电路原理图

差动相敏检波电路工作原理是：当衔铁位于中间位置时，输入信号为零，调节电阻 R，使零点残余电压最小；当衔铁向上或向下移动时，有交流电压输出，经过交流放大、相敏检波、低通滤波之后，得到直流输出，由直流电压表指示，指针左右偏转方向表示衔铁向上或向下移动方向，指针偏转大小表示衔铁位移大小。

差动变压器式电感传感器测量位移时，最高分辨力可达 0.1 μm，而测量范围可达到 ±100 mm。由于其具有结构简单，精度高，灵敏度高，稳定性好，使用方便等优点，广泛应用于位移、压力或质量的测量。

3.3 发电式传感器

3.3.1 压电式传感器

压电式传感器是一种典型的发电式传感器(也称有源传感器),是依据压电效应的原理工作的。它是以某些物质受力后其表面产生电荷的压电器件为核心组成的传感器,主要用于力的测量或最终变换为力的某些非电量的测量。

1. 压电效应

某些物质(如石英、钛酸钡等)当沿某一方向受到外力时,会产生变形,不仅几何尺寸发生变化,而且内部被极化,表面产生电荷,当外力去掉时,又重新恢复到原来不带电状态,这种现象称为压电效应。压电效应是把机械能转换为电能,也称为正压电效应。反之,若将这些物质置于电场中,它会产生机械变形,这种由于外电场作用而导致物质机械变形的现象,称为逆压电效应或电致伸缩效应。逆压电效应能够将电能转换为机械能。

图3.16为天然石英晶体的结构。它是一个正六面体,在晶体学中可用三个互相垂直的轴来表示。其中z轴称为光轴,当光沿z轴入射时不产生双折射现象;沿横截面对角线方向,并垂直于光轴的x轴称为电轴;垂直于zx平面的y轴称为机械轴。常将沿电轴(x轴)方向施加作用力产生的压电效应,称为纵向压电效应;沿机械轴(y轴)方向施加作用力产生的压电效应,称为横向压电效应;在光轴(z轴)方向受力则不产生压电效应。

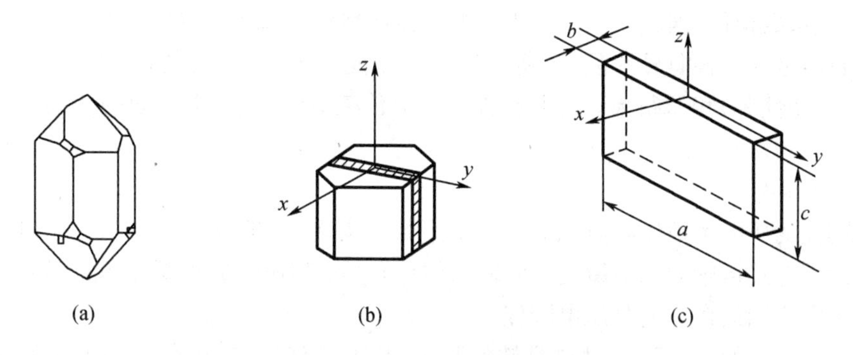

图3.16 天然石英晶体的结构

(a)六角晶柱;(b)三轴方向;(c)晶体切片

如果从石英晶体上沿y轴方向切下一块晶片,如图3.16(c)所示。石英晶体上电荷极性与受力的关系如图3.17所示。在石英晶片中,沿x轴方向施加作用力F_x时,垂直于x轴的表面上会产生电荷q_x,其大小为

$$q_x = d_{11}F_x \tag{3.25}$$

式中,d_{11}——晶片x方向受力后的压电系数。

如果在同一石英晶片上,沿y轴方向施加作用力F_y,则仍在垂直于x轴的表面上产生电荷q_x,其大小为

$$q_x = d_{12}\frac{a}{b}F_y \tag{3.26}$$

式中 d_{12}——晶片 y 方向受力后的压电系数，$d_{12} = -d_{11}$；

a，b——石英晶片的长度和宽度，mm。

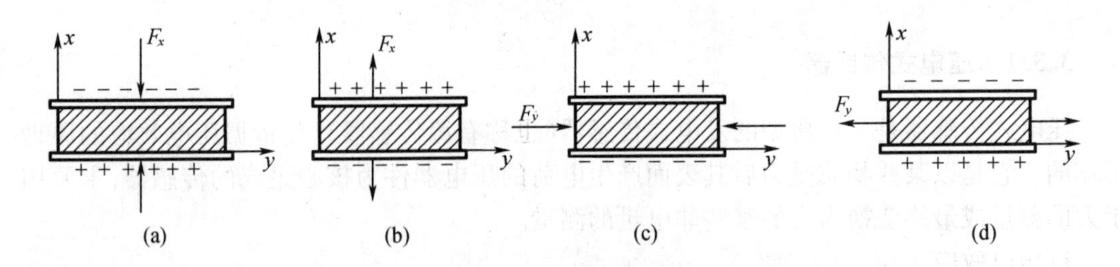

图 3.17 石英晶体电荷极性及受力情况

(a) $F_x<0$；(b) $F_x>0$；(c) $F_y<0$；(d) $F_y>0$

2. 压电材料

压电材料可分为三类：压电单晶，如石英；压电陶瓷，如钛酸钡、锆钛酸铅等；有机压电薄膜，包括压电半导体（如硫化锌、碲化镉等）和高分子压电材料。它们都具有较大的压电系数，机械性能优良（强度高、固有振荡频率稳定）、时间稳定性好、温度稳定性好，所以是较理想的压电材料。

(1) 石英晶体

常见的石英晶体有天然石英和人造石英。石英晶体俗称水晶，其化学成分为 SiO_2（二氧化硅）。石英晶体的突出优点是性能稳定，机械强度高，绝缘性好。但天然石英材料价格昂贵，且压电系数很低，因此一般仅用于标准仪器或精度要求较高的传感器。

因为石英是一种各向异性晶体，所以按不同方向切割的晶片，其物理性质（如弹性、压电效应、温度特性等）相差很大。为此在设计石英传感器时，应根据不同的使用要求正确地选择石英晶片的切割方向。

(2) 压电陶瓷

压电陶瓷的压电系数比石英晶体的压电系数高得多，一般高出数百倍。所以采用压电陶瓷制作的压电式传感器的灵敏度非常高，并且压电陶瓷制作方便，成本低。现代声学技术和传感技术中应用最普遍的是压电陶瓷。

目前使用较多的压电陶瓷材料是锆钛酸铅（PZT 系列）。压电陶瓷是人工制造的多晶压电材料，它由许多铁电体的微晶组成，微晶再细分为电畴。电畴是分子自发极化形成的区域，由于在无外电场作用时，电畴无规则排列，它们的极化效应被相互抵消，因而总体上不显电性，没有压电效应。当在一定温度下，对其施加电场时，电畴会规则排列。当电场去除后，电畴排列方向保持不变，在常温下就具有压电特性。

(3) 压电薄膜

高分子压电薄膜的压电特性并不很好，但是它易于大量生产，且具有面积大，柔软不易破碎的优点，可用于微小压力测量和机器人触觉等。

3. 压电式传感器及其等效电路

制作压电式传感器时，可采用两片或两片以上具有相同性能的压电晶片粘贴在一起使用。

(1)压电晶片的连接方式

由于压电晶片有电荷极性,故连接方式有两种:串联式与并联式。

①并联式接法

如图3.18(a)所示,两个压电晶片的正极与正极相连,负极与负极相连,并联在一起。输出电压等于单片电压,输出电荷等于单片电荷的2倍,输出电容等于单片电容的2,即

$$U' = U\ ,\ q' = 2q\ ,\ C' = 2C$$

②串联式接法

如图3.18(b)所示,两个压电晶片正、负极相连,串联在一起。输出电压为单片的2倍,输出电荷等于单片电荷,输出电容等于单片电容的1/2,即

$$U' = 2U\ ,\ q' = q\ ,\ C' = \frac{1}{2}C$$

通过比较可知,串联式接法输出电压高,输出电容小,适用于以电压为输出量和测量电路输入阻抗很高的场合;并联式接法输出电荷大,输出电容大,故时间常数大,适用于测量缓变信号并以电荷为输出信号的场合。

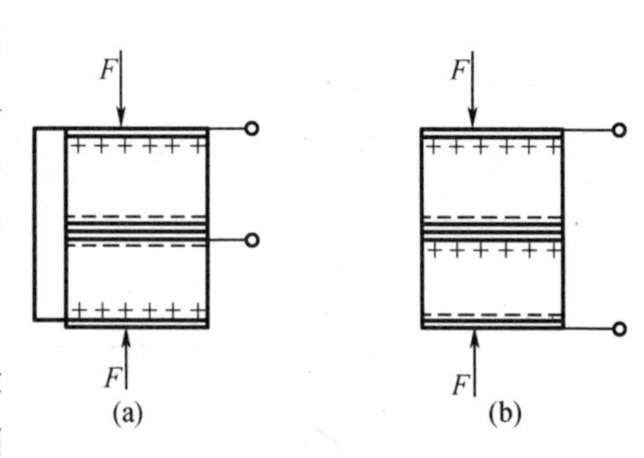

图3.18 压电晶片并联与串联
(a)并联;(b)串联

(2)压电式传感器的等效电路

当压电式传感器中的压电晶片承受压力的作用时,在它的两个极面上出现极性相反但电量相等的电荷。可把压电式传感器看成一个静电发生器,如图3.19(a)所示;也可把它视为两极板上聚集异性电荷,中间为绝缘体的电容器,如图3.19(b)所示。其电容量 C_a 为

$$C_a = \frac{\varepsilon_0 \varepsilon_r A}{h} \tag{3.27}$$

式中 h ——压电晶片厚度;

A ——压电晶片的工作面积。

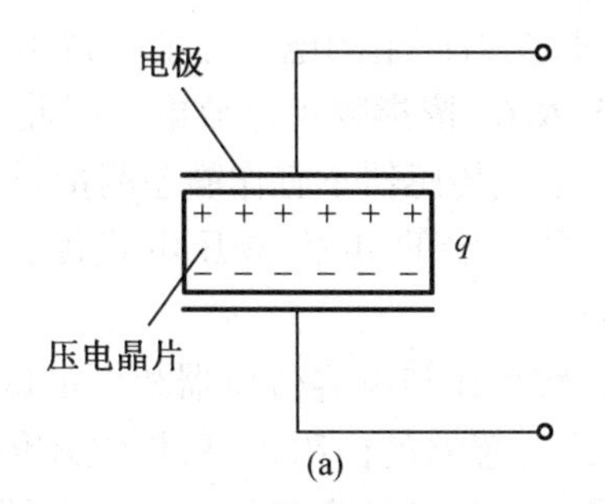

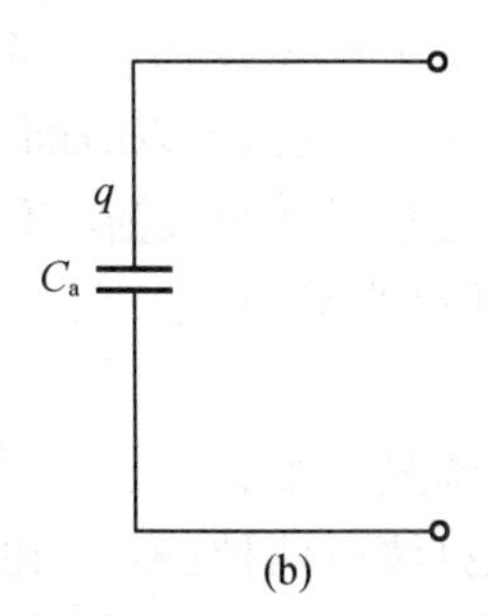

图3.19 压电式传感器的等效电路

因此压电式传感器的等效电路有如下两种。

①电压等效电路

当需要压电传感器输出电压时,可以把压电元件等效为一个电压源与一个电容器相串联的电压等效电路,如图3.20(a)所示。在初始状态,其输出电压和电压灵敏度分别为

$$U_a = \frac{q}{C_a} \tag{3.28}$$

$$S_U = \frac{U_a}{F} = \frac{q}{C_a F} \tag{3.29}$$

式中　U_a——极板电荷形成的电压；

　　　F——作用在压电晶片上的外力。

②电荷等效电路

当需要压电元件输出电荷时，可以把压电元件等效为一个电荷源与电容器相并联的电荷等效电路，如图3.20(b)所示。在开路状态下，其输出电荷和电荷灵敏度分别为

$$q = U_a C_a \tag{3.30}$$

$$S_q = \frac{q}{F} = \frac{U_a C_a}{F} \tag{3.31}$$

S_U 与 S_q 的关系为

$$S_U = \frac{U_a}{F} = \frac{q}{C_a F} = \frac{S_q}{C_a} \tag{3.32}$$

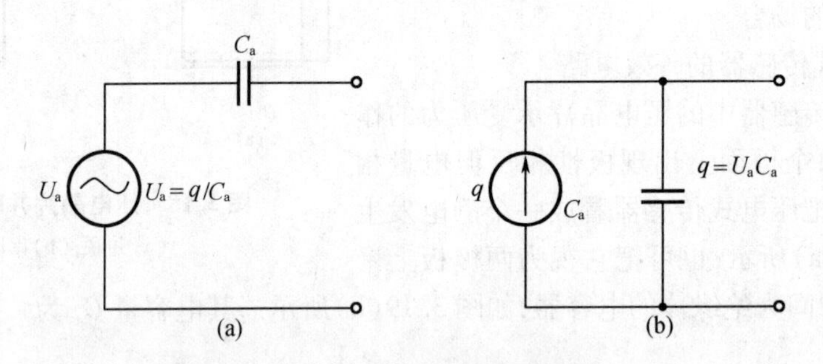

图3.20　压电式传感器等效电路图

(a)电压等效电路；(b)电荷等效电路

必须指出，上述等效电路及其输出，只有在压电元件本身为理想绝缘（即 $R_a = \infty$），外电路负载无穷大（即 $R_L = \infty$），内部无泄漏时，受力产生的电压才能保持不变。而实际上，负载不可能无穷大，电路就要以时间常数 $\tau = R_L C_a$ 按指数规律放电。因此，这对于静态信号以及低频准静态信号测量极为不利，所以压电式传感器不宜作静态测量，只有对其施加交变力，电荷才能不断得到补充，以供给测量电路一定的电流，故压电式传感器只宜作动态测量。

压电式传感器是一个有源电容器，因此必然存在与电容传感器相同的缺点，即高内阻、小功率。其解决办法有两种：第一，由于压电式传感器的内阻极高，压电式传感器难以直接使用一般放大器，通常应将传感器的输出信号输入到高输入阻抗前置放大器中变换成低阻抗输出信号，然后再送到测量电路的放大、检波、数据处理电路或显示设备；第二，因为输出功率小，所以必须进行前置放大，且要求放大倍数大、灵敏度高、输入阻抗 R_i 大。由此可见，压电式传感器测量电路中的关键部分是前置放大器，而这个前置放大器必须具备两个功能：一是放大，把压电式传感器的微弱信号放大；二是阻抗变换，把压电式传感器的高阻抗输出变换为前置放大器的低阻抗输出。

(3)前置放大器

因为压电式传感器既可以等效为一个与电容串联的电压源,又可以等效为与电容并联的电荷源,所以前置放大器也有两种形式:一种是电压放大器,另一种是电荷放大器。当把压电式传感器与电压放大器连接时,可用电压等效电路分析;而当把压电式传感器与电荷放大器连接时,则应用电荷等效电路分析。

①电压放大器

压电式传感器相当于一个静电荷发生器或电容器。为了尽可能保持压电式传感器的输出电压(或电荷)不变,要求电压放大器具有很高的输入阻抗(大于 1 000 MΩ)和很低的输出阻抗(小于 100 Ω)。压电式传感器与电压放大器连接的等效电路如图 3.21 所示。

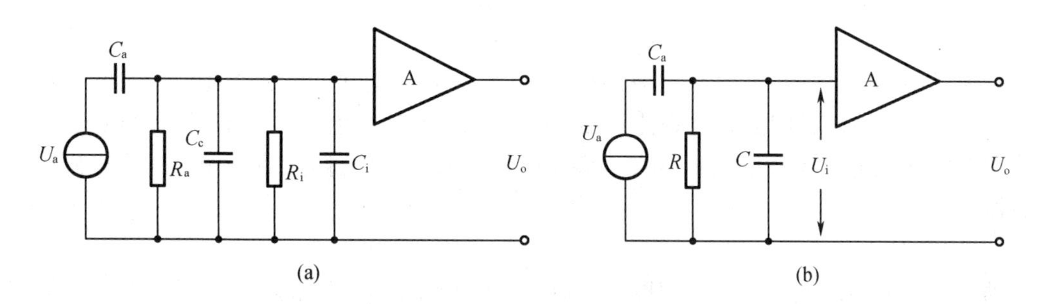

图 3.21 电压放大器电路

(a)等效电路;(b)简化的等效电路

②电荷放大器

电荷放大器是一个有反馈电容的高增益运算放大器,当略去 $R=\dfrac{R_aR_i}{R_a+R_i}$ 后,电路如图 3.22 所示。其中 A 为运算放大器的增益。由于运算放大器的输入端几乎无分流,电荷 q 只对反馈电容 C_f 充电, C_f 两端电压接近放大器的输出电压,即

$$U_o=\frac{-Aq}{C_a+C_c+C_i+(1+A)C_f} \tag{3.33}$$

当 $A\gg 1$,且满足 $(1+A)C_f\gg(C_a+C_c+C_i)$ 时

$$U_o\approx U_{C_f}=\frac{-q}{C_f} \tag{3.34}$$

式中 U_o ——电荷放大器输出电压;

U_{C_f} ——反馈电容 C_f 两端电压。

由上式可见:电荷放大器的输出电压 U_o 与电缆电容 C_c 无关,与电荷 q 成正比。这是电荷放大器的最大优点,因此使用较多。随着集成运算放大器价格的降低,目前生产的压电式传感器越来越多地使用电荷放大器。电压放大器电路简单,元件少,价格便宜,工作可靠,但引线电缆不宜太长。需特别注意的是:这两种放大器电路的输入端都要加过载保护电路,以免在传感器过载时,产生过高的输出电压。

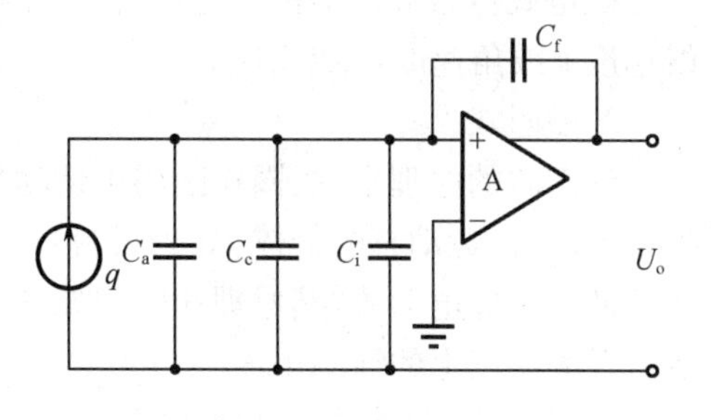

图 3.22 电荷放大器

压电式传感器具有工作频带宽、精度高、灵敏

度高、结构简单、体积小、质量轻等优点，被广泛应用于力、压力、加速度等的测量，也被用于声波发射与接收装置，在用作加速度传感器时，可测量频率范围达0.1 Hz～20 kHz。

3.3.2 磁电式传感器

磁电式传感器是利用电磁感应的原理工作的，其能够把被测量变换成感应电动势输出。它不需要辅助电源，直接把被测对象的机械能转换为电能，是一种有源传感器，也称为电动式或电磁感应式传感器。

根据法拉第电磁感应定律，N 匝线圈在磁场中作切割磁力线运动或穿过线圈的磁通量发生变化时，线圈中产生的感应电动势 e 为

$$e = -N\frac{\mathrm{d}\Phi}{\mathrm{d}t} \tag{3.35}$$

可见，感应电动势 e 与线圈匝数和磁通 Φ 的变化率有关。磁通量越大，磁通变化率 $\mathrm{d}\Phi/\mathrm{d}t$ 就越大。不同类型的磁电式传感器，实现磁通量 Φ 变化的方法不同，有恒磁通的动圈式与动铁式磁电感应式传感器，还有变磁通（变磁阻）的开磁路式或闭磁路式磁电感应式传感器。

1. 动圈式

动圈式可分为线速度型和角速度型，如图3.23所示。当线圈垂直于磁场方向运动时，线圈相对于磁场的运动速度为 v 或 ω，则式(3.35)可写为

$$e = -NBl_a v \quad 或 \quad e = -NBA\omega \tag{3.36}$$

式中 B——磁感应强度，T；

l_a——每匝线圈的平均长度，m；

A——线圈的截面面积，m^2。

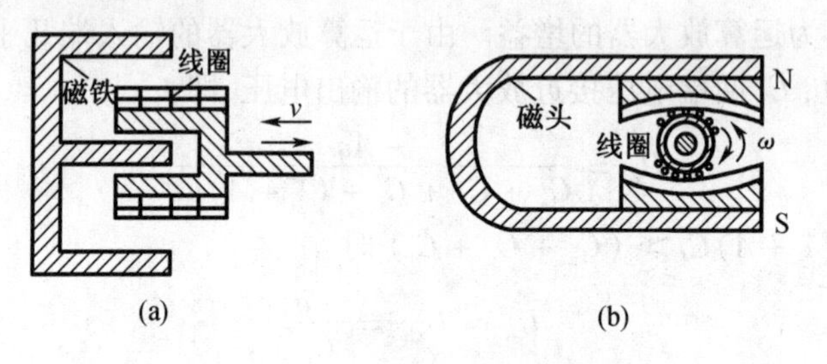

图3.23 动圈式电磁感应传感器

(a)线速度型；(b)角速度型

磁电式传感器是结构型传感器，当结构参数 N，B，l_a，A 均为常数时，感应电动势 e 与线速度 v 或角速度 ω 成正比。

2. 磁阻式

动圈式的原理是，线圈在磁场中运动切割磁力线而产生电动势。而磁阻式则是线圈与磁铁不动，由运动着的物体（导磁材料）改变磁路中的磁阻，引起磁力线增强或减弱，从而使线圈产生感应电动势，其原理和应用如图3.24所示。这种传感器结构简单，主要是由永久磁铁及缠绕其上的线圈组成。

磁阻式传感器结构简单，使用方便，可用来测量转速、偏心量和振动速度等。

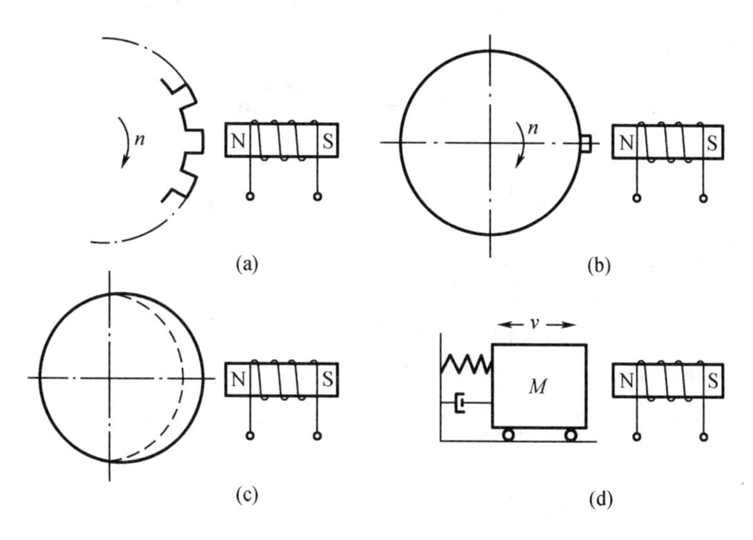

图 3.24 磁阻式电磁感应传感器

(a)测频数;(b)测转速;(c)测偏心量;(d)测振动

磁电式传感器适宜于动态测量。如果在其测量电路中接入积分电路,输出的感应电动势就会与位移成正比;如果接入微分电路,输出的感应电动势就与加速度成正比。因此,结合积分或微分电路,磁电式传感器多用来测量位移和加速度。

3.3.3 热电式传感器

热电式传感器是把被测量(主要是温度)转换为电量变化的一种装置,其变换是基于金属的热电效应。按照变换方式的不同,热电式传感器可分为热电偶与热电阻传感器。

1. 热电偶

所谓热电效应,是指在两种不同材料的导体或半导体所组成的闭合回路中,当两接触点分别置于温度不同的热源时,回路中就会产生热电势,这一现象称为热电效应。

如图 3.25 所示,通常把两种不同导体的组合称为热电偶,称 A 和 B 两导体为热电极。两个接触点,一个为工作端或热端(T),测量时将它置于被测温度场中;另一个叫自由端或冷端(T_0),一般要求恒定在某一温度。在热电偶回路中,所产生的热电势由两部分组成:接触电势和温差电势。

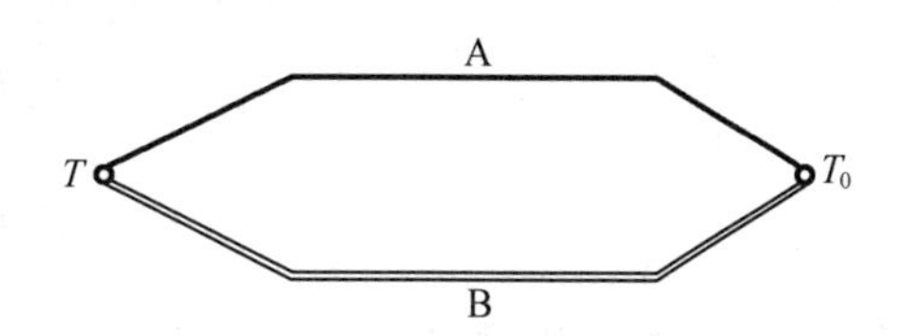

图 3.25 热电偶结构原理

(1)接触电势

接触电势产生的原因如下所述。不同导体的自由电子密度是不同的,当两种不同的导体 A 和 B 紧密连接在一起时,在 A 和 B 的接触处就会产生电子的扩散。设导体 A 的自由电子密度大于导体 B 的自由电子密度($n_A > n_B$)。在单位时间内,导体 A 扩散到导体 B 的电子数要比导体 B 扩散到导体 A 的电子数多。导体 A 因失去电子而带正电,导体 B 因得到电子而带负电。于是,在 A 和 B 之间的接触表面上形成了一个电位差,即电动势,也称为热电势,用 $E_{AB}(T,T_0)$ 表示。这个电动势将阻碍电子由导体 A 向导体 B 的进一步扩散。当电子扩散作用与阻碍作用相等时,接触处自由电子的扩散便达到动态平衡。这种由于两种导体自由电子密度不同，而在其接触处形成的电动势，称为接触电势，用符号 $e_{AB}(T)$ 和 $e_{AB}(T_0)$ 表示，即

$$e_{AB}(T) = U_{AT} - U_{BT} = \frac{k_0 T}{e}\ln\frac{n_{AT}}{n_{BT}} \tag{3.37}$$

$$e_{AB}(T_0) = U_{AT_0} - U_{BT_0} = \frac{k_0 T_0}{e}\ln\frac{n_{AT_0}}{n_{BT_0}} \tag{3.38}$$

式中 k_0 ——玻耳兹曼常数，$k_0 = 1.38 \times 10^{-23}$ J/K；

T，T_0 ——接触处的绝对温度，K；

n_A，n_B ——材料 A，B 的自由电子密度；

e ——电子电荷量，$e = 1.602 \times 10^{-19}$ C。

实验与理论均已证明，热电偶回路总电动势主要是由接触电势引起的。在图 3.26 中，若 A 为正极，B 为负极，则所产生的总电动势为

$$E_{AB}(T,T_0) = e_{AB}(T) - e_{AB}(T_0) \tag{3.39}$$

(2)温差电势

热电偶热电势的另一个组成部分是温差电势。温差电势是在同一导体的两端因其温度不同而产生的一种热电势。

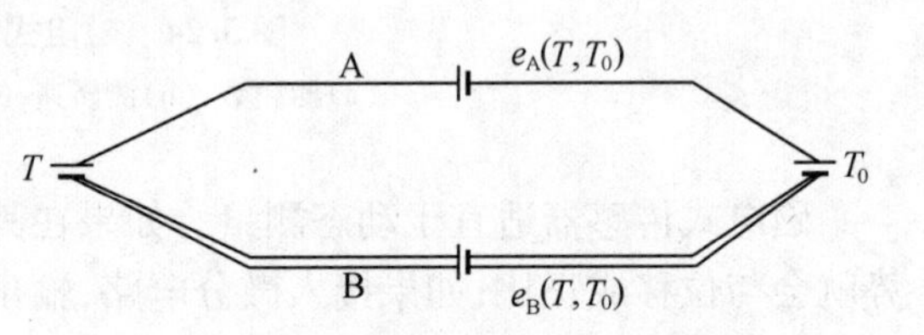

图 3.26 热电偶回路各热电势

温差电势产生的原因如下所述。一根均质的导体，当两端温度不同时，由于高温端的电子能量比低温端的电子能量大，因而高温端就要向低温端进行热扩散，表现为导体内高温端的自由电子跑向低温端的数目比低温端跑向高温端的多，高温端因失去电子而带正电，低温端因获得多余电子而带负电。因此，在导体两端便形成电位差，该电位差称为温差电势，该电势将阻止电子从高温端跑向低温端，同时，加速电子从低温端跑向高温端，直至动平衡，温差电势达到稳定值。温差电势一般比接触电势小得多，其数量级约为 10^{-5} V。

温差电势的大小与导体材料和导体两端温差有关。若导体 A 和 B 两端温度分别为 T 和 T_0，并且 $T > T_0$，则单一导体各自温差电势分别为

$$e_A(T,T_0) = \int_{T_0}^{T} \sigma_A \mathrm{d}T \tag{3.40}$$

$$e_B(T,T_0) = \int_{T_0}^{T} \sigma_B \mathrm{d}T \tag{3.41}$$

式中，σ_A，σ_B 为汤姆逊系数，表示单一导体两端温差为 1 ℃时所产生的温差电势。

由导体 A 和 B 构成的热电偶回路总的温差电势为

$$e_A(T,T_0) - e_B(T,T_0) = \int_{T_0}^{T} (\sigma_A - \sigma_B)\mathrm{d}T \tag{3.42}$$

(3)热电偶回路的特点

①若热电偶两电极材料相同，则无论两接点温度如何，总热电势为零。

②若热电偶两接点温度相同，尽管 A 和 B 材料不同，电路中总电势等于零。

③热电偶产生的热电势只与材料和接点温度有关，与热电极的尺寸、形状等无关。同样材料的热电极，其温度和电势的关系是一样的。因此，热电极材料相同的热电偶可以互换。

④热电偶 A，B 在接点温度由 T_1 变化到 T_2，再由 T_2 变化到 T_3，则由 T_1 到 T_3 的热电势，

等于此热电偶在接点温度由 T_1 变化到 T_2，由 T_2 变化到 T_3 两个不同状态下的热电势之和。

⑤当热电极 A，B 选定后，热电势 $E_{AB}(T,T_0)$ 是两接点温度 T 和 T_0 的函数差。

热电偶具有结构简单、使用方便、精度高、热惯性小、可测局部温度和便于远距离传送与集中检测、自动记录等特点。其可测温度范围为 100 ℃ ~1300 ℃，根据需要还可测更高或更低的温度。理论上讲，任何两种不同材料的导体都可以组成热电偶，但为了准确可靠地测量温度，组成热电偶的材料必须经过严格的选择。工程上用于热电偶的材料应满足以下条件：热电势变化尽量大，热电势与温度的关系尽量接近线性关系，物理、化学性能稳定，易于加工，准确性好，便于成批生产，有良好的互换性。

2. 热电阻

热电阻式温度传感器是利用金属或非金属材料的电阻随温度变化的特性，实现温度测量的。物质的电阻率随温度变化而变化的物理现象称为热电阻效应。大多数金属导体的电阻都会随温度的升高而增加。在金属中参加导电的为自由电子，当温度升高时，虽然自由电子数目基本不变（当温度变化范围不是很大时），但是每个自由电子的动能将增加。因此，在一定的电场作用下，要使这些杂乱无章的电子作定向运动就会遇到更大的阻力，导致金属电阻随温度的升高而增加，其变化关系可由下式表示

$$R_t = R_0[1 + \alpha(t - t_0)] \tag{3.43}$$

式中 R_t，R_0——热电阻在 t 和 t_0 时的电阻值；

α——热电阻的电阻温度系数，1/℃。

由式(3.43)可见，只要 α 保持不变，则金属电阻 R_t 将随温度 t 线性地增加，其灵敏度为

$$S = \frac{1}{R_0}\frac{\mathrm{d}R_t}{\mathrm{d}t} = \frac{1}{R_0}\cdot R_0\alpha = \alpha \tag{3.44}$$

显然，α 越大，灵敏度 S 就越大，纯金属的电阻温度系数 α 为 0.003 ~0.006 ℃$^{-1}$，绝大多数金属导体的 α 并不是一个常数，它也随温度的变化而变化，只是在一定的温度范围内，把它近似地看作一个常数。

热电阻测温的优点是，灵敏度高，易于连续测量，与热电偶相比可以远距离传输，无需参考温度。金属热电阻稳定性高，互换性好，准确度高，可以用作基准仪表。但是，热电阻测温需要激励电源，有自热现象，测量温度不能太高。常用的热电阻材料有铂电阻、铜电阻和半导体热敏电阻，这样的电阻材料电阻率大、温度系数大、热容量和热惯性小、易提纯、价格低。

3.4 其他常用传感器

3.4.1 半导体传感器

半导体材料的一个重要特性是对光、热、力、磁等物理量具有较大的敏感性。利用这些特性使其成为非电量电测技术的转换元件，是近代半导体技术应用的一个重要方面。

1. 半导体气敏传感器

半导体气敏传感器主要使用半导体气敏材料，如氧化锡、氧化锰等，当半导体气敏元件与气体接触时，由于表面吸附了气体分子，二者相互接收电子的能力不同，产生了正离子或负离子吸附，引起表面能带弯曲，导致其电导率发生变化，可用来检测气体的成分和浓度。

半导体气敏传感器分为电阻式和非电阻式两种，其中电阻式应用较多。电阻式半导体

气敏传感器是用氧化锡、氧化锌等金属氧化物材料制作敏感元件，当被测气体被敏感材料吸附后，其电阻值随气体的浓度而变化。其内部有电极和加热丝，电极用于输出电阻，加热丝用于烧灼敏感材料表面的油垢和污物，以加速被测气体的吸、脱过程。

半导体气敏传感器具有在低浓度下对可燃气体和某些有毒气体检测灵敏度高，响应快，使用方便，价格便宜等优点，但气体选择性差，性能参数分散，时间稳定度欠佳。

2. 固态图像传感器

固态图像传感器是一种小型的固态集成光电器件，具有光生电荷及积蓄和转移电荷的功能。这种器件能够经过光媒介将图像信号转换成电信号，是一种光信息处理装置。

固态图像传感器的核心是电荷耦合器件 CCD(Charge Coupled Device)，它的基础是金属氧化物硅 MOS(Metal Oxide Semiconductor)。CCD 器件由许多 MOS 电容器呈阵列式排列而成。它的硅衬底在光照射下，可产生光生载流子，即电荷。这些电荷能够在控制脉冲电压作用下，并行地转移到 CCD 读出移位寄存器上，并在输出端串行输出。MOS 电容器具备光生电荷、积蓄电荷和转移电荷的功能。

固态图像传感器依照其光敏单元排列形式，分为线型和面型。工程上应用的有1 024，1 728，2 048 和 4 096 像素的线型传感器，以及 32 × 32，100 × 100，320 × 244，490 × 400 像素的面型传感器。最高像素已达 1 100 多万。

固态图像传感器具有体积小、轻便、响应快、灵敏度高、稳定性好、寿命长和以光为媒介进行远距离测量等优点，得到了广泛应用。

3.4.2 超声波传感器

超声波和声波一样，都是弹性介质的机械振动波。通常人耳能够感觉到的，频率在 20 Hz ~ 20 kHz 之间的振动波称为声波，而将频率在 20 kHz 以上的振动波称为超声波。超声波由于频率高，波长短，其能量远大于同一振幅的声波的能量，因此，超声波的穿透力很强，在钢材中可穿透 10 m 以上的厚度。

超声波在均匀介质中按直线方向传播，但遇到另一种介质时，就会像光波一样产生反射和折射，并遵循几何光学的反射、折射定律。利用超声波的反射和折射等物理性质，可以实现液位、流量、温度、厚度、距离等参数的测量，还能够进行机械结构的内部探伤。

超声波检测应用实例如下。

1. 超声波测厚仪

超声波测厚仪是利用超声波在不同介质面上的反射性质工作的。如图 3.27 所示，主控器控制发射电路，按照一定频率发出脉冲信号，信号经放大器放大后，加到示波器垂直偏转板上，同时激励超声波探头发出超声波，到试件表面被反射回来，再由同一探头接收。接收到的信号也经放大，而后加到示波器垂直偏转板上。标记发生器发出的定时脉冲信号，也加到示波器垂直偏转板上，而扫描电压则加到水平偏转板上。这样，在示波器的荧光屏上，可以直接观察到发射的脉冲信号和接收的脉冲信号。根据横轴上标记的信号，可以测出从发射到接收的时间间隔 t，如果已知超声波在试件中的传

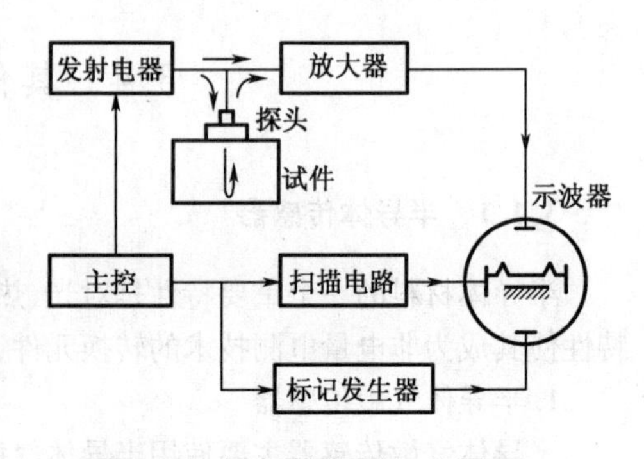

图 3.27 超声波测厚仪工作原理

播速度 c,那么试件厚度就可以求出,即 $h = ct/2$。

2. 超声波探伤仪

超声波探伤仪的工作原理是,高频脉冲发生器间歇地发出数微秒的短暂脉冲去激励超声波探头,并以同频率声能的形式进入试件向前传播,如图 3.28 所示。当遇到裂纹时,超声波立即被反射回来,由同一探头接收。经过转换、放大、检波后,信号被传输到示波器垂直偏转板上。在高频脉冲发射的同时,扫描发生器在示波器水平偏转板上施加与试件呈线性关系的锯齿波电压,形成时间基线。从示波器图形中可以判定由裂缝返回的脉冲 F 在始波 T 和低波 B 之间。裂缝的大小和形状可借助已知标准裂缝由标定的方法求得。

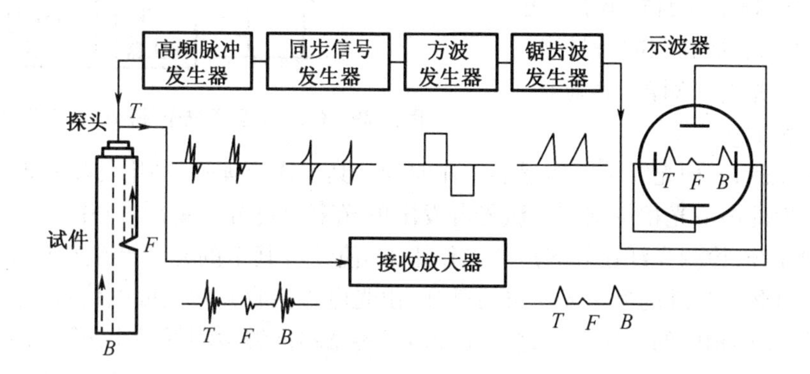

图 3.28 超声波探伤仪工作原理

利用超声波探伤的方法,还可以研究零件在外力或环境变化(如温度)作用下,裂缝的瞬时几何形状和扩延的动态过程。

3.4.3 光电传感器

光电传感器是利用光学原理进行测量的,这一类传感器具有非接触、非破坏性、几乎不受干扰、高速传输以及可遥测、遥控等优点,在工程测试中具有广泛的应用。

下面介绍几种典型的光电传感器。

1. 激光干涉测振仪

激光具有很好的单色性、方向性、相干性,以及随时间、空间的可聚焦性,无论在测量精度和测量范围上它都有明显的优越性,可对多种物理量进行检测,如长度、位移、振动、流量等。

用激光干涉法测量振动,其原理是以迈克尔干涉仪为基础,通过计算干涉条纹数的变化来测量振动位移。如果 A_m 为振幅,一个振动周期工作台来回移动 $4A_m$,设一个振动周期所测量的脉冲数为 N,则

$$A_m = \frac{N}{4} \times \frac{\lambda}{2} = \frac{N\lambda}{8}$$

如图 3.29 所示为 GZ－1 型激光干涉测振仪工作原理。激光器发射的激光束经分光镜 3 分为两路,一路被参考镜 2 反射回来,另一路被测量镜 4 反射回来,两路反射光在分光镜 3 汇聚,再经过光电倍增管、光电放大器到计数器。计数器记录的数是条纹变化频率 f_c 和振动台频率 f 之比,即 $N = f_c/f$,已知激光波长为 λ,可求得被测振幅为

$$A_m = \frac{N\lambda}{8} = \frac{\lambda f_c}{8f}$$

激光干涉测振仪作为振动测量仪器,已经被确定为各国的国家计量标准。其测量精度主要取决于计数准确度。

2. 光纤传感器

光纤传感器的基本原理是,将光源经光纤送入调制区内,与被测量相互作用,使光的可调参数发生变化,如光强、频率、相位、波长、偏振态等,光变成了被调制的信号光,经光纤被送入光电探测器、解调器,最终获得被测量。

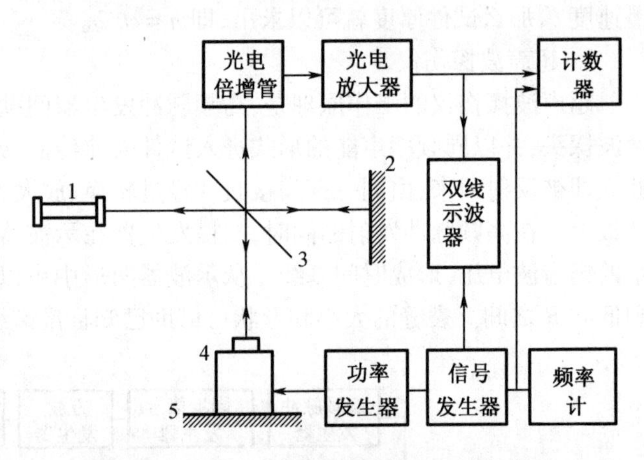

图 3.29　GZ－1 型激光干涉测振仪工作原理

图 3.30 表示一种光纤声压传感器工作原理。其工作原理是,利用马赫－曾德干涉仪测量光纤内发生的声－光相位调制。激光源发出的光束经过分光镜后,其中一束光通过长螺卷状的检测光纤,检测光纤在外界声压的作用下,使经过其中的光束产生相位变化,随后这路光束与经过参考光纤的参考光束进行叠加,由光电管接收并转换成电信号,经过信号分析和处理,便可获得相应的声压值。这种光纤声压传感器能够检测的最小声压为 1 μPa。

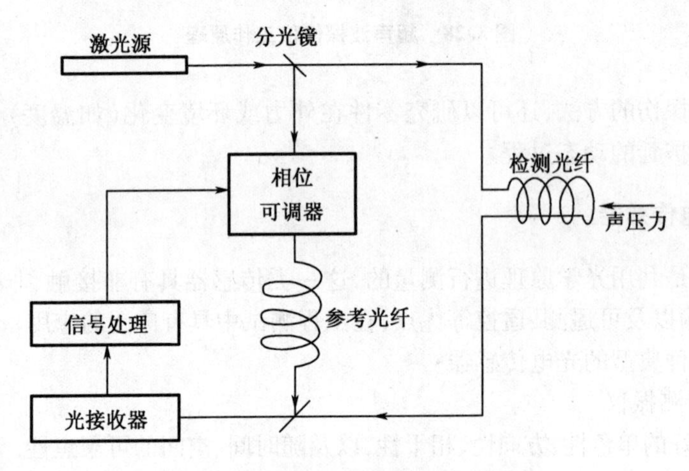

图 3.30　光纤声压传感器工作原理

3. 红外热像仪

红外热像仪工作原理是将热辐射能转化为电能,如图 3.31 所示。任何物体,当其温度高于绝对零度(－273.15 ℃)时,都将有一部分能量向外辐射,辐射能以波动的方式传播。红外辐射和所有的电磁波一样,具有反射、折射、干涉、吸收等特性。利用这些性质,红外探测技术在工业、农业、军事、宇航等领域得到了广泛应用。

红外热像仪的原理是,将人眼看不见的红外热图像转变成人眼可见的电视图像或照片。热像仪的光学系统将红外热辐射线收集起来,经过滤波处理后,将热图像聚集在位于光学系统焦平面的探测器上。两个相互垂直的扫描器位于光学系统和探测器之间,扫描镜摆动达到对景物进行逐点扫描的目的,收集物体上温度的空间分布情况。当扫描镜摆动时,把物体上各点红外辐射线依次聚焦在探测器上,由探测器经温度的空间分布信息,转变为时序排列

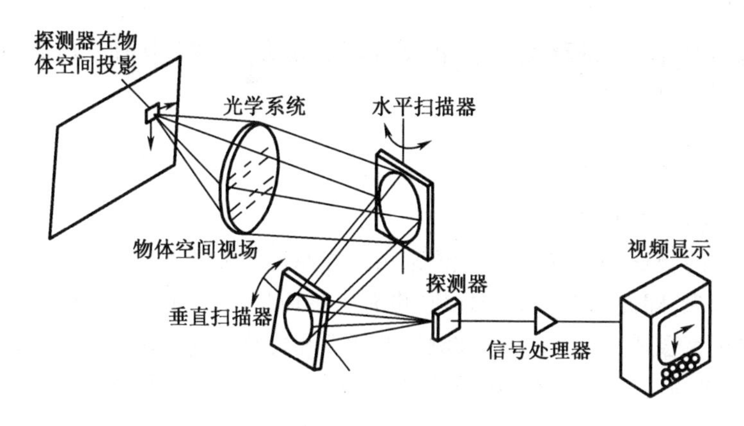

图 3.31 红外热像仪工作原理

的电信号,经过信号处理,由显示器显示可见图像。

红外热像仪和红外测温仪在军事、空间技术、工业、农业、科技等领域发挥了重要作用。在机械制造领域,它也被用于机床热变形、切削温度、刀具寿命控制等试验研究中。

3.4.4 机械式传感器

机械式传感器应用很广。在测试技术中,它常常以弹性体作为传感器的敏感元件,例如弹簧,波登管,弹性膜片等。机械式传感器的输入量可以是重力、压力、温度等,而输出量则为弹性元件本身的弹性变形,这种变形又能够转变成其他形式的参数。这种变形也可成为仪表指针偏转量,借助刻度指示出被测量大小。

机械式传感器组成的机械式仪表指示仪具有结构简单、可靠、使用方便、价格低廉、读数直观等优点。但其弹性变形不宜过大,以减小非线性误差。此外,机械式传感器由于放大和指示环节多为机械传动,测量结果不仅受结构间隙影响,而且惯性大,固有频率低,只适用于检测缓慢变化量或静态量。

为了提高机械式传感器测量的频率范围,可先用弹性元件将被测量转换成位移量,然后用其他形式的传感器(如电阻、电容、电感式等)将位移量转换成电信号输出。

3.5 传感器的选用原则

3.5.1 选择传感器时应考虑的因素

选用传感器时应考虑的因素很多,但不一定要满足所有要求,应根据被测参数的变化范围、传感器的性能指标、环境因素等方面考虑,通常从以下几方面考虑。

1. 测试条件

其主要包括测试目的、被测试物理量特性、测试范围、输入信号最大值和频带带宽、测量精度要求、测量所需时间等。

2. 传感器性能

其主要包括精度、稳定性、响应速度、输出量类型(输出是模拟量还是数字量)、对被测物体产生的负载效应、校正周期、输入端保护等。

3. 使用条件

其主要包括设置场地的环境条件(温度、湿度、振动等)、测量时间、所需功率容量、与其他设备的连接、备件与维修等。

3.5.2 传感器的选用原则

1. 确定传感器的类型

要进行具体的测量工作,首先要考虑采用何种原理的传感器,这需要分析多方面因素之后才能确定。因为,即使同一被测物理量,也有多种原理的传感器可供选用,究竟用哪一种原理的传感器更为合适,则需要根据被测量的特点和传感器的使用条件考虑以下几个问题:量程的大小;被测物理量对传感器体积的要求;测量方法;信号的引出方法,接触或是非接触测量等。

2. 灵敏度的选择

在线性范围内,希望传感器的灵敏度越高越好。但是,传感器的灵敏度越高,与测量无关的外界干扰也愈容易混入,并同时被放大装置放大,影响测量精度。必须保证既要检测微小量值,又要干扰小。为保证这一点,往往要求传感器的信噪比愈大愈好。

当被测量是个矢量时,要求传感器在该方向灵敏度越高越好,而横向灵敏度愈小愈好。在测量多维矢量时,还应要求传感器的交叉灵敏度愈小愈好。

此外,和灵敏度紧密相关的是测量范围,除非有专门的非线性校正措施,否则最大输入量不应使传感器进入非线性区域,更不能进入饱和区域。某些测试工作要在较强的噪声干扰下进行,这时,对传感器来讲,其输入量不仅包括被测量,也包括干扰量,两者之和不能进入非线性区。过高的灵敏度会缩小其适用范围。

3. 频率响应特性

传感器的频率响应特性决定了被测量的频率范围,在频率范围内,传感器的响应特性必须满足不失真测试条件。实际上传感器的响应会有一定的延迟,但希望延迟愈短愈好。

传感器的频率响应快,可测信号的频率范围就宽。一般来讲,利用光电效应、压电效应等物性传感器,其响应较快,工作频率范围宽。而结构型传感器,如电容、电感、磁电式传感器,往往由于某种原因,导致系统的惯性较大,因此其固有频率低,可测信号的频率也较低。

在动态测量中,传感器的响应特性对测试结果有直接影响,在选用时,应充分考虑到被测物理量变化特点(如稳态、瞬变、随机等)。

4. 线性范围

任何传感器都有一定的线性范围,在线性范围内输入与输出成比例关系。线性范围宽,则表明传感器的工作量程大,并能保证一定的测量精度。

实际上,任何传感器都不能保证绝对线性,其线性度是相对的。在允许范围内,可以在其近似线性区域内应用,这将会给测量带来极大的方便。例如,变间隙式电容、电感传感器,均采用在初始间隙附近的近似线性区内工作,但要保证其非线性误差在允许范围内。

5. 稳定性

传感器使用一段时间后,其性能保持不变的能力称为稳定性。影响传感器稳定性的因素,除传感器本身外,主要是传感器的使用环境。在选择传感器前,应对其使用环境进行调查,选择合适的传感器,或采取适当的措施,减小环境对传感器的影响。

例如,电阻应变片式传感器,湿度会影响其绝缘性,温度会影响其零漂,长期使用会产生蠕变现象。又如，对于变间隙型电容传感器，环境湿度或浸入间隙的油剂，会改变介质的介电常数。光电传感器的感光面有尘埃或水汽时，会改变光通量、偏振性和光谱成分。在某些要求传感器长期使用而又不能轻易更换或无法标定的场合，传感器稳定性要求更严格。

6. 精度

传感器处于测试系统的输入端，因此传感器能否真实地反映被测量值，对整个测试系统有着直接影响。希望传感器的精度愈高愈好，但还要考虑到经济性，传感器的精度越高，价格越昂贵。因此应从实际出发，尤其应从测试目的出发来选择。

首先应了解测试目的，判断是定性分析还是定量分析。如果是定性试验研究，只需获得相对比较值即可，无须要求绝对值，传感器的精度不必太高。如果是定量分析，必须获得精确测量值，要求传感器有足够高的精度。例如，为了研究超精密切削机床运动部件的定位精度、主轴回转运动误差、振动及热变形等，往往要求测量精度在 0.1 μm ~ 0.01 μm 范围内，欲测得这样的量值，必须采用高精度的传感器。为了提高测量精度，正常显示值要在满量程的 50% 左右来选定测量范围（或刻度范围）。

总之，应从传感器的工作原理出发，合理选择测试场所，了解传感器的外形尺寸和质量，注意安装方法，注意被测对象可能产生的负载效应。所选择的传感器，应既能适应被测物理量，又能满足量程、测量结果的精度要求；同时还要具有可靠性高、通用性强，有较高的静态性能和动态性能，以及较强的适应环境能力；尽可能兼顾结构简单、体积小、质量轻、价格便宜、易于维修、易于更换等条件。

3.6 习　　题

3.6.1 选择题

1. 金属电阻应变片，电阻值 $R=100\ \Omega$，灵敏度 $S=1.8$，如果应变为 1 500 $\mu\varepsilon$，则导致电阻变化量为 $\Delta R=$ ________。

A. 0.24 Ω　　B. 0.27 Ω　　C. 0.32 Ω　　D. 0.36 Ω

2. 不能用涡流式传感器进行测量的是________。

A. 位移　　B. 材质鉴别　　C. 探伤　　D. 非金属材料

3. 变极距型电容传感器的输出与输入成________关系。

A. 非线性　　B. 线性　　C. 反比　　D. 平方

4. 在测量位移的传感器中，符合非接触测量，而且不受油污等介质影响的是________传感器。

A. 电容式　　B. 压电式　　C. 电阻式　　D. 涡流式

5. 为了提高变极距式电容传感器的灵敏度和线性度，实际应用时，常采用______工作方式。

A. 同步　　B. 异步　　C. 共模输入　　D. 差动

3.6.2 填空题

1. 金属电阻应变片与半导体应变片的区别在于，前者利用________引起的电阻变化，后者利用________引起电阻的变化。

2. 电容式传感器可用来测量________、________、________、________等。

3. 由于涡流传感器是根据________的原理工作的,因此被测件的材料要求是________。

4. 压电式传感器是利用某些物质的________而工作的。

5. 热电式传感器是把________转换为________的一种装置。

3.6.3 简答题

1. 哪些传感器可选作小位移传感器?

2. 简述电容式传感器的工作原理和应用。

3. 什么叫压电效应？如何区别正压电效应和逆压电效应?

4. 比较自感式电感传感器和差动变压器的异同。

5. 采取什么措施能够减小变极距式电容传感器的非线性误差?

3.6.4 计算题

1. 某电容传感器(平行极板电容器)的圆形极板半径 $r = 4$ mm,工作初始极板间距离 $\delta_0 = 0.3$ mm,介质为空气。问:

(1) 如果极板间距离变化量 $\Delta\delta = \pm 1$ μm,电容的变化量 ΔC 是多少?

(2) 如果测量电路的灵敏度 $S_1 = 100$ mV/pF,读数仪表的灵敏度 $S_2 = 5$ 格/毫伏,在 $\Delta\delta = \pm 1$ μm 时,读数仪表的变化量为多少?

2. 有一电阻应变片如题 3.4 图所示,其灵敏度 $S_g = 2$, $R = 120\ \Omega$, 设工作时其应变为 1 000 $\mu\varepsilon$,求:

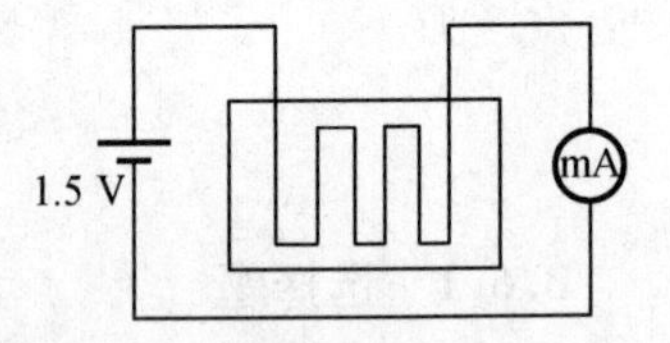

题 3.4 图

(1) ΔR 的值?

(2) 无应变时电流表指示值?

(3) 有应变时电流表指示值?

(4) 电流表指示值相对变化量?

(5) 试分析这个变量能否从表中读出?

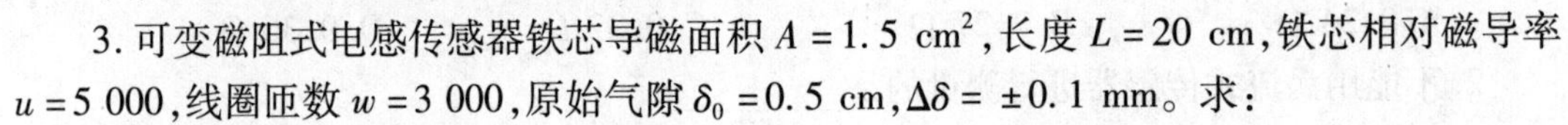

3. 可变磁阻式电感传感器铁芯导磁面积 $A = 1.5\ \text{cm}^2$,长度 $L = 20$ cm,铁芯相对磁导率 $u = 5\ 000$,线圈匝数 $w = 3\ 000$,原始气隙 $\delta_0 = 0.5$ cm,$\Delta\delta = \pm 0.1$ mm。求:

(1) 其灵敏度 $\Delta L/\Delta\delta$;

(2) 采用差动方式时灵敏度 $\Delta L/\Delta\delta$。

4. 将一灵敏度为 0.08 mV/℃的热电偶与电压表相连接,电压表接线端是 50 ℃,若电位计上读数是 60 mV,热电偶的热端温度是多少?

5. 有一气隙型电感传感器,衔铁断面面积 $S = 4\ \text{mm} \times 4\ \text{mm}$,气隙总长度 $2\delta = 0.8$ mm,衔铁最大位移为 $\Delta\delta = \pm 0.08$ mm,激励线圈匝数 $N = 2\ 500$ 匝,导线直径 $d = 0.06$ mm,电阻率 $\rho = 1.75 \times 10^{-6}\ \Omega \cdot \text{cm}$,忽略漏磁及铁损。要求计算:

(1) 线圈电感值;

(2) 电感的最大变化量。

第4章　信号调理与显示

【教学提示】

本章主要介绍电桥,放大器,调制与解调,滤波器,A/D转换器等信号调理的基本内容,以及信号显示与记录的基本原理等。其中电桥的平衡条件及电桥的测量方法,调制与解调的原理是本章的重点和难点。

【教学指导】

1. 掌握交、直流电桥的平衡条件及测量方法;
2. 掌握调制与解调的原理;
3. 掌握滤波器的工作原理;
4. 了解放大器及A/D转换器的基本原理;
5. 了解显示和记录装置。

4.1　电　　桥

在测试系统中,被测量经过传感器后的输出信号往往很微弱或者是非电压信号,如电阻、电容、电感或电流、电荷等。这样的信号难以直接进行传输或分析,因此,需要进行转换,放大,调制与解调,滤波等一系列信号的调理,以便将非电压信号转换为电压信号,将微弱电压信号放大,抑制干扰,提高信噪比等。

电桥是将电阻、电容、电感等参数的变化转化为电压或电流输出的一种测量电路。其输出既可用指示仪表直接显示,也可送入放大电路进行放大。电桥结构简单、灵敏度高、可靠性好,因此,被广泛应用于测量电路中。

电桥根据激励电源的不同分为直流电桥和交流电桥。

4.1.1　直流电桥

图4.1为直流电桥的原理示意图,R_1,R_2,R_3,R_4是电桥的各桥臂电阻,u_0为电桥的激励电压,u_y为电桥的输出电压。直流电桥的工作原理是利用一个或几个桥臂中的电阻值变化而引起电桥输出电压的变化。

根据图4.1,电桥的输出电压u_y为

$$\begin{aligned} u_y &= u_{ab} - u_{ad} = I_1R_1 - I_2R_4 \\ &= \left(\frac{R_1}{R_1 + R_2} - \frac{R_4}{R_3 + R_4}\right)u_0 \\ &= \frac{R_1R_3 - R_2R_4}{(R_1 + R_2)(R_3 + R_4)}u_0 \end{aligned} \tag{4.1}$$

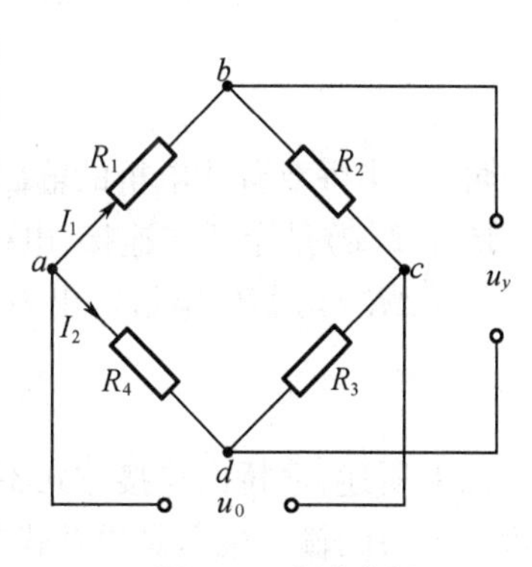

图4.1　直流电桥

若使电桥输出为零，则应满足

$$R_1R_3 = R_2R_4 \tag{4.2}$$

式(4.2)是直流电桥的平衡条件，即相对桥臂电阻的乘积相等。若四个桥臂中的任何一个电阻发生变化，电桥的平衡就会被打破，电桥的输出电压 u_y 将发生变化。电桥正是利用这一特性进行测量的。

直流电桥的连接形式有单臂、半桥双臂、全桥三种连接形式，如图4.2所示。

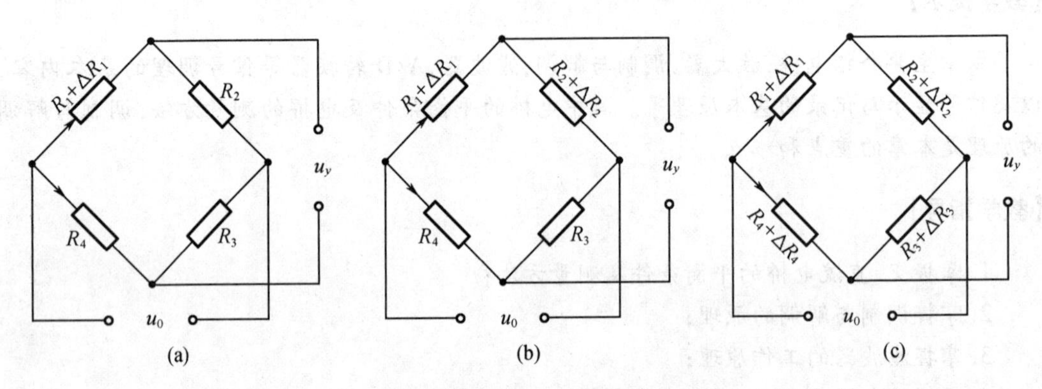

图4.2　直流电桥的连接方式

(a)单臂式；(b)半桥双臂式；(c)全桥式

图4.2(a)是单臂式连接。电桥只有一个桥臂的阻值随被测量而变化。电阻 R_1 的变化量为 $\Delta R_1 = \Delta R$，则电桥输出为

$$u_y = \left(\frac{R_1 + \Delta R}{R_1 + \Delta R + R_2} - \frac{R_4}{R_3 + R_4}\right)u_0$$

在桥臂电阻的选取上往往令各臂阻值相等，即 $R_1 = R_2 = R_3 = R_4 = R$，则有

$$u_y = \frac{\Delta R}{4R + 2\Delta R}u_0$$

一般情况下 $\Delta R \ll R$，所以上式可化简为

$$u_y \approx \frac{\Delta R}{4R}u_0 \tag{4.3}$$

可见，当激励电压 u_0 一定时，电桥的输出电压 u_y 与电阻的相对变化 $\Delta R/R$ 成正比。

图4.2(b)是半桥双臂式连接。电桥有两个桥臂的阻值随被测量而变化。电阻 R_1，R_2 的变化量为 $\Delta R_1 = -\Delta R_2 = \Delta R$，电桥输出为

$$u_y = \frac{\Delta R}{2R}u_0 \tag{4.4}$$

可见，半桥双臂式电桥的输出电压是单臂式电桥输出电压的2倍。

图4.2(c)是全桥式连接，电桥的四个桥臂均随被测量而变化，且满足 $\Delta R_1 = -\Delta R_2 = \Delta R_3 = -\Delta R_4 = \Delta R$，电桥输出为

$$u_y = \frac{\Delta R}{R}u_0 \tag{4.5}$$

综上所述，电桥的连接方式不同，输出电压也不同。比较式(4.3)、式(4.4)和式(4.5)，全桥式电桥的输出电压是单臂式输出电压的4倍，是半桥双臂式输出电压的2倍，因此，全桥式连接灵敏度最大，可以获得较高的输出。因而在非电量电测技术中，尽可能采用全桥式

的连接方法。

如果在全桥式连接中，$R_1 = R_2 = R_3 = R_4 = R$，且 $\Delta R_1, \Delta R_2, \Delta R_3, \Delta R_4 \ll R$，由式(4.1)可得

$$u_y = \left(\frac{R_1 + \Delta R_1}{R_1 + \Delta R_1 + R_2 + \Delta R_2} - \frac{R_4 + \Delta R_4}{R_3 + \Delta R_3 + R_4 + \Delta R_4}\right)u_o \approx \frac{1}{2}\left(\frac{\Delta R_1}{R} - \frac{\Delta R_4}{R}\right)u_o \quad (4.6)$$

或

$$u_y = \left(\frac{R_3 + \Delta R_3}{R_3 + \Delta R_3 + R_4 + \Delta R_4} - \frac{R_2 + \Delta R_2}{R_1 + \Delta R_1 + R_2 + \Delta R_2}\right)u_o \approx \frac{1}{2}\left(\frac{\Delta R_3}{R} - \frac{\Delta R_2}{R}\right)u_o \quad (4.7)$$

以上两式相加，可导出如下公式

$$u_y = \frac{1}{4}\left(\frac{\Delta R_1}{R} - \frac{\Delta R_2}{R} + \frac{\Delta R_3}{R} - \frac{\Delta R_4}{R}\right)u_o \quad (4.8)$$

由式(4.8)可以看出，若相邻两桥臂电阻变化大小相等，方向相同，则所引起的输出电压将相互抵消；若相邻两桥臂电阻变化大小相等，方向相反，则所引起的输出电压将相互叠加。这一性质称为电桥的和差特性，该特性对实际测量具有重要的意义。

当用悬臂梁测量压力时，常在梁的上下表面各贴一个应变片。当悬臂梁受到压力时，上应变片电阻 R_1 增大 ΔR，下应变片电阻 R_2 减小 ΔR，根据电桥的和差特性，只有将两个应变片接入电桥的相邻桥臂，使两电阻的相对变化量相减，才能使得输出电压相互叠加，获得最大输出量，这种连接电桥的形式也叫差动式电桥，如图4.3所示。另外，为了减小温度变化对电阻应变片的影响，通常采用温度补偿措施，这也是利用了电桥的和差特性。

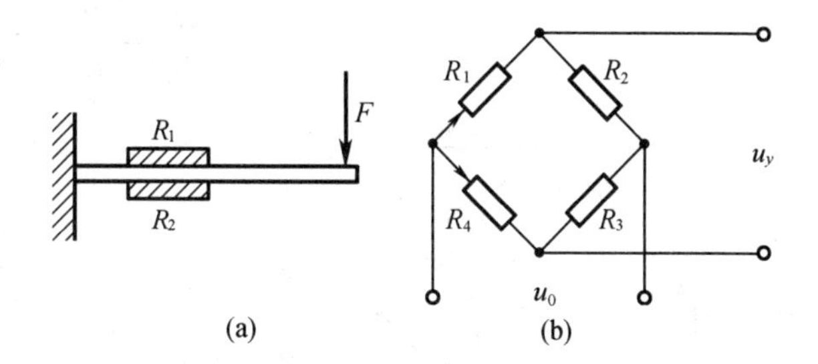

图4.3 悬臂梁测量压力及电桥接法

(a)悬臂梁测量压力；(b)电桥接法

4.1.2 交流电桥

交流电桥与直流电桥的结构相似，不同之处是激励电源为交流电源，桥臂可以是电阻、电感或电容。图4.4为交流电桥的连接形式，图中 $Z_1 \sim Z_4$ 表示四个桥臂的阻抗值，则交流电桥的平衡条件为

$$Z_1 Z_3 = Z_2 Z_4 \quad (4.9)$$

把各阻抗用复数的形式表示，则电桥的平衡条件为

$$Z_{01}e^{j\varphi_1}Z_{03}e^{j\varphi_3} = Z_{02}e^{j\varphi_2}Z_{04}e^{j\varphi_4}$$

式中 Z_{01}，Z_{02}，Z_{03}，Z_{04}——各桥臂阻抗的模；

φ_1，φ_2，φ_3，φ_4——各桥臂的阻抗角。

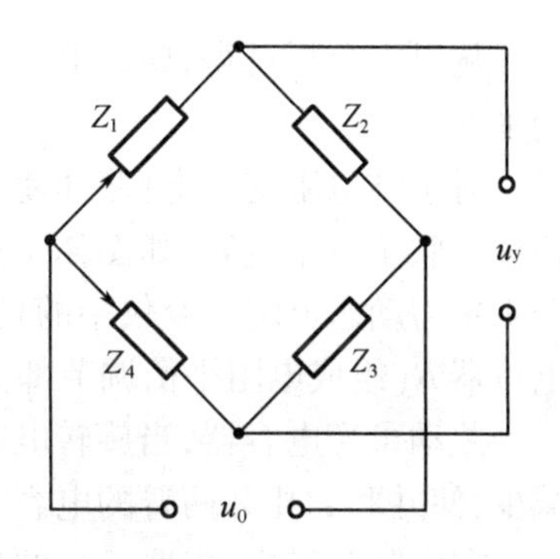

图4.4 交流电桥

纯电阻时电压与电流同相位，$\varphi = 0$；而电感性阻抗的电压超前于电流，$\varphi > 0$（纯电感 $\varphi = 90°$）；电容性阻抗的电压滞后于电流，$\varphi < 0$（纯电容 $\varphi = -90°$）。因此，交流电桥的平衡条件为

$$Z_{01}Z_{03} = Z_{02}Z_{04}$$

$$\varphi_1 + \varphi_3 = \varphi_2 + \varphi_4 \tag{4.10}$$

可见,交流电桥必须满足两个平衡条件,即相对两臂阻抗之模的乘积相等,相对两臂阻抗角之和相等。

图4.5是常用的电感测量电桥,两相邻桥臂的电感分别为 L_1 和 L_4,其中 R_1 和 R_4 为电感线圈的等效电阻, R_2 和 R_3 为平衡电阻。根据交流电桥的平衡条件可得

$$(R_1 + j\omega L_1)R_3 = (R_4 + j\omega L_4)R_2$$

令上式实部和虚部分别相等,可得电感电桥的平衡条件为

$$R_1R_3 = R_2R_4$$
$$L_1R_3 = L_4R_2 \tag{4.11}$$

图4.6为常用的电容测量电桥,两相邻桥臂的电容分别为 C_1 和 C_4,其中 R_1 和 R_4 为电容介质的等效电阻, R_2 和 R_3 为平衡电阻。根据交流电桥的平衡条件可得

$$\left(R_1 + \frac{1}{j\omega C_1}\right)R_3 = \left(R_4 + \frac{1}{j\omega C_4}\right)R_2$$

令上式实部和虚部分别相等,可得电容电桥的平衡条件为

$$R_1R_3 = R_2R_4$$
$$\frac{R_3}{C_1} = \frac{R_2}{C_4} \tag{4.12}$$

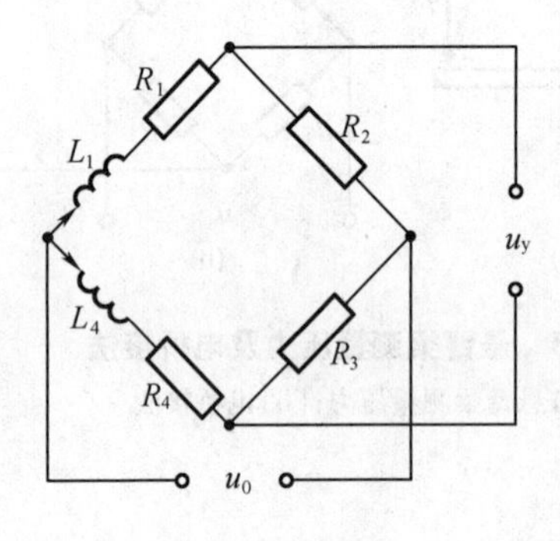

图4.5 电感电桥

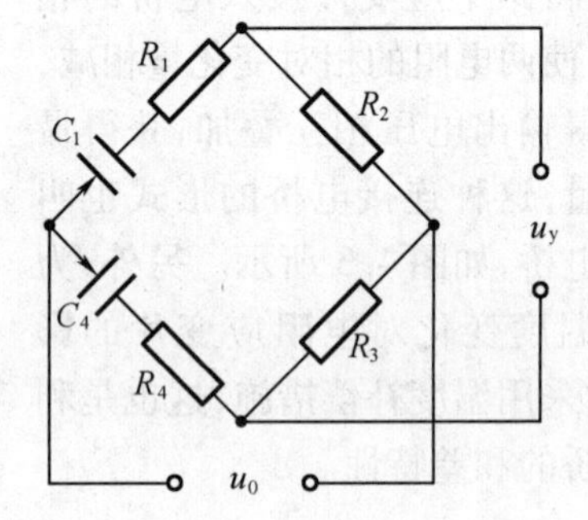

图4.6 电容电桥

从以上分析可得,要使电感或电容电桥平衡,除满足电阻平衡外,还应满足电感或电容的平衡。

对于纯电阻交流电桥,即使各桥臂均为电阻,但由于导线之间存在分布电容,相当于各桥臂并联了一个电容,如图4.7所示,因此除了要满足电阻平衡之外,还要满足电容平衡。图4.8为动态电阻应变仪中的具有电阻电容平衡调节环节的交流电桥,其中电阻 R_1, R_2 和电位器 R_3 组成电阻平衡调节部分,通过开关K实现电阻平衡粗调和微调的转换,电容 C_2 是一个差动可变电容器,当旋转电容平衡旋钮时,电容器左右两部分的电容一边增加,另一边减少,使并联到相邻两臂的电容值改变,以实现电容平衡。

在实际测量中,需要注意的是,交流电桥的激励电源必须具有良好的电压稳定性、良好的电压波形与频率的稳定度等,否则会影响交流电桥输出的灵敏度和电桥的平衡。当电压波形畸变时(包含高次谐波),电桥中除了含有50 Hz的基频成分外,还含有高次谐波频率成分,这将给电桥平衡的调节带来困难。

交流电桥在工程上应用非常广泛,如用电阻应变片构成的交流电桥。设交流电桥的激

励电压 u_0 为正弦交流电压 $u_0 = U_0\sin\omega t$ 。如果电桥为全桥连接,由四个工作桥臂上的电阻应变片测量拉、压应变 ε ,则交流电桥的输出电压为

$$u_y = \frac{\Delta R}{R}U_0\sin\omega t = S_g\varepsilon U_0\sin\omega t \tag{4.13}$$

式中, S_g 为电阻应变片的灵敏度。

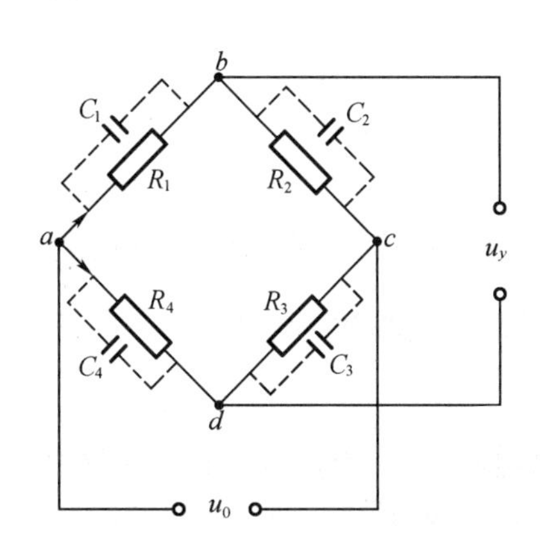

图 4.7 电阻交流电桥

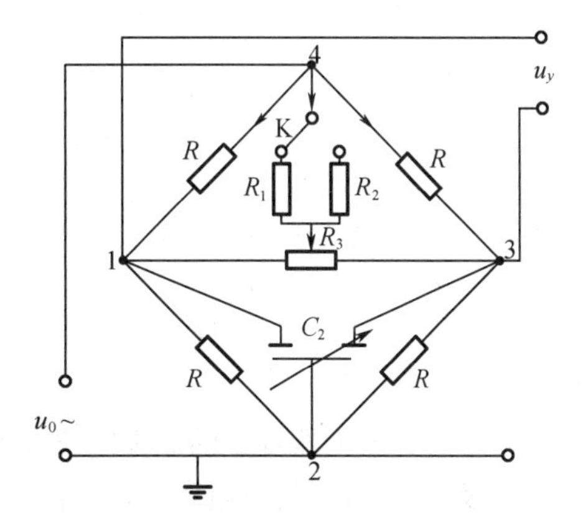

图 4.8 具有电阻电容平衡的电阻交流电桥

输出电压的频率与激励电压的频率相同,因为激励电压的频率远大于被测应变的频率,所以输出信号可看成幅值随应变 ε 的变化而变化,频率等于激励电压频率的变幅值交流信号,这种信号叫调幅波,交流电桥可以看作模拟乘法器,被广泛应用于信号的调制与解调中。

4.2 放 大 器

在机械量测量中传感器的输出电压常常很微弱,不能直接用于传输、显示、记录或数据处理,因此需要放大器对其进行放大。测试系统对放大器的基本要求是:①足够的放大倍数;②高输入阻抗,低输出阻抗;③高稳定度,线性度好;④宽频带,且能放大直流信号;⑤低零漂、低噪声、低失调电压和电流。

下面介绍几种常用的放大器。

4.2.1 运算放大器

运算放大器是由集成电路组成的一种高增益的模拟电子器件,由于价格低、组合灵活,得到广泛的应用。图 4.9 为几种常用的运算放大器电路。

运算放大器可以分为以下三种类型。

图 4.9(a)是反相放大器,输入信号和反馈信号均加在放大器的反相输入端。其输出为 $u_o = -\frac{R_2}{R_1}u_i$ 。反相比例运算放大器的输入阻抗低,容易对传感器形成负载效应。

图 4.9(b)是同相放大器,输入信号加在同相输入端,而反馈信号加在反相输入端。其输出为 $u_o = \left(1 + \frac{R_2}{R_3}\right)u_i$ 。同相放大器的输入阻抗高,但共模抑制比低,易引入共模干扰。

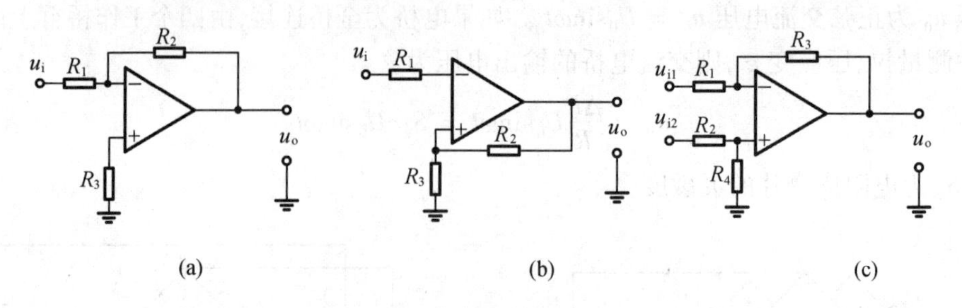

图 4.9　运算放大器电路

图 4.9(c)是差分放大器,输出与输入两端的电压差成正比,用来放大差动信号。其输出为 $u_o = -\dfrac{R_3}{R_1}u_{i1} + \left(1 + \dfrac{R_3}{R_1}\right)\dfrac{R_4}{R_2 + R_4}u_{i2}$。差分放大器也不能提供足够的输入阻抗和共模抑制比。

由单个运算放大器构成的放大电路在实际放大电路中很少直接使用,常在放大电路前端加一射极跟随器,以提高电路的输入阻抗,常常将射极跟随器称为阻抗变换器。

4.2.2　测量放大器

如果传感器输出的信号很微弱,并且伴有很大的共模电压,对这种信号应采用测量放大器。测量放大器的基本电路如图 4.10 所示,由三个运算放大器组成。具体而言,测量放大器是由两极串联放大器组成。前极由两个同相放大器 A_1, A_2 组成,为对称结构,输入信号可以直接接到输入端,使得输入阻抗高,抑制共模干扰能力强。后极是差动放大器 A_3,将双端输入变为单端输出,以适应对地负载的要求。

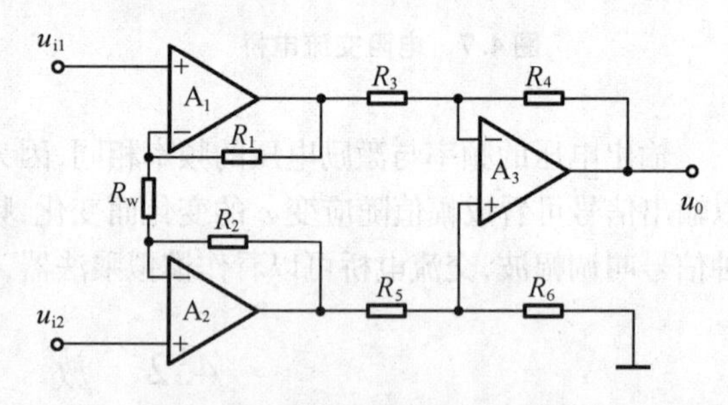

图 4.10　测量放大器的基本电路

该放大器的输出电压为

$$u_o = -\left(1 + \frac{R_1 + R_2}{R_w}\right)\frac{R_4}{R_3}(u_{i1} - u_{i2})$$

为了实现放大电路的高性能,必须对电路中的运算放大器和电阻进行严格的挑选和配对。这在常规工艺条件下比较困难,如果采用集成测量放大器,可满足该要求,集成测量放大器在制造时采用激光调整工艺使对称部分完全匹配。通常 R_w 为外接电阻,调节它可改变电路增益。

近年来,世界许多仪器仪表厂商先后推出自己的集成仪器放大器,如美国 AD 公司推出的 AD522,美国 BB 公司推出的 INA114,输入阻抗达 $10^9\ \Omega$ 以上,电路增益达 1 000。

4.2.3　隔离放大器

在有强电或电磁干扰的环境中,传感器的输出信号中混杂着许多干扰和噪声,而这些干扰和噪声大多都来自对地回路、静电耦合以及电磁耦合。为了消除这些电磁和噪声,需利用放大器对测量电路实行静电和电磁屏蔽并与地隔离。这样的放大器叫作隔离放大器。它的输入和输出电路之间没有直接的电路联系，只有磁路和光路的联系。

隔离放大器的原理示意图如图 4.11 所示。输入部分包括输入放大器或调制放大器，输出部分包括输出放大器或解调放大器，传输部分是耦合器，电源是浮置电源。图 4.11(a)为变压器耦合隔离放大器电路，输入信号经过放大并调制成交流信号后，由变压器耦合，再经解调、滤波和放大后输出。输入调制放大器的交流电源是由振荡器产生频率为几千赫兹的高频振荡信号，经隔离变压器输入电路，再经过整流和滤波，以实现隔离供电。同时，该高频振荡信号经隔离变压器为调制器提供载波信号，为解调器提供参考信号。图 4.11(b)是光电耦合隔离放大器电路框图，输入信号放大后(也可载波调制)由光电耦合器中的发光二极管 LED 变换成光信号，再通过光电器件(如光敏二极管、光敏三极管)转换为电压或电流，由输出放大器放大输出。

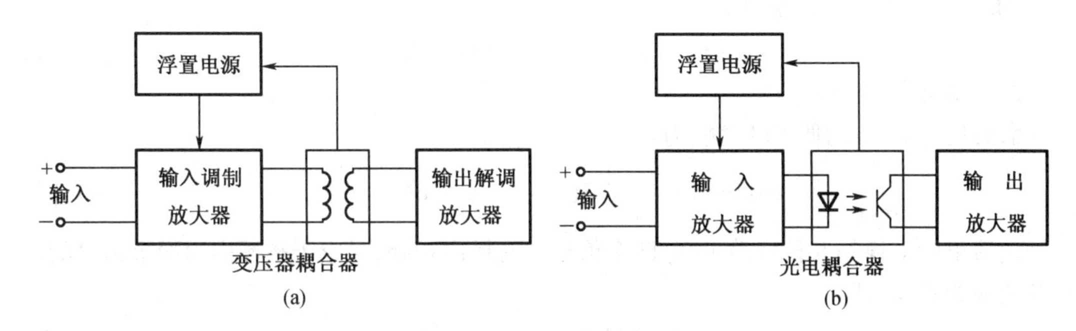

图 4.11 隔离放大器的原理示意图

变压器耦合隔离放大器具有较高的线性度和隔离性能，但其带宽较窄约在 1 kHz 以下，且体积大，工艺复杂，成本高。光电耦合隔离放大器结构简单、成本低，带宽可达 60 kHz，但其线性度、隔离性能和温度稳定性不如变压器耦合隔离放大器。

4.3 调制与解调

调制就是用低频信号来控制高频振荡信号的某个参数(幅值、频率或相位)，使其随低频信号的变化而变化。当被控制的参数是高频振荡信号的幅值时，这种调制称为幅值调制，简称调幅(AM)；当被控制的参数是高频振荡信号的频率时，这种调制称为频率调制，简称调频(FM)；当被控制的参数是高频振荡信号的相位时，这种调制称为相位调制，简称调相(PM)。控制高频振荡信号的低频信号称为调制信号，高频振荡信号称为载波，调制后的高频振荡信号称为已调制信号。

解调就是从已调制信号中恢复出原低频信号的过程。调制与解调是一对信号的逆变换过程，测试中常常结合在一起使用，如图 4.12 所示。

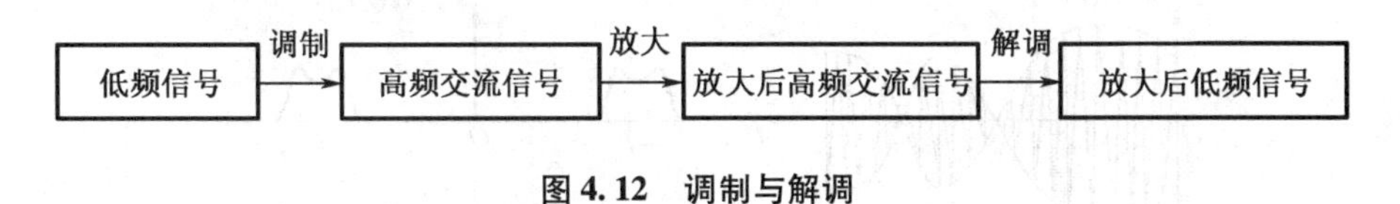

图 4.12 调制与解调

在测试中，经传感器输出的信号是低频的微弱信号，如果直接进行直流放大，会带来零漂和级间耦合等问题，造成信号失真，而交流放大器具有良好抗零漂性能，所以通常先将低频信号通过调制的手段变成高频信号，然后用交流放大器进行放大，最终再采用解调的手段获取放大后的被测信号。调制与解调技术可用于差动变压器式位移传感器的信号调理，交流电阻电桥实质上也是一个幅值调制器。

4.3.1 幅值调制与解调

1. 幅值调制

幅值调制就是高频载波信号与被测信号相乘，使载波信号的幅值随被测信号的幅值变化而变化。如图 4.13 所示，设调制信号为 $s(t)$，载波为 $c(t) = \cos 2\pi f_0 t$，两者相乘后得到调幅波 $s_c(t)$。

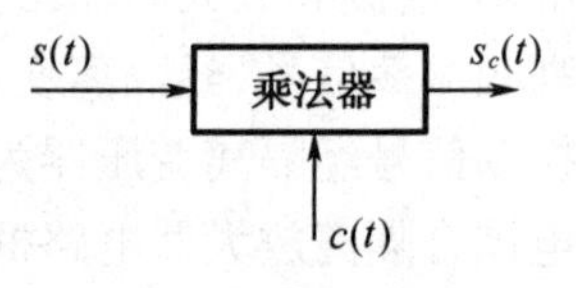

图 4.13 幅值调制过程

调幅波 $s_c(t)$ 的数学表达式为

$$s_c(t) = s(t)c(t) = s(t)\cos 2\pi f_0 t \tag{4.14}$$

2. 调幅信号的频域分析

载波信号 $c(t)$ 的傅里叶变换为

$$\cos 2\pi f_0 t \rightleftharpoons \frac{1}{2}\delta(f-f_0) + \frac{1}{2}\delta(f+f_0) \tag{4.15}$$

由傅里叶变换的卷积特性可知，两个信号在时域内相乘，对应于频域内为两个信号的傅里叶变换的卷积，即

$$s(t)c(t) \rightleftharpoons s(f) * c(f) \tag{4.16}$$

由式(4.14)~式(4.16)得

$$s(t)\cos 2\pi f_0 t \rightleftharpoons \frac{1}{2}s(f) * \delta(f-f_0) + \frac{1}{2}s(f) * \delta(f+f_0) \tag{4.17}$$

一个函数与单位脉冲函数卷积的结果，就是将函数的波形由坐标原点平移至该脉冲函数处。所以，调制信号 $s(t)$ 与载波 $c(t)$ 相乘，其频域特征就相当于把 $s(t)$ 的频谱图形由坐标原点平移至载波频率 f_0 处，其幅值减半，如图 4.14 所示。

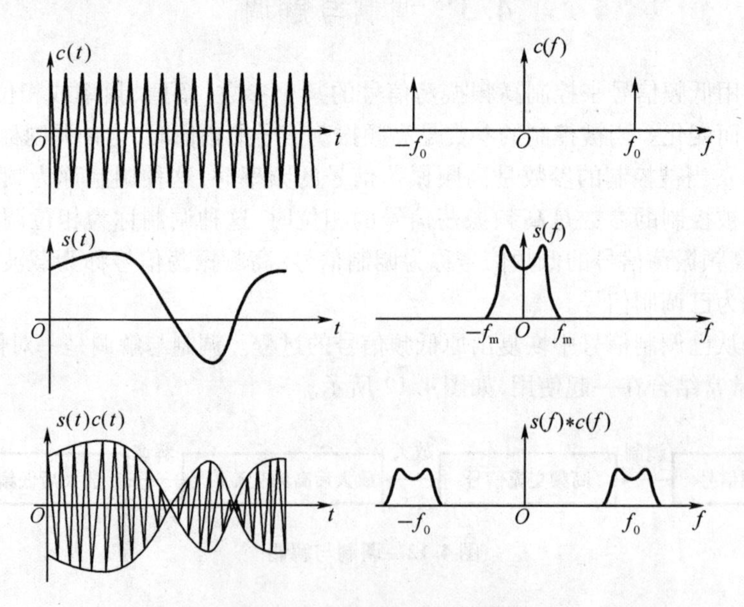

图 4.14 调幅信号及其频谱

从图4.14可以看出,幅值调制的过程就相当于频谱"搬移"过程。载波频率必须高于信号中最高频率f_m,否则已调信号的频谱将会产生混叠现象。为了减小信号在传输过程中的失真,信号中的最高频率f_m相对于载波频率f_0越小越好。在实际应用中,载波频率常常取调制信号频率的10倍以上。

3. 幅值调制的解调

幅值调制的解调方法有很多种,常用的有同步解调、包络检波和相敏检波等。下面对这些方法分别进行介绍。

(1)同步解调

同步解调是将调幅波与原调制时的载波信号相乘,使得调幅波的频谱再次"搬移"。同步解调过程如图4.15(a)所示,频谱图的变化如图4.15(b)所示。解调后信号的频谱出现在0和$\pm 2f_0$处,只需用一个低通滤波器将$\pm 2f_0$处的信号滤掉,即可得到原信号$s(t)$,但信号的幅值降为一半。应注意,在解调过程中,要求所乘的载波信号与调制时的载波信号具有相同的频率和相位,因此这一过程称为"同步解调"。

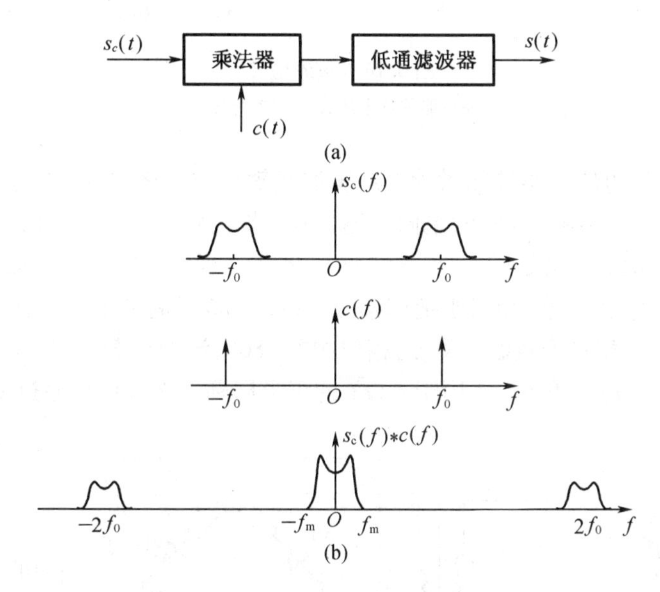

图4.15 同步解调

(2)包络检波

包络检波也称为整流检波,就是对调制信号进行直流偏置,使偏置后的信号具有正电压值。那么用该调制信号进行调幅后得到的调幅波$s_c(t)$的包络线将具有原调制信号的形状,如图4.16所示。对该调幅波$s_c(t)$作简单的整流和滤波便可以恢复原调制信号。包络检波的关键是准确地加偏置电压,若所加的偏置电压没能使调制信号的电压位于零位的同一侧,那么调幅之后的信号便不能恢复出原波形,而产生失真,这种情况下,可以采用相敏检波来解决。

(3)相敏检波

相敏检波,是利用相敏检波电路对调制时的载波信号与调幅波进行比较,利用交变信号在幅值过零时其正负极性发生突变,使调幅波的相位相应地发生180°跳变,从而使输出信号既能反映原调制信号的幅值,又能反映其正负极性。

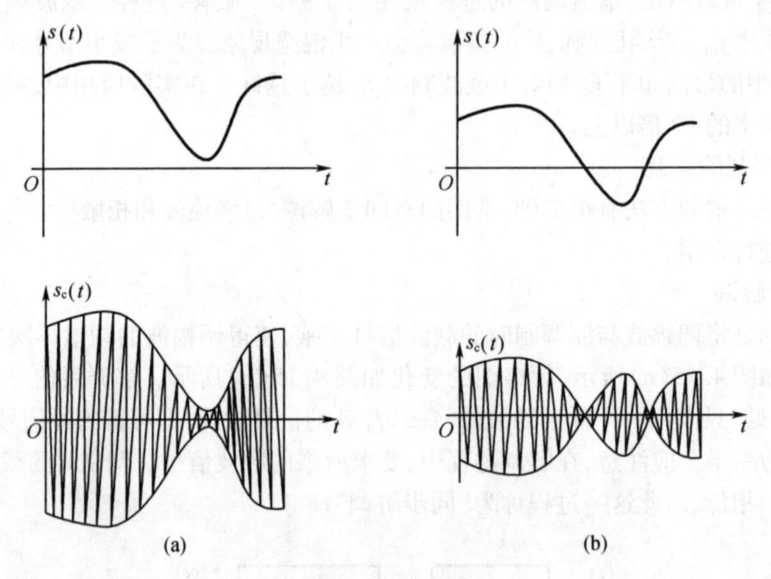

图 4.16　整流检波

(a)加足够偏置电压;(b)偏置电压不够

常用的相敏检波电路有半波相敏检波和全波相敏检波电路,图 4.17 是典型的全波相敏检波电路,相敏检波是利用二极管的单向导通作用,将电路的输出极性换向。简单地说,当调制信号 $s(t)$ 为正时,调幅波 $s_c(t)$ 与载波 $c(t)$ 同相,流经负载 R_o 的电流方向始终是由上到下,输出电压 $u_o(t)$ 为正值,相当于把调幅波 $s_c(t)$ 的负半周翻上去。而当调制信号 $s(t)$ 为负时,调幅波 $s_c(t)$ 相对于载波 $c(t)$ 的相位相差 180°,流经负载 R_o 的电流方向始终是由下向上,输出电压 $u_o(t)$ 为负值,相当于 $s_c(t)$ 的正半周翻下来。信号通过低通滤波器时,输

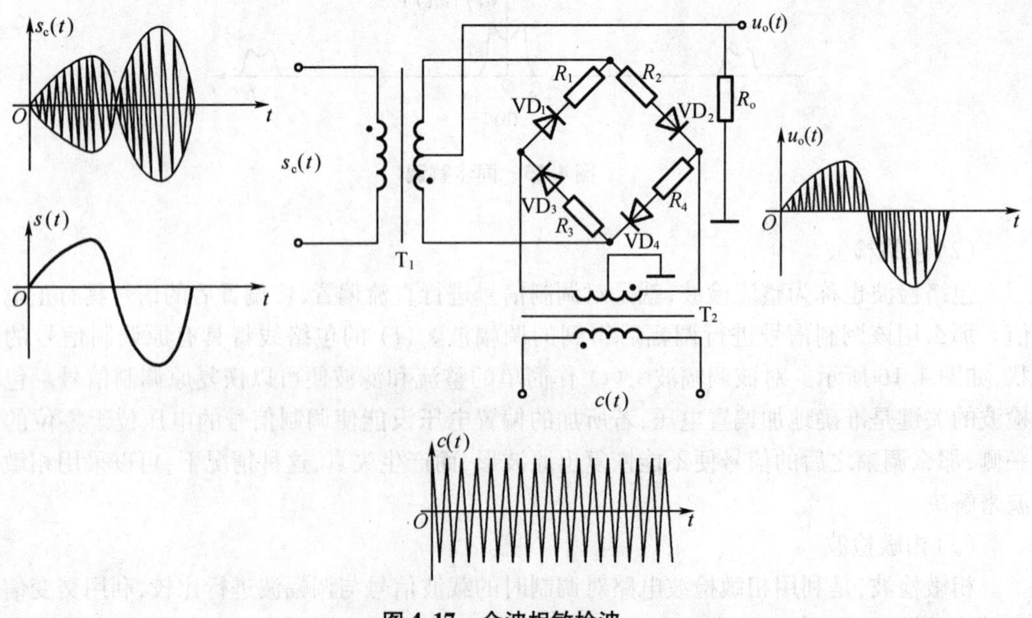

图 4.17　全波相敏检波

出信号就是 $s_c(t)$ 经过“翻转”后的包络线。

比较包络检波与相敏检波可知，包络检波只能检出调制信号的幅值，但是无法判别调制信号的极性，而相敏检波既能检出调制信号的幅值，也能判别其极性。因此对于具有方向性的被测量，经过调制后，要想正确地恢复原有信号波形，在解调时必须采用相敏检波的方法。

动态电阻应变仪是具有电桥调幅与相敏检波的典型电路，其原理示意图如图 4.18 所示。电桥由振荡器提供等幅值的高频振荡电压（一般频率为 10 kHz 或 15 kHz），被测量（力、应变等）通过电阻应变片电桥输出。电桥输出为调幅波，调幅波经过放大、相敏检波及低通滤波，即可得到所需要的被测信号。

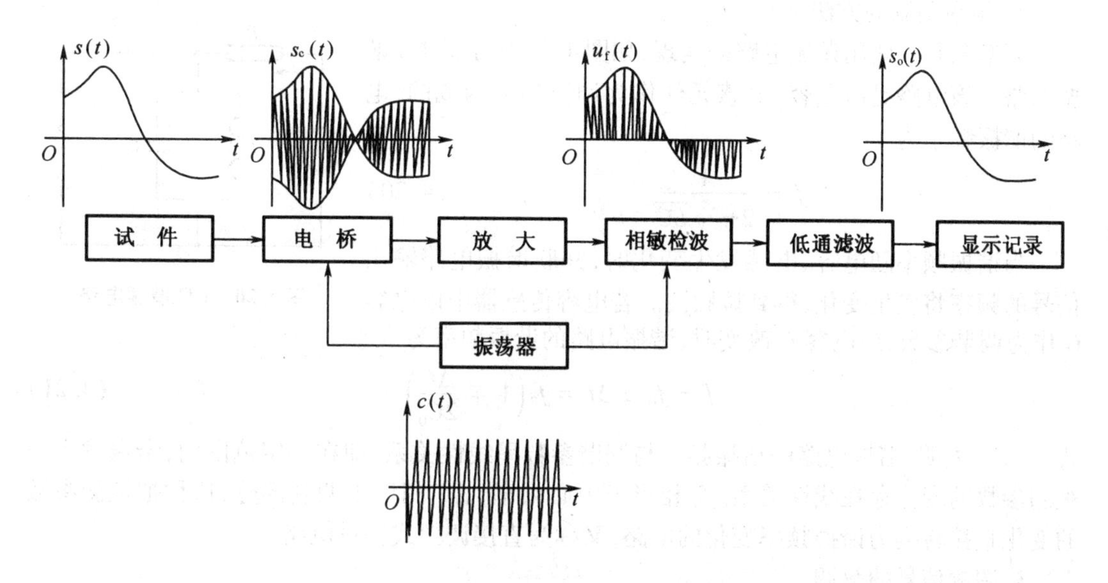

图 4.18 动态电阻应变仪原理图

4.3.2 频率调制与解调

调频就是利用调制信号的幅值去控制高频载波的频率，使载波的频率随调制信号的幅值变化而变化的过程。调频容易实现数字化，特别是在传送过程中不易受到干扰，因此在测量、通信和电子技术等领域中得到广泛应用。

1. 频率调制

设载波为 $y(t) = A\cos(\omega_0 t + \theta_0)$，角频率 ω_0 为常数，如果保持振幅 A 不变，使载波的瞬时角频率 $\omega(t)$ 随调制信号 $x(t)$ 作线性变化，则有

$$\omega(t) = \omega_0 + kx(t) \tag{4.18}$$

式中，k 为比例因子。

调频信号可以表示为

$$x_f(t) = A\cos(\omega_0 t + k\int x(t)\mathrm{d}t + \theta_0) \tag{4.19}$$

图 4.19 为余弦函数调制下的调频波形。

当调制信号电压为零时，调频波的频率就等于载波频率（又称为中心频率）。当电压为正时，调频波频率的变化高于中心频率，调制信号电压达到正峰值时，调频波的频率达到最大值。

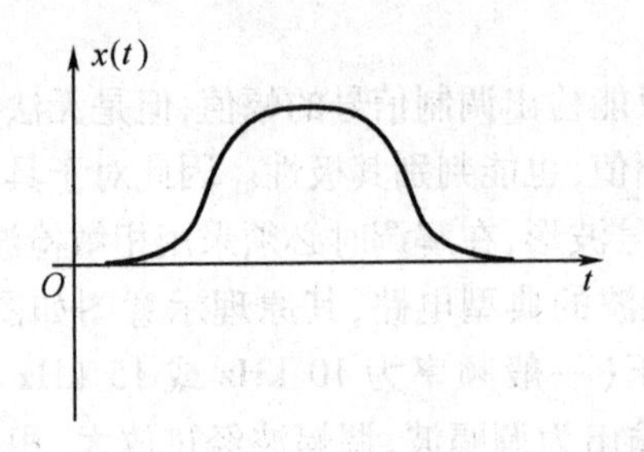

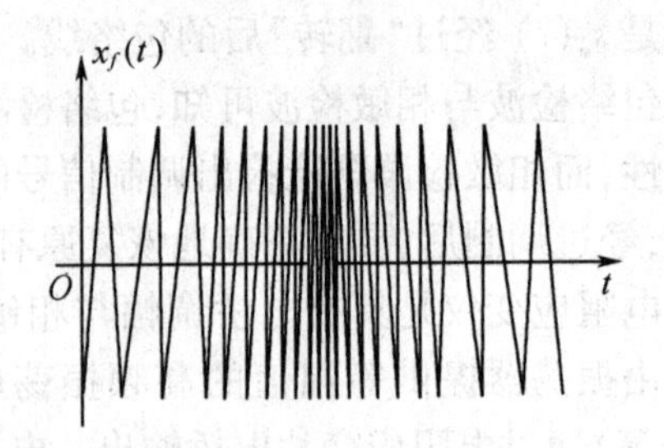

图 4.19　余弦函数调制下的调制波形

2. 频率调制的方法

频率调制一般用谐振电路来实现，如图 4.20 所示的 LC 谐振电路。该电路是由电容、电感元件作为调谐参数构成的，电路的谐振频率为

$$f = \frac{1}{2\pi\sqrt{LC}} \tag{4.20}$$

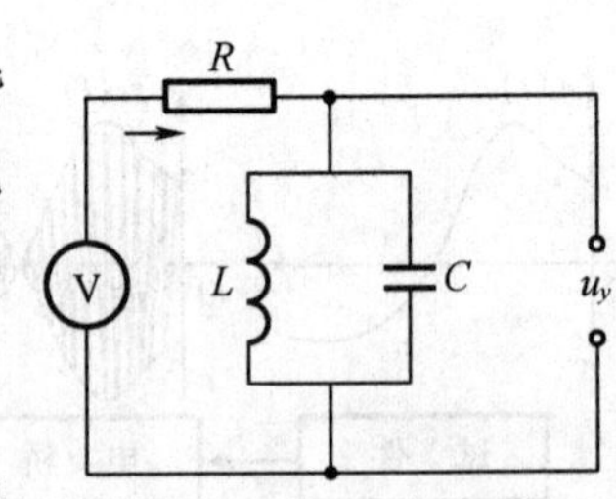

图 4.20　LC 谐振电路

当谐振频率随电容、电感发生变化时，并联谐振电路输出信号的频率将发生变化，得到调频波。若电容传感器中以电容 C 作为调谐参数，当电容 C 改变时，谐振电路的谐振频率为

$$f = f_0 \pm \Delta f = f_0\left(1 \mp \frac{\Delta C}{2C_0}\right) \tag{4.21}$$

式(4.21)表明，谐振电路的谐振频率与调谐参数呈线性关系，即在一定范围内，谐振频率与被测参数的变化存在线性关系。f_0 相当于中心频率，ΔC 相当于调制部分，这种把被测参数的变化直接转换为谐振频率变化的电路，又称为直接调频式测量电路。

3. 调频信号的解调

调频信号的解调也称作鉴频，就是将调频波频率的变化变换为电压幅值的变化的过程。鉴频的方法很多。一种鉴频方法是，将调频波直接限幅、放大整形为方波，并利用方波上升沿或下降沿转换为疏密不等的脉冲，再用脉冲触发定时单稳态触发器，得到宽度相等、疏密不等的单向窄矩形波。因为矩形波的疏密随调幅波频率而变，即与被测信号相关，所以取其瞬时平均电压即可反应被测信号电压的变化。

图 4.21 是一种简单的鉴频电路，它采用变压器耦合的谐振电路实现鉴频，把等幅的调

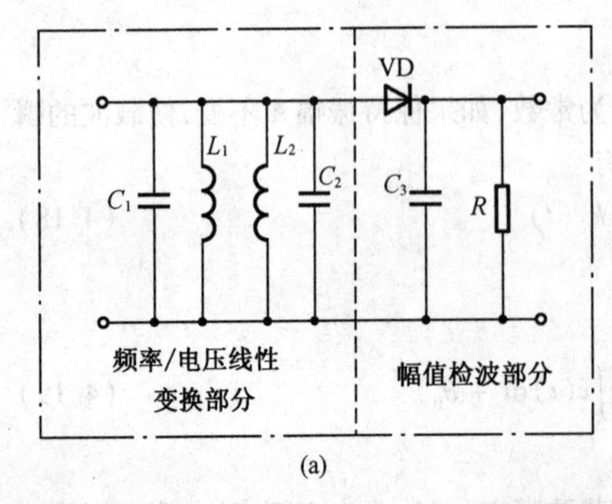

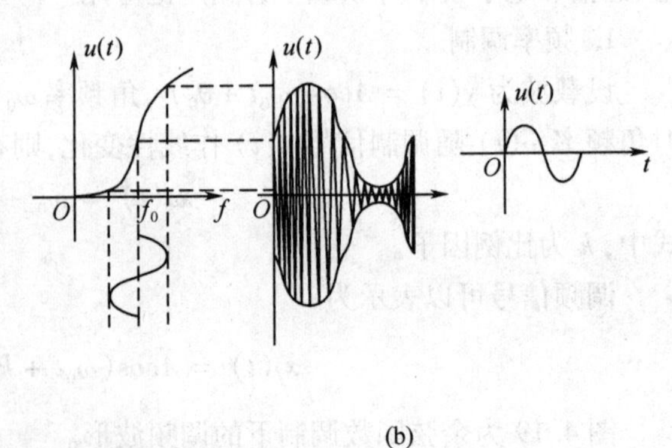

图 4.21　鉴频电路

(a) 鉴频电路示意图；(b) 鉴频电路输出信号波形图

频波变成调频调幅波,再经过幅值检波器(二极管检波器)就可得到所需的调制信号。

4.4 滤 波 器

滤波器是一种具有选频功能的装置。使信号中特定频率的成分通过,而其他频率成分极大衰减或抑制的装置或系统都称为滤波器。通常称信号可以通过的频率范围为通频带,简称通带;信号不能通过的频率范围称为阻带。通带与阻带的界限频率为截止频率。滤波器的基本功能为:①去除干扰信号以及信号处理过程中引入的参考信号(如载波);②分离不同频率的有用信号;③对测量仪器或控制系统的频率特性进行补偿。

4.4.1 滤波器的分类

滤波器的分类方法有很多种,根据构成滤波器的电路性质,可分为无源滤波器和有源滤波器;根据滤波器所处理的信号性质,分为模拟滤波器和数字滤波器;根据构成滤波器的元件类型,可分为 RC、LC 或晶体谐振滤波器。

本门课程所涉及的滤波器为模拟滤波器。按照滤波器的选频作用,滤波器分为低通、高通、带通和带阻滤波器。图 4.22 给出了这四种滤波器的幅频特性,简述如下。

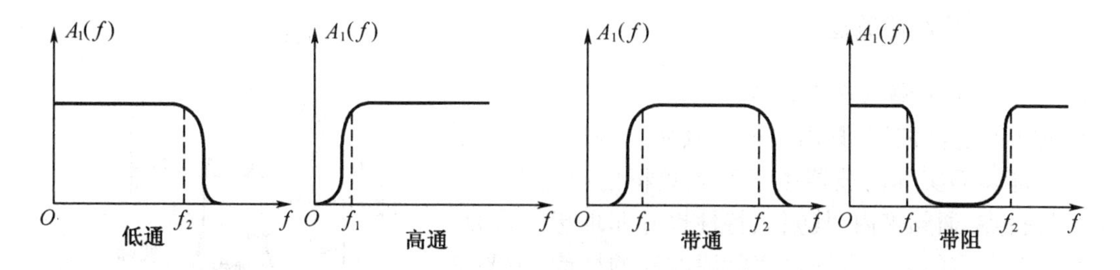

图 4.22 四种滤波器

1. 低通滤波器

其通频带为 $0 \sim f_2$。信号中低于 f_2 的频率成分可以几乎不衰减地通过,而高于 f_2 的频率成分受到极大的衰减。

2. 高通滤波器

其通频带为 $f_1 \sim \infty$。信号中高于 f_1 的频率成分可以通过,低于 f_1 的频率成分受到极大的衰减。

3. 带通滤波器

其通频带在 $f_1 \sim f_2$ 之间。信号中高于 f_1 而低于 f_2 的频率成分可以通过,其余频率成分被极大的衰减。

4. 带阻滤波器

其阻带在 $f_1 \sim f_2$ 之间。信号中低于 f_1 而高于 f_2 的频率成分可以通过,而介于 f_1 和 f_2 之间的频率成分被极大的衰减。

这四种滤波器之间存在着一定的联系:高通滤波器的幅频特性可以通过低通滤波器作负反馈而得到,即 $A_2(f) = 1 - A_1(f)$;带通滤波器的幅频特性可看作是带阻滤波器作负反馈得到的;带通滤波器和带阻滤波器可以通过低通和高通滤波器的组合实现。

4.4.2 理想滤波器

从图4.22可以看出,四种滤波器在通频带和阻带之间存在一个过渡带,在过渡带内信号受到不同程度的衰减。这个过渡带是滤波时所不希望的,但是又是不可避免的。理想的滤波器希望信号在通频带内幅值和相位都不失真,在阻带内衰减为零,希望通带和阻带之间有明显的界限。

理想滤波器是滤波器的理想化模型,通过对其性能的分析有助于深入理解滤波器特性。然而,理想滤波器在实际中是不可实现的。以常用的低通滤波器为例进行分析。理想低通滤波器频率特性如图4.23所示。

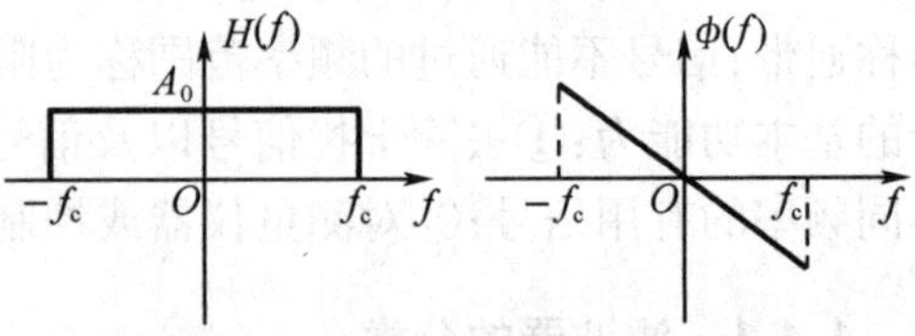

图4.23 理想低通滤波器频率特性

理想低通滤波器频率响应特性为

$$H(f)=\begin{cases}A_0 e^{-j2\pi f t_0}, & (-f_c \leqslant f \leqslant f_c)\\ 0, & (\text{其他})\end{cases} \tag{4.22}$$

上式表明,理想滤波器在通带内幅频特性为常数,相频特性斜率为常数,在通频带外的幅频特性为零。

4.4.3 实际滤波器

1. 实际滤波器的基本参数

对于理想滤波器,只需要确定其截止频率就可以说明其性能。而实际滤波器由于其幅频特性曲线没有明显的转折点,通频带内,其幅频特性也并非理想的常数,因此需要更多的参数来描述实际滤波器的性能,主要参数有纹波幅度、截止频率、带宽、品质因数、倍频程选择性等。实际滤波器的幅频特性如图4.24所示。

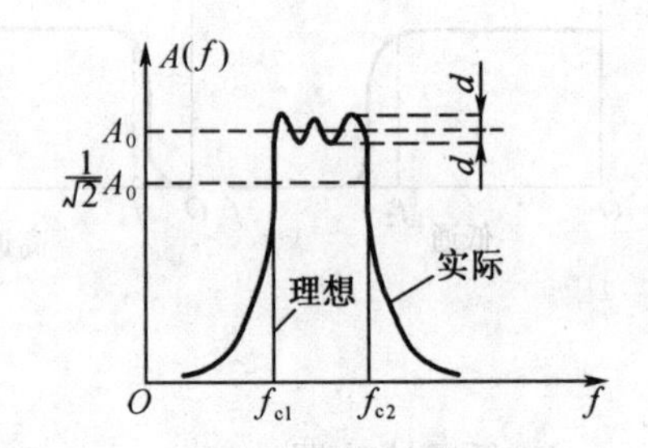

图4.24 实际滤波器的幅频特性

(1)纹波幅度 d

在一定频率范围内,实际滤波器的幅频特性呈波纹变化,其波动幅度称为纹波幅度 d。纹波幅度 d 越小越好,与幅频特性的平均值 A_0 相比,纹波幅度 d 一般应远小于 $A_0/\sqrt{2}$,即 $d \ll A_0/\sqrt{2}$。

(2)截止频率 f_c

幅频特性值等于 $A_0/\sqrt{2}$ 所对应的频率为滤波器的截止频率。$A_0/\sqrt{2}$ 对应于半功率点,即幅频特性值相对于 A_0 衰减 $1/\sqrt{2}$。

(3)带宽 B 和品质因数 Q 值

上下两截止频率之间的频率范围称为滤波器带宽,单位为Hz。带宽决定着滤波器分离信号中相邻频率成分的能力——频率分辨力。通常将中心频率 f_0 与带宽 B 之比称为滤波器的品质因数 Q, $Q=f_0/B$。其中 $f_0=\sqrt{f_{c1}f_{c2}}$, f_{c2} 和 f_{c1} 分别为上截止频率和下截止频率。

(4)倍频程选择性 W

在上截止频率 f_{c2} 与 $2f_{c2}$ 之间,或者在下截止频率 f_{c1} 与 $f_{c1}/2$ 之间幅频特性的衰减量,即频率变化一个倍频程时的衰减量,通常用倍频程选择性 W 来表示,以dB为单位,即

$$W = -20\lg \frac{A(2f_{c2})}{A(f_{c2})}$$

或

$$W = -20\lg \frac{A(f_{c1}/2)}{A(f_{c1})}$$

显然，W 值越大，滤波器衰减越快，滤波器的选择性越好。

2. 无源 RC 滤波器

在测试系统中，滤波器常由电阻、电容组成，这种滤波器称作无源 RC 滤波器。其优点是，电路简单、抗干扰性强、有较好的低频性能、成本低；其缺点是，信号的能量会被电阻所消耗，而且选择性差，多级串联时输入阻抗不容易匹配。

(1)一阶 RC 低通滤波器

一阶 RC 低通滤波器的典型电路及其幅频、相频特性如图 4.25 所示。其电路微分方程为

$$RC\frac{\mathrm{d}y(t)}{\mathrm{d}t} + y(t) = x(t) \tag{4.23}$$

令 $\tau = RC$，称为时间常数。其传递函数为

$$H(s) = \frac{1}{\tau s + 1} \tag{4.24}$$

分析图 4.25 可知，当 $f \ll \frac{1}{2\pi\tau}$ 时，$A_1(f) = A$，此时信号几乎不衰减地通过，并且 $\phi_1(f)$ 也近似线性，RC 低通滤波器近似为一个不失真线性系统。

当 $f = \frac{1}{2\pi\tau}$ 时，$A_1(f) = \frac{1}{\sqrt{2}}A$，即截止频率 $f_{c2} = \frac{1}{2\pi\tau}$，由于 $\tau = RC$，可见 R，C 值决定着低通滤波器的上限截止频率，适当改变 R，C 可改变滤波器的工作带宽。

当 $f \gg \frac{1}{2\pi\tau}$ 时，输出 $y(t)$ 与输入 $x(t)$ 的积分成正比，即

$$y(t) = \frac{1}{RC}\int x(t)\,\mathrm{d}t$$

此时，RC 低通滤波器起着积分器的作用，对高频分成以 -20 dB/dec 的速率衰减。若要增大衰减率，可以将几个低通滤波器串联使用。

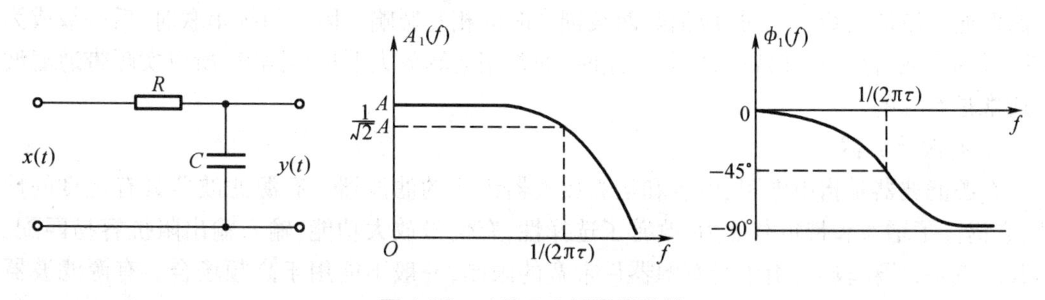

图 4.25 一阶 RC 低通滤波器

(2)一阶 RC 高通滤波器

图 4.26 是一阶 RC 高通滤波器及其幅频、相频特性。其电路微分方程为

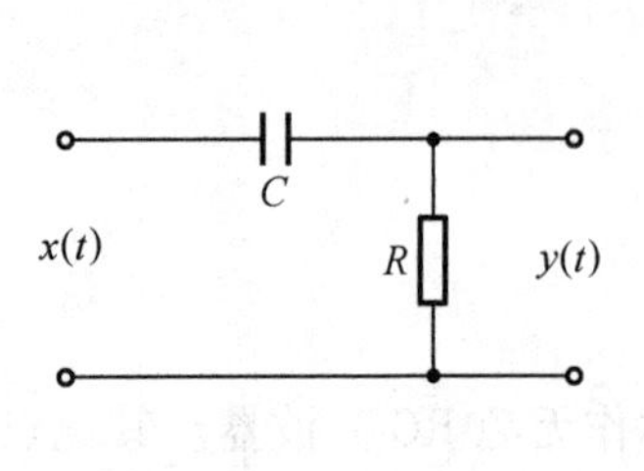

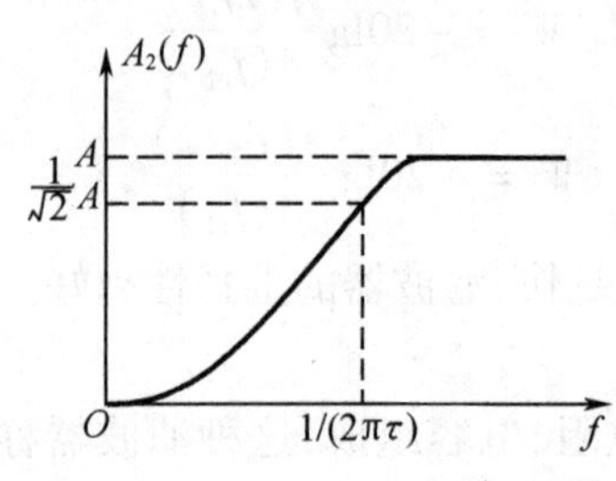

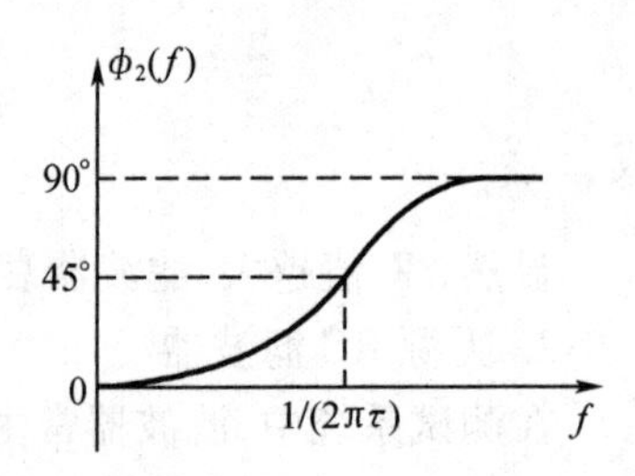

图 4.26　一阶 *RC* 高通滤波器

$$y(t) + \frac{1}{RC}\int y(t)\,\mathrm{d}t = x(t) \tag{4.25}$$

令 $\tau = RC$，其传递函数为

$$H(s) = \frac{\tau s}{\tau s + 1} \tag{4.26}$$

分析图 4.26 可知，当 $f \gg \frac{1}{2\pi\tau}$ 时，$A_2(f) = A$，此时信号几乎不衰减，并且 $\phi_2(f)$ 也近似线性，RC 高通滤波器近似为一个不失真线性系统。

当 $f = \frac{1}{2\pi\tau}$ 时，$A_2(f) = \frac{1}{\sqrt{2}}A$，滤波器的截止频率为 $f_{c1} = \frac{1}{2\pi\tau}$。

当 $f \ll \frac{1}{2\pi\tau}$ 时，*RC* 高通滤波器的输出与输入的微分成正比，起着微分器的作用，即

$$y(t) = \tau \frac{\mathrm{d}x(t)}{\mathrm{d}t}$$

(3) RC 带通滤波器

带通滤波器是只允许某一段频带内的信号通过，常用于从许多信号中获取所需的有用信号，因此希望带通滤波器的通频带窄而且稳定。带通滤波器可以看成是由低通滤波器和高通滤波器串联组成的，串联后所得的下截止频率为原高通滤波器的截止频率，相应的上截止频率为原低通滤波器的截止频率，带通滤波器的中心频率 f_0 定义为 $f_0 = \sqrt{f_{c1} f_{c2}}$。分别调节高低通环节的时间常数就可得到不同上下截止频率和带宽的带通滤波器。应当注意，当高低通滤波器两级串联时，应消除两级耦合时的相互影响。因为两级串联时，后一级成为前一级的负载，存在负载效应，实际应用时，通常用运算放大器进行隔离，所以实际带通滤波器通常是有源的。

3. 有源滤波器

有源滤波器是指由电阻、电容和运算放大器组成的滤波器。有源滤波器具有优良的性能，它提高了增益和带负载能力，改善了选择性，有信号放大功能，输入输出阻抗容易匹配。但其缺点是，功耗较大，由于受有源器件带宽的限制，一般不能用于高频场合。有源滤波器在工业检测领域得到了广泛的应用。

(1) 有源低通滤波器

图 4.27(a) 是一阶有源低通滤波器。其传递函数为

$$H(s) = \frac{1 + R_f/R_1}{1 + RCs} \tag{4.27}$$

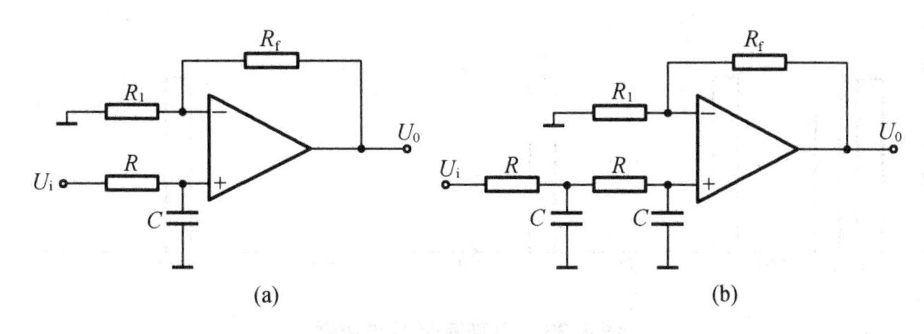

图 4.27 有源低通滤波器

(a)一阶低通滤波器;(b)二阶低通滤波器

当 $\omega_0 = \dfrac{1}{RC}$ 时,增益下降 3 dB,所以其截止频率为 $f_{c1} = \dfrac{1}{2\pi RC}$。

一阶有源低通滤波器的缺点是:当 $\omega \geqslant \omega_0$ 时,幅频特性衰减太慢,以 -20 dB/dec 的速率下降,与理想滤波器的特性相比相差太远。为了提高其幅频特性的衰减速率,可以在一阶有源低通滤波器的基础上增加一阶,变为二阶有源低通滤波器,如图 4.27(b)所示。其幅频特性以 -40 dB/dec 的速率下降,更加接近于理想滤波器特性。

(2)有源高通滤波器

有源高通滤波器是将低通滤波器中的滤波电阻、电容互换得到的,其电路如图 4.28 所示。其频率特性的分析过程与有源低通滤波器的分析过程相同,这里就不再叙述。

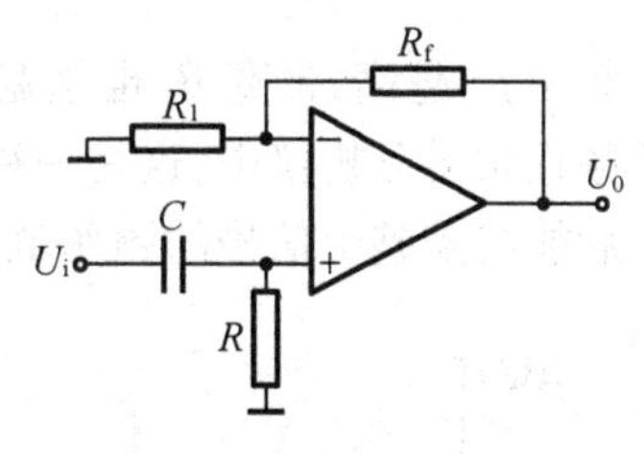

图 4.28 有源高通滤波器

(3)有源带通滤波器

有源带通滤波器可以认为是由高通和低通滤波器串联而成的。运算放大器具有高输入阻抗,低输出阻抗的特性,因此在组成有源带通滤波器时可以直接串联高通和低通滤波器,不需要中间环节。

通常要求有源滤波器在通带内具有 -80 dB/dec 的下降速率,在阻带中具有高于 -60 dB/dec 的衰减速率。要实现这样的性能,需要高阶滤波器,即由一阶和二阶滤波器作为基本单元级联而成。滤波器级联的越多,则阶次越高,其幅频特性越接近理想特性,但相频特性的非线性会增加,因此实际使用的滤波器并不是阶次越高越好,要根据实际情况选用。

4.4.4 模拟滤波器的应用

模拟滤波器在测试系统或专用仪器仪表中是一种常用的选频装置。例如:带通滤波器用作频谱分析仪中的选频装置,低通滤波器用作数字信号分析系统中的抗频混滤波,高通滤波器被用于声发射检测仪中滤除低频干扰噪声,带阻滤波器用作电涡流测振仪中的陷波器等。用于频谱分析装置中的带通滤波器,可根据中心频率与带宽之间的数值关系,分为两种,即恒带宽带通滤波器和恒带宽比带通滤波器。

1. 恒带宽带通滤波器

恒带宽带通滤波器其带宽 B 不随中心频率 f_0 而变化,$B = f_{c2i} - f_{c1i} = C$,中心频率 f_0 处在任何频段上,带宽 B 都相同,其幅频特性如图 4.29 所示。

一般情况下,为使滤波器在任意频段都具有良好的频率分辨力,可采用恒带宽带通滤波

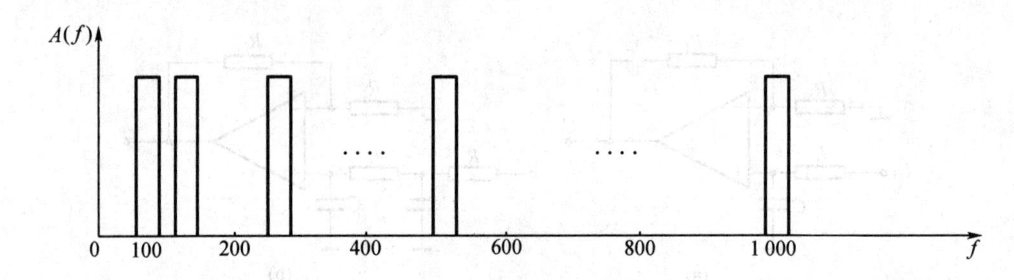

图 4.29　恒带宽带通滤波器

器(如收音机的选频)。所选带宽越窄,则频率分辨力越高,但这时为了覆盖所要检测的整个频率范围,所需要的滤波器数量就很多。因此,在很多时候,恒带宽带通滤波器不一定做成固定中心频率的,而是利用一个参考信号,使滤波器中心频率跟随参考信号的频率而变化。在作信号频谱分析的过程中,参考信号是由可作频率扫描的信号发生器供给的。这种可变中心频率的恒带宽带通滤波器被用于相关滤波和扫描跟踪滤波中。

2. 恒带宽比带通滤波器

恒带宽比带通滤波器其带宽 B 与中心频率 f_0 的比值不变,即 $\dfrac{B_i}{f_{0i}} = \dfrac{f_{c2i} - f_{c1i}}{f_{0i}} = C$。其中心频率 f_{0i} 越高,带宽 B_i 也越宽。其幅频特性如图 4.30 所示。恒带宽比带通滤波器被用于倍频程频谱分析仪中,这是一种具有不同中心频率的滤波器组,为使各个带通滤波器组合起来后能覆盖整个信号的频率范围,其中心频率与带宽是按一定规律配置的。

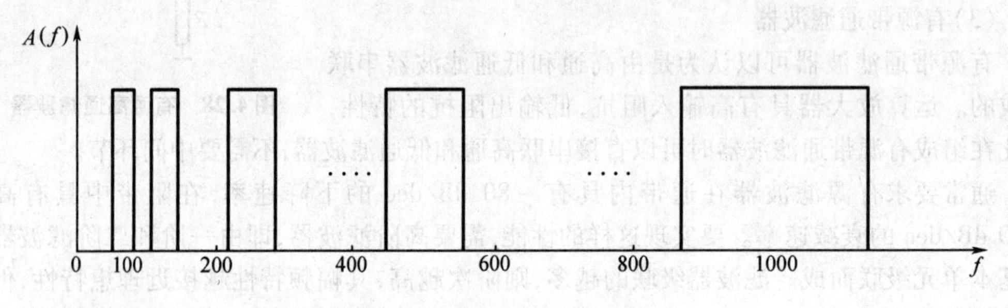

图 4.30　恒带宽比带通滤波器

假如任意一个带通滤波器的下截止频率为 f_{c1i},上截止频率为 f_{c2i},则 f_{c1i} 与 f_{c2i} 之间满足下列关系

$$f_{c2i} = 2^n f_{c1i} \tag{4.28}$$

式中,n 称为倍频程数。若 $n=1$,称为倍频程滤波器;$n=1/3$,则称为 1/3 倍频程滤波器,依此类推。在倍频程滤波器组中,后一个中心频率 f_{0i} 与前一个中心频率 $f_{0(i-1)}$ 之间满足的关系为

$$f_{0i} = 2^n f_{0(i-1)} \tag{4.29}$$

而且滤波器的中心频率与上下截止频率之间满足

$$f_{0i} = \sqrt{f_{c1i} f_{c2i}}$$

所以,只要选定 n 值,就可以设计出覆盖给定频率范围的邻接式滤波器组,如图 4.31

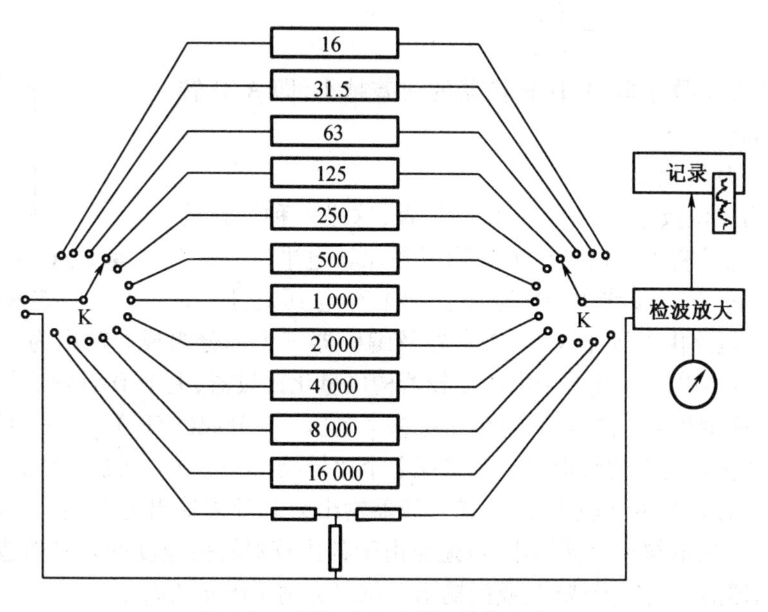

图 4.31 邻接式滤波器组结构示意图

所示。

为了使被分析信号的频率成分不丢失,通常的做法是使前一个滤波器的上截止频率与后一个滤波器的下截止频率相一致,如图 4.32 所示。这样的一组滤波器将覆盖整个频率范围,称为“邻接式”滤波器组。

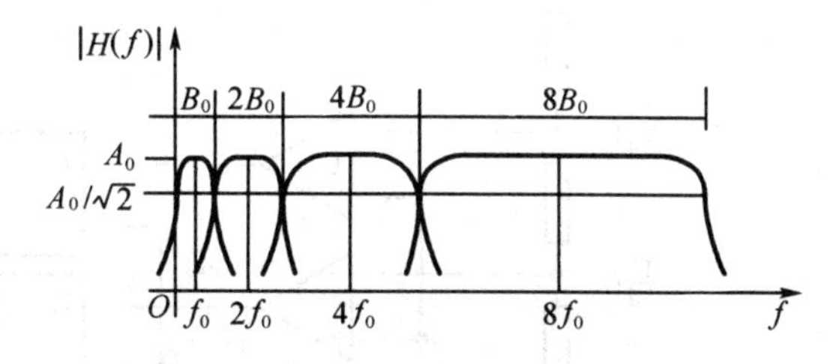

图 4.32 带通滤波器并联的频带分布

邻接式倍频程滤波器,输入、输出波段开关顺序接通各滤波器,如果被分析信号的频率成分恰好在某带通滤波器通频带内,那么就可以在显示、记录仪器上观测到这一频率成分。

4.5 模拟/数字转换器

随着数字电子技术的迅速发展,尤其是微型计算机在自动控制和自动检测系统中的广泛应用,用数字电路处理模拟信号的情况变得非常普遍。因此,需要将模拟量转换为数字量,才能送入数字系统进行处理;反之,也必须把数字系统处理后的数字结果转换成相应的模拟信号作为系统的最终输出。模/数、数/模转换技术就是适应这一要求发展起来的。

4.5.1 A/D 转换器

1. A/D 转换器的基本原理

所谓 A/D 转换就是将模拟量转换为与之对应的数字量,实现模、数转换的器件称为 A/D 转换器。图 4.33 是 A/D 转换器示意图,图中 $y_1 \sim y_n$ 为 A/D 转换器输出的二进制数, U_{in} 是模拟输入电压, U_{ref} 为基准电压,三者之间有如下关系

$$y = \frac{U_{in}}{U_{ref}} \cdot 2^n$$

A/D 转换器位数越多，A/D 转换器的误差越小，即 A/D 转换器的精度越高。

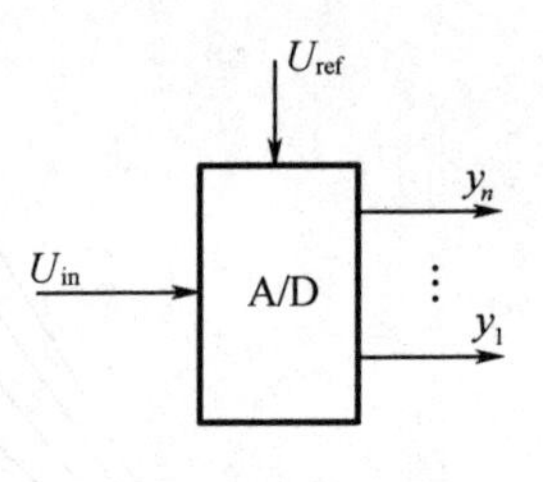

图 4.33 A/D 转换器示意图

2. 并行 A/D 转换器

图 4.34 为三位数字的并行 A/D 转换器，这是一种快速的 A/D 转换器。它是利用分权电压方式形成各比较电平，一次完成编码的全过程。参考电压为 U_{ref}，输入电压范围在 $0 \sim U_{ref}$ 之间。电路由电压比较器、寄存器及编码器三个部分组成。输出为三位二进制数 $d_2d_1d_0$。八个分压电阻 R 及七个电压比较器构成量化比较器，七个 D 触发器作为量化结果的寄存器。完成量化电平的分割，电阻串把参考电压 U_{ref} 分成 $(1/14)\ U_{ref} \sim (13/14)\ U_{ref}$ 七个比较电平，并把这七个比较电平分别接在七个比较器（$C_1 \sim C_7$）的一个比较端上。当输入电平 U_{in} 高于比较器的比较电平时，该比较器输出为 1，反之输出为 0。各比较器的输出送到由 D 触发器组成的缓冲存储器中，以避免由于各比较器转换速度的差异而造成的逻辑错误。缓冲存储器的输出经异或门、或门输出三位二进制编码 $d_2d_1d_0$。

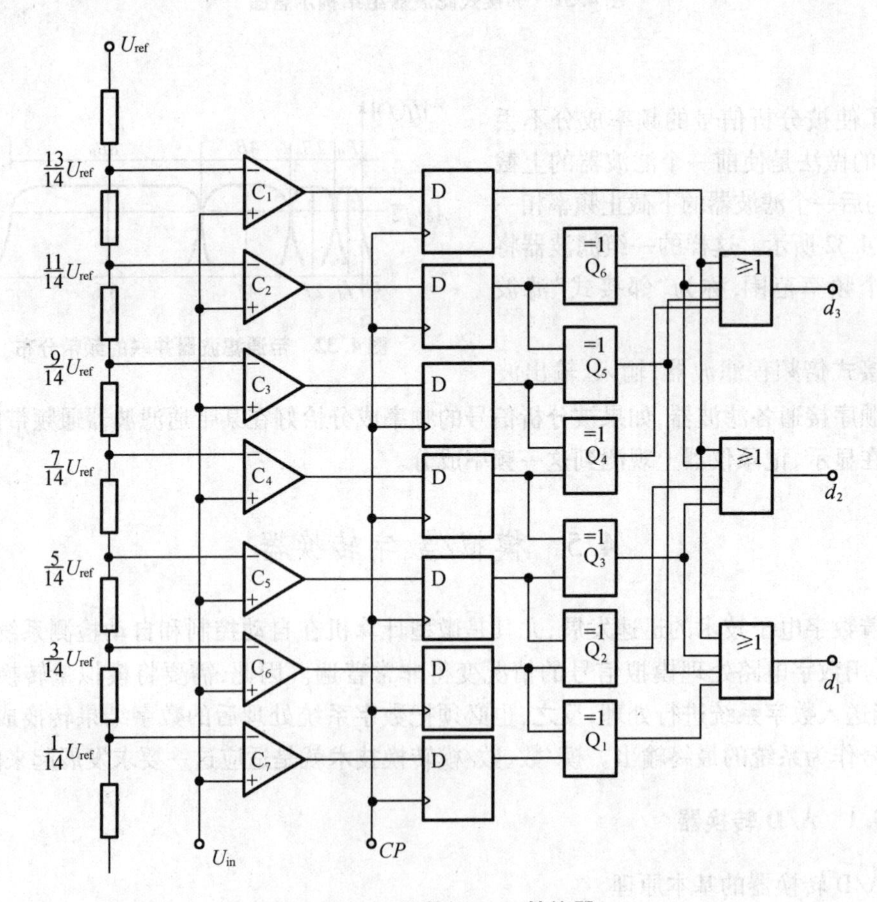

图 4.34 三位并行 A/D 转换器

3. 逐次比较 A/D 转换器

逐次比较 A/D 转换器,又称为逐位逼近 A/D 转换器,是目前较为常用的一种 A/D 转换器。它主要由逐次比较寄存器 SAR、D/A 转换器、比较器、时钟及控制逻辑等部分组成。其原理如图 4.35 所示。逐次逼近式 A/D 转换是逐次将设定在 SAR 中的数字量所对应的 D/A 转换成网络输出的电压,与被转换的模拟电压 U_{in} 进行比较,比较时从最高位开始,逐位确定各编码位是“1”还是“0”。

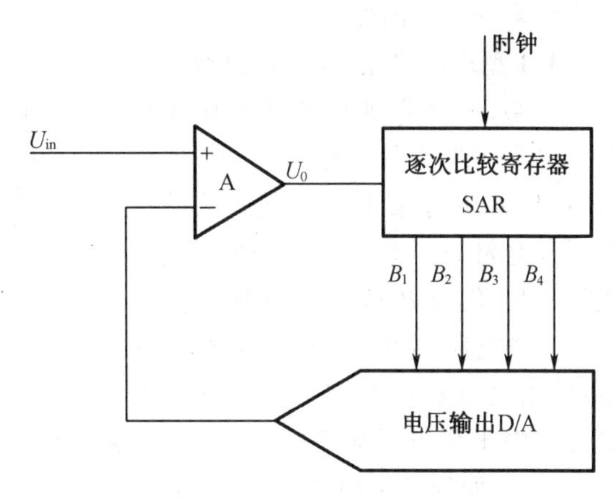

图 4.35 逐次比较 A/D 转换器原理图

4.5.2 D/A 转换器

1. D/A 转换器的基本原理

D/A 转换就是将离散的数字量转化为连续的模拟量(电压或电流),实现这一功能的器件称为 D/A 转换器,如图 4.36 所示。$x_1 \sim x_n$ 为数字输入量,x_1 为最高位,x_n 为最低位,U_o 为模拟输出量,U_{ref} 是实现转换所需的参考电压。三者之间有如下关系

$$U_o = x \cdot U_{ref}/2$$

其中

$$x = x_1 2^{n-1} + x_2 2^{n-2} + \cdots + x_{n-1} 2^1 + x_n 2^0$$

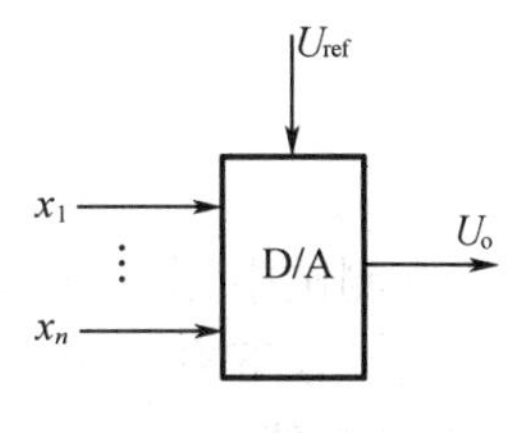

图 4.36 D/A 转换器示意图

2. 权电阻 D/A 转换器

图 4.37 是三位二进制数权电阻网络 D/A 转换器原理图,这是一个最简单、最直接的并行转换电路。该 D/A 转换器由权电阻网络、位开关、电流加法及电流电压转换器四部分组成。从图中可以看到,权电阻网络中每一个电阻的阻位都与对应的二进制位的权电阻成反比。位开关 S_3,S_2,S_1 分别对应二进制数的 d_2 , d_1 , d_0 位。相应二进制位为 1 时,对应位开关把电阻接上参考电压 U_{ref} 。相应位为零时,电阻接地,该位无电流流过。可见,每一位的权电阻上的电流和对应位的权电阻成正比。运算放大器 A 将每一位权电阻的电流相加,其结果必然与二进制数 D_n 代表的数值成正比。权电阻网络 D/A 转换器电路结构简单,物理概念明确。由于各位电阻与二进制数成反比,所以要求电阻为精密电阻。因为位数越高其对应的电阻值越小,所以高权位电阻的误差对电流 I 影响比低位大得多,这就要求高权位电阻的精度和稳定性更严格。权电阻 D/A 转换器的缺点为,转换过程网络电阻的组织种类太多,而且相差较大。为保证 D/A 转换器的精度,要求电阻的阻值很精确,这给

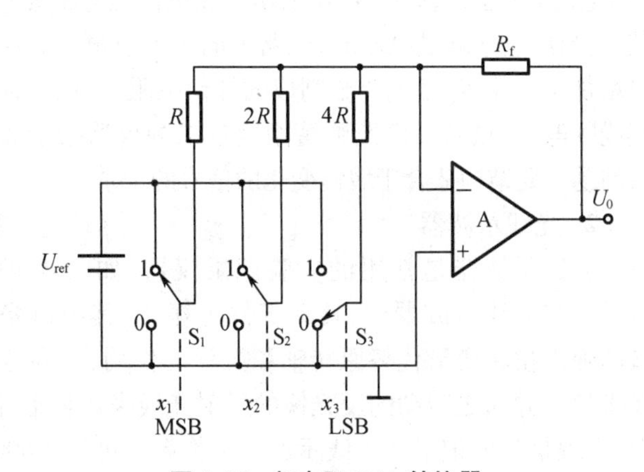

图 4.37 权电阻 D/A 转换器

生产带来一定的困难。

3. T 型电阻网络 D/A 转换器

图 4.38 为 T 型电阻网络 D/A 转换器。电阻网络中只采用了 R,$2R$ 两种阻值电阻,使用起来十分方便。该结构克服了权电阻 D/A 转换器电阻取值范围过大的不足,仅有 R 和 $2R$ 两种阻值。

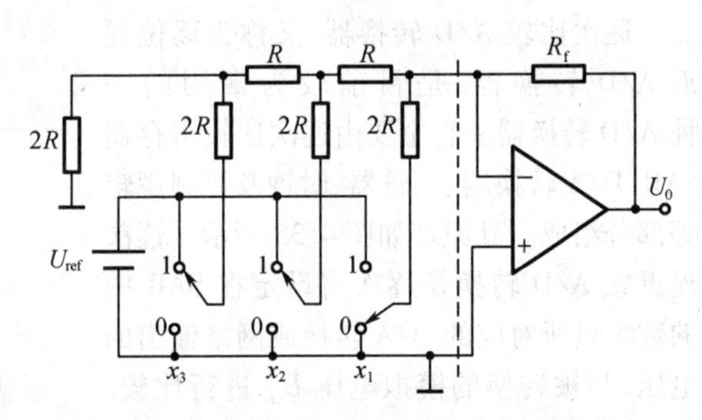

图 4.38　T 型电阻网络 D/A 转换器

T 型电阻网络 D/A 转换器的缺点是:使用电阻数目较多;同时,在动态测试过程中 T 型电阻网络相当于一根传输线,从 U_{ref} 加到各级电阻上开始,到运算放大器的输入电压稳定地建立起来为止,需要一定的传输时间,因而在位数多时影响工作速度。

4.6　显示与记录

在测试中,由传感器检测的信号除了经信号调理电路将信号调理之外,有时还需将信号显示或记录下来,以供观察和后续仪器分析及处理使用。传统的显示和记录装置包括万用表、阴极射线管示波器、XY 记录仪、动圈式指示仪表等。近年来,随着电子技术及计算机技术的迅速发展,数字式显示和记录装置已成为信号记录的主要方式。下面介绍在科研试验中使用的记录设备,以及目前常用的数字显示装置。

4.6.1　模拟显示与记录

1. 动圈式磁电指示仪表

可转动铁芯线圈处于很强的辐射状的均匀磁场中,信号电流 i 通过线圈引起的电磁转矩使线圈转动,直到电磁转矩与弹簧的弹性转矩平衡为止。此时转角 θ 与电流 i 成正比,如图 4.39 所示。该机构是电流敏感装置,当用它来测量电压时,电路中的阻值应恒定。这里增加了一个 R_C 锰铜合金制成的补偿电阻,可用于补偿线圈电阻、磁场强度及弹簧刚度带来的仪器指示滞后问题。此结构适合于缓慢变化的信号的记录。

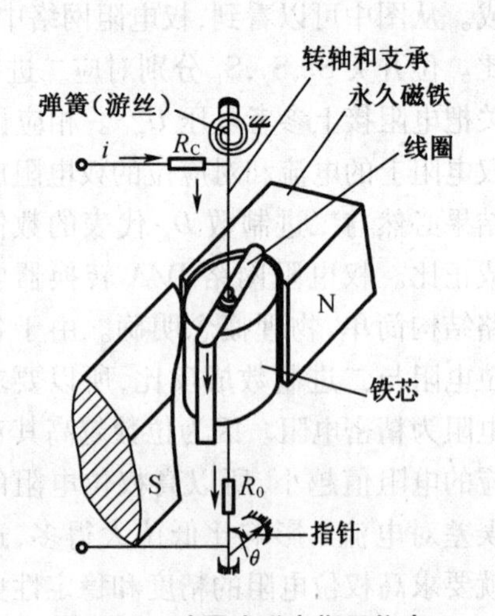

图 4.39　动圈式磁电指示仪表

2. 光线示波器

光线示波器是常用的实验记录仪器,如图 4.40 所示。在光线示波器中,转动部件为振子,其中以张丝的弹性扭转变形代替原转轴和游丝的作用,用固定在张丝上并随之转动的反光镜的反射光线来代替指针。该反光线聚焦在匀速移动的感光纸上,实现信号的记录。光线示波器工作频率可达 4 000 Hz,可以用于动态测量。

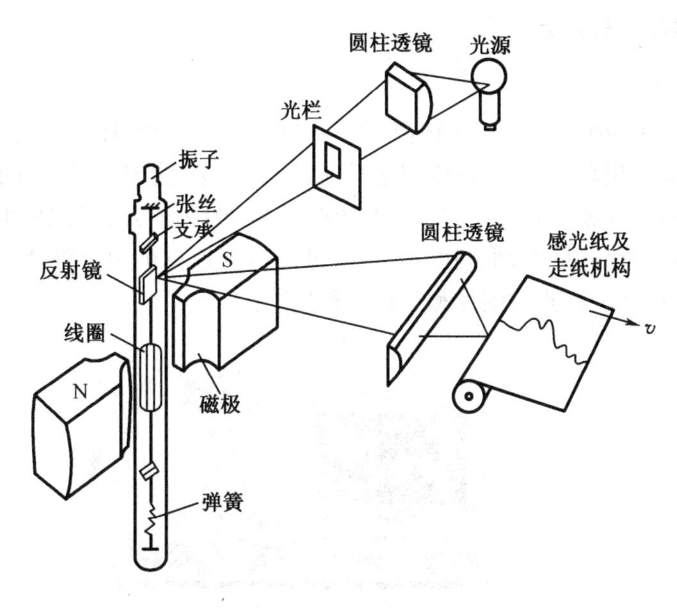

图 4.40 光线示波器结构

3. 伺服式记录仪

其工作原理如图 4.41 所示,当待记录的直流信号电压 u_x 与电位器的比较电压 u_b 不等时,则有 Δu 输出,该电压经调制、放大、解调带动伺服电机,并通过皮带传动机构带动记录笔作直线运动,实现信号的记录,同时又使电位器滑动触点随之移动,改变 u_b 的大小。当 $\Delta u = u_x - u_b > 0$,伺服电动机正转;当 $\Delta u = u_x - u_b < 0$,伺服电动机反转;当 $\Delta u = u_x - u_b = 0$,即 $u_x = u_b$ 时,伺机电动机停止转动,记录笔也就不动了。其优点是,记录幅值准确性高,一般误差小于最大记录范围的 0.2% ~0.5%。其缺点是,仅能记录缓慢变化的信号,一般频率在10 Hz 以下。

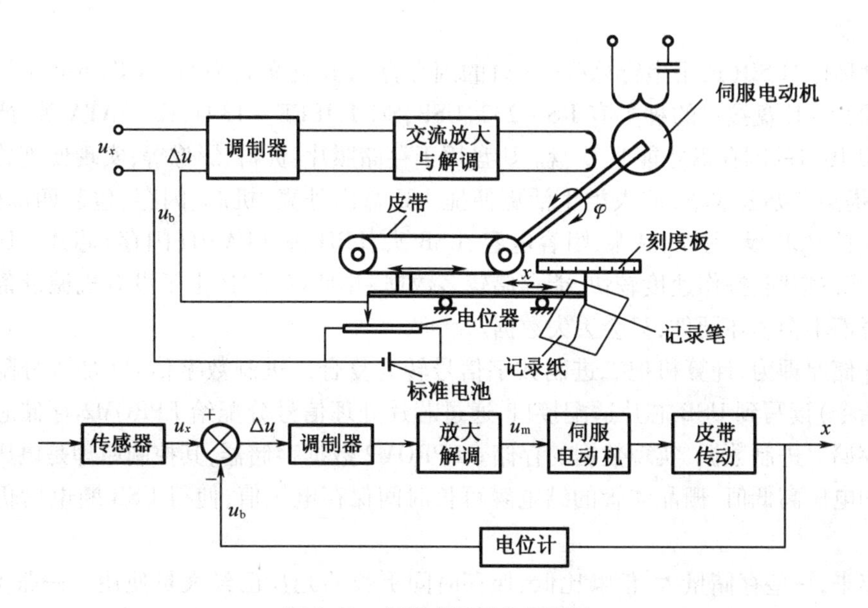

图 4.41 伺服式记录仪原理图

4.6.2 数字显示与存储

1. 数字示波器

数字示波器是集数据采集，A/D 转换，软件编程等一系列的技术制造出来的高性能示波器。数字示波器采用数字电路，将模拟信号通过 A/D 转换器转换成数字信号存储于存储器中。当需要显示信号波形时，再通过 D/A 转换器，将数字信号转换成模拟信号显示出来。这种数字示波器具有存储量大，准确度高，可通过接口与计算机相连等特点，因此应用十分广泛。图 4.42 为数字示波器的图片和工作原理框图。

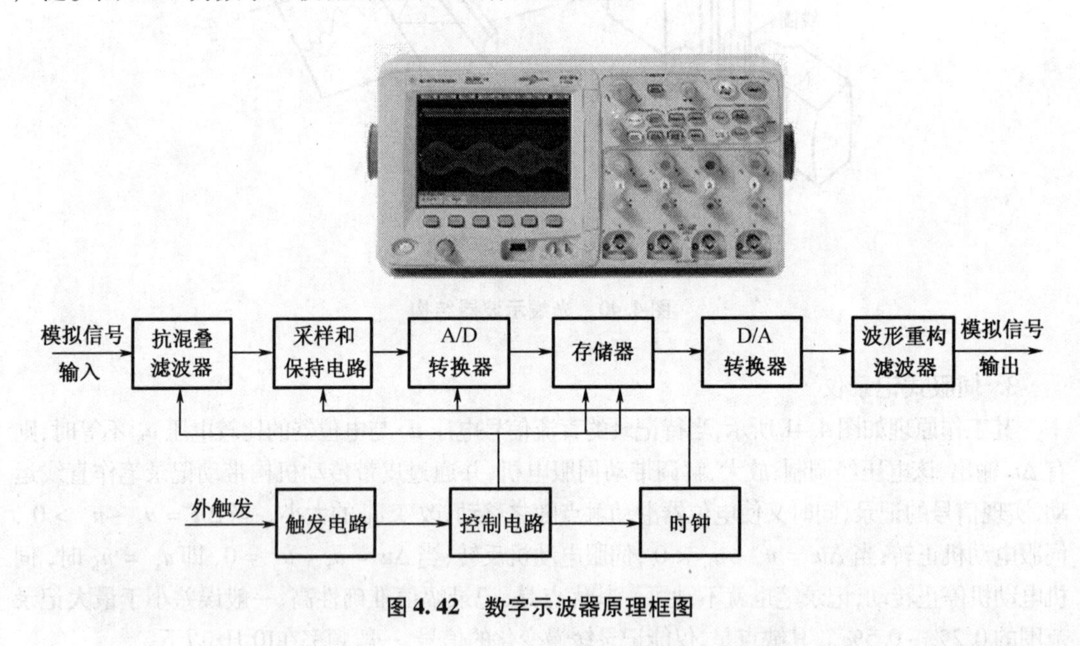

图 4.42　数字示波器原理框图

2. U 盘

U 盘称作“USB（通用串行总线）接口的闪存盘”，其英文名为“USB flash disk”，是一种小型的硬盘。U 盘接口的种类有 RS－232，USB，SCSI，IEEE－1394，E－SATA 等，严格地说只有 USB 接口的闪存盘才能叫 U 盘。U 盘用于存储照片、资料、影像等，实现便携式移动存储、大大提高了办公效率，使人类生活更便捷。U 盘由外壳、机芯、闪存、包装四部分组成。其机芯包括 PCB 板、主控、晶振、阻容电容、USB 头、LED 头、FLASH（闪存）芯片。U 盘有许多优点：不占空间，操作速度较快，能存储较多数据，并且较可靠（由于没有机械设备），在读写时断开而不会损坏硬件，只会丢失数据。

其存储原理为，计算机把二进制数字信号转为复合二进制数字信号（加入分配、核对、堆栈等指令）读写到 USB 芯片适配接口，通过芯片处理信号分配给 EPROM2 存储芯片的相应地址存储二进制数据，实现数据的存储。EPROM2 数据存储器，其控制原理是电压控制栅晶体管的电压高低值，栅晶体管的结电容可长时间保存电压值，使得 USB 断电后仍能保存数据。

近年来，一些存储量大、信噪比低、保存时间更长的光盘已经大量使用。一张 CD 光盘可以记录几百 M 字节的数据，而一张 DVD 光盘可以记录几个 G 字节的数据，是真正的“海量”存储器。但是，目前光盘的刻录机读写速度尚不及 U 盘。

4.7 习　　题

4.7.1 选择题

1. 设有一电路，R_1 是工作桥臂，R_2，R_3，R_4 是固定电阻，且 $R_1 = R_2 = R_3 = R_4$，工作时 $R_1 \to R_1 + 2\Delta R_1$，则电桥输出电压 $u_y \approx$ ________，u_0 为电桥的电源电压。

A. $\dfrac{\Delta R_1}{4R_1}u_0$　　B. $\dfrac{\Delta R_1}{2R_1}u_0$　　C. $\dfrac{\Delta R_1}{R_1}u_0$　　D. $\dfrac{2\Delta R_1}{R_1}u_0$

2. 调幅过程相当于在时域中将调制信号与载波信号________。

A. 相乘　　B. 相除　　C. 相加　　D. 相减

3. 为了能从调幅波中很好地恢复出原被测信号，通常用________作为解调器。

A. 鉴频器　　B. 整流器　　C. 鉴相器　　D. 相敏检波器

4. 一选频装置，其幅频特性在 $f_{c2} \to \infty$ 区间近于平直，在 $f_{c2} \to 0$ 区间急剧衰减，这叫________滤波器。

A. 低通　　B. 高通　　C. 带通　　D. 带阻

5. 一个带通滤波器，其中心频率是 f_0，-3 dB 带宽是 B，则滤波器的品质因数 Q 等于________。

A. $f_0 + B$　　B. $f_0 - B$　　C. f_0B　　D. f_0/B

4.7.2 填空题

1. 电桥的作用是把________转化为________输出的装置。

2. 在桥式测量电路中，按照激励电源的性质，电桥可分为________和________。

3. 调幅是指一个高频的简谐信号与被测信号________，使高频信号的________随被测信号的变化而变化。

4. 包络检波与相敏检波的主要区别是________。

5. 滤波器分辨信号中相邻频率成分的能力称为________，它取决于滤波器的________。

4.7.3 简答和计算题

1. 电桥有几种连接形式？每种连接方式的电桥的输出电压和灵敏度有何不同？

2. 在使用电阻应变仪时，如果在工作电桥上增加电阻应变片数，在下列情况下，是否可以提高灵敏度，为什么？

(1)半桥双臂各串联一片；

(2)半桥双臂各并联一片。

3. 有一个1/3倍频程带通滤波器，其中心频率 $f_0 = 80$ Hz，求上、下截止频率 f_{c1}，f_{c2}。

4. 以阻值 $R = 120\ \Omega$，灵敏度 $S_g = 2$ 的电阻丝应变片与阻值为 $120\ \Omega$ 的固定电阻组成电桥，供桥电压 $U_0 = 3$ V，若其负载电阻为无穷大，应变片的应变 ε 为 2 000 $\mu\varepsilon$。求：

(1)单臂电桥的输出电压及其灵敏度。

(2)双臂电桥的输出电压及其灵敏度。

5. 已知某 RC 低通滤波器，$R = 10\ \text{k}\Omega$，$C = 1\ \mu\text{F}$，问：

(1)求该环节的动态特性参数表达式 $H(s)$，$H(\omega)$，$A(\omega)$，$\varphi(\omega)$。

(2)当输入信号 $\mu_i = 20\sin 100t$ 时，求输出信号 u_y，并比较其幅值和相位。

第5章 信号分析与处理

【教学提示】

本章介绍了随机信号的概念和描述方法，相关分析与互相关分析及其应用，功率谱分析与应用，以及信号数字化过程出现的问题及解决方法。

【教学指导】

1. 了解随机信号的描述方法；
2. 掌握自相关函数、互相关函数，功率谱、自功率谱密度函数的应用；
3. 掌握数字信号处理的基本步骤，了解信号数字化过程出现的问题及解决方法。

5.1 随机信号

随机信号是非确定性信号，具有随机性，每次观测的结果都不尽相同，任意一个观测值只是在其变动范围中可能产生的结果之一，因此不能用明确的数学关系式来描述。随机信号服从统计规律，只能用概率和统计的方法来描述。

对随机信号按时间历程所作的各次长时间的观测记录称作样本函数，记作 $x_i(t)$，如图5.1所示。而在有限区间内的样本函数称作样本记录。在同等条件下，全部样本函数的集合(总体)就是随机过程，记作 $\{x(t)\}$，即

$$\{x(t)\} = \{x_1(t), x_2(t), \cdots, x_i(t), \cdots\} \tag{5.1}$$

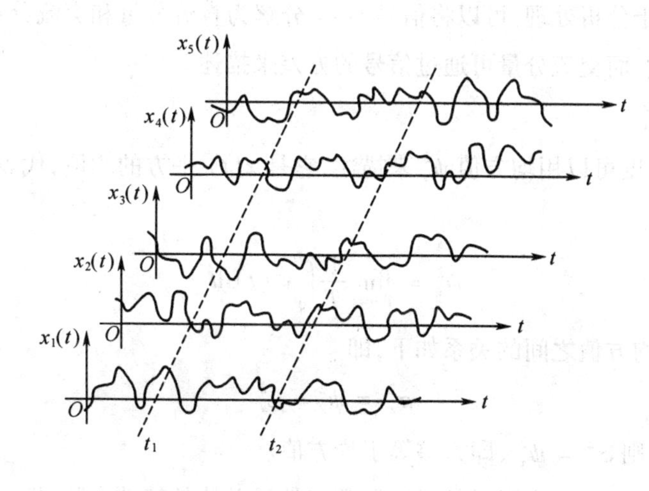

图5.1 随机过程与样本函数图形

随机过程的各种平均值,如均值、方差、均方值和均方根值等,是按集合平均来计算的。集合平均的计算不是沿某个样本的时间轴进行的,而是在集合中某时刻 t_i 对所有样本的观测值进行平均。单个样本沿其时间历程进行平均的计算称为时间平均。

随机过程中,其统计特性参数不随时间变化的过程是平稳随机过程,否则为非平稳随机过程。在平稳随机过程中,若单个样本函数的时间平均统计特性等于该过程的集合平均统计特性,则该过程就是各态历经随机过程。实际测试中常以一个或几个有限长度的样本记录来推断、估计被测对象的整个随机过程,以其时间平均代替集合平均。本书对随机过程的讨论仅限于各态历经随机过程的范围。

对于各态历经随机过程,随机信号主要用统计特征参数和概率密度函数来描述。

1. 随机信号的特征参数

(1) 均值 μ_x

各态历经信号的均值 μ_x 为

$$\mu_x = \lim_{T\to\infty}\frac{1}{T}\int_0^T x(t)\,\mathrm{d}t \tag{5.2}$$

式中 $x(t)$——样本函数;

T——观测时间;

μ_x——表示信号的常值分量。

(2) 方差 σ_x^2

方差 σ_x^2 描述随机信号的波动分量(交流分量),它是 $x(t)$ 偏离均值 μ_x 的平方的均值,即

$$\sigma_x^2 = \lim_{T\to\infty}\frac{1}{T}\int_0^T (x(t) - \mu_x)^2\,\mathrm{d}t \tag{5.3}$$

事实上,为便于分析处理,可以将信号 $x(t)$ 分解为直流分量和交流分量,直流分量通过信号的均值来描述,而交流分量可通过信号的方差来描述。

(3) 均方值 ψ_x^2

随机信号的强度可以用均方值 ψ_x^2 来描述,它是 $x(t)$ 平方的均值,代表随机信号的平均功率,即

$$\psi_x^2 = \lim_{T\to\infty}\frac{1}{T}\int_0^T x^2(t)\,\mathrm{d}t \tag{5.4}$$

均值、方差和均方值之间的关系如下,即

$$\sigma_x^2 = \psi_x^2 - \mu_x^2 \tag{5.5}$$

当均值 $\mu_x = 0$ 时,则 $\sigma_x^2 = \psi_x^2$,即方差等于均方值。

在实际测试中,通常以有限长的样本函数来估计总体的特性参数,即

$$\hat{\mu}_x = \frac{1}{T}\int_0^T x(t)\,\mathrm{d}t \tag{5.6}$$

$$\hat{\sigma}_x^2 = \frac{1}{T}\int_0^T (x(t) - \mu_x)^2 \mathrm{d}t \tag{5.7}$$

$$\hat{\psi}_x^2 = \frac{1}{T}\int_0^T x^2(t)\mathrm{d}t \tag{5.8}$$

2. 概率密度函数

随机信号的概率密度函数表示信号幅值落在指定区间内的概率。如图 5.2 所示，信号 $x(t)$ 的幅值落在 $(x,x+\Delta x]$ 区间内的时间为 T_x，则

$$T_x = \Delta t_1 + \Delta t_2 + \Delta t_3 + \cdots + \Delta t_n = \sum_{i=1}^{n} \Delta t_i \tag{5.9}$$

当样本函数 $x(t)$ 的记录时间 T 趋于无穷大时，T_x/T 的比值就是幅值落在 $(x,x+\Delta x]$ 区间内的概率，即

$$P[x < x(t) \leqslant (x+\Delta x)] = \lim_{T\to\infty}\frac{T_x}{T} \tag{5.10}$$

定义随机信号的概率密度函数 $p(x)$ 为

$$p(x) = \lim_{\Delta x\to 0}\frac{P[x < x(t) \leqslant x+\Delta x]}{\Delta x} = \lim_{\Delta x\to 0}\frac{1}{\Delta x}\lim_{T\to\infty}\frac{T_x}{T} \tag{5.11}$$

而在有限记录时间 T 内，概率密度函数可由下式估计，即

$$p(x) = \frac{T_x}{T\Delta x} \tag{5.12}$$

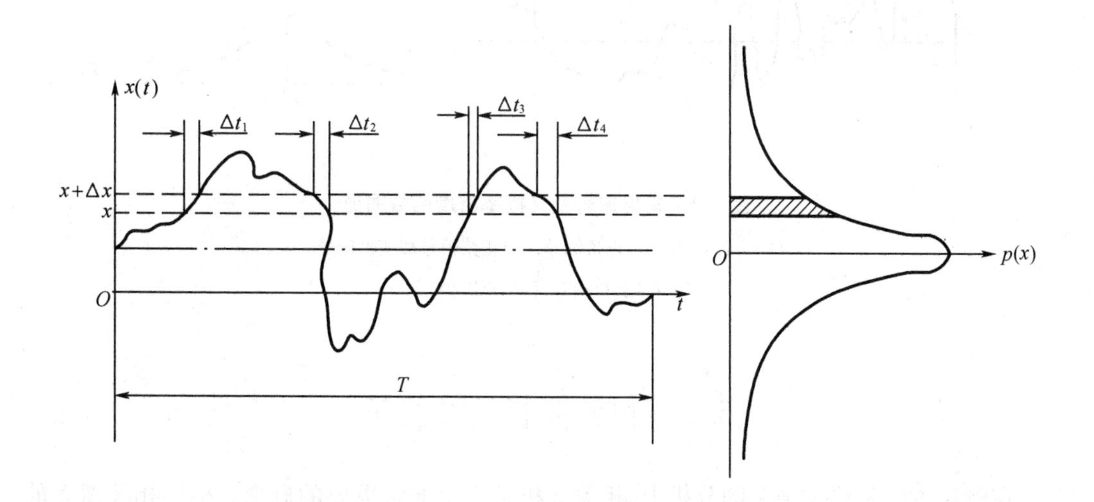

图 5.2 概率密度函数图形

概率密度函数提供了随机信号沿幅值域分布的信息，是随机信号的主要特性参数之一。不同的信号具有不同的概率密度函数图形，可以借此来识别信号的性质。图 5.3 是常见信号的概率密度函数图形（假定信号的均值为零）。

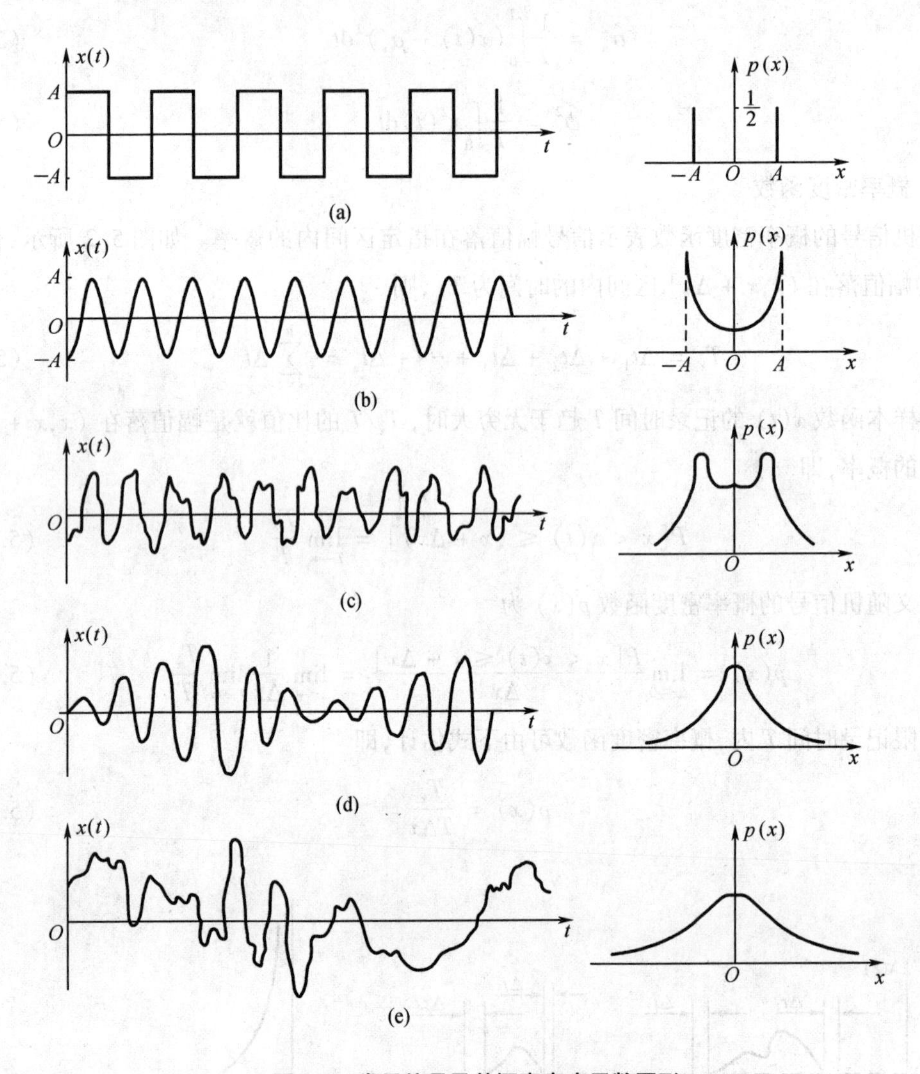

图 5.3　常见信号及其概率密度函数图形

(a)方波信号；(b)正弦信号；(c)正弦信号加随机信号；

(d)窄带随机信号；(e)宽带随机信号

5.2　相关分析及其应用

在测试方法和测试结果的分析中，相关分析是一个非常重要的概念。描述相关概念的相关函数，有着许多重要的性质。这些重要的性质使得相关函数在测试工程技术中得到了广泛应用，形成了专门的相关分析的研究和应用领域。

5.2.1　相关的概念

所谓相关，是指变量之间的线性关系。对于确定性信号来说，两个变量之间可以用函数关系来描述，两者之间一一对应并具有确定的数值关系。

虽然两个随机变量之间不具有确定的数学关系，但如果二者具有某种内在的物理联系，那么通过大量的统计还是可以发现它们之间存在着近似的关系。例如,人的身高与体重两变量之间不能用确定的函数式来表达,但通过大量数据的统计便可以发现一般的规律是,身材高的人体重常常也大些,这两个变量之间确实存在着一定的线性关系。

图 5.4 所示是由两个随机变量 x 和 y 组成的数据点的分布情况,图(a)显示两变量 x 和 y 具有较好的线性关系,可以看作完全相关;图(b)显示两变量虽无线性关系,但是具有某种程度的相关关系,可以看作部分相关;图(c)显示各点分布很散乱,可以看作变量 x 和 y 之间是不相关的。

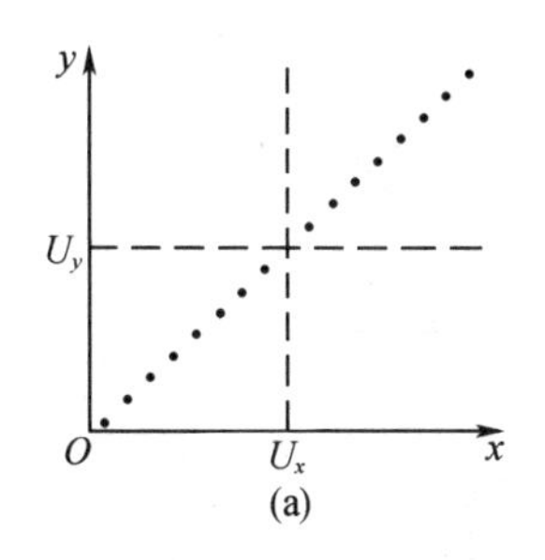

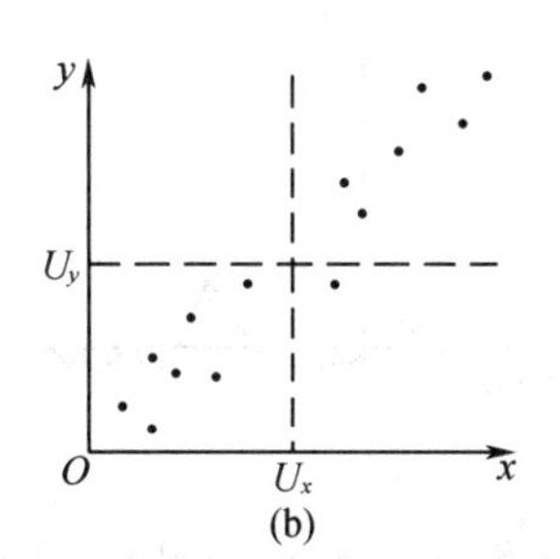

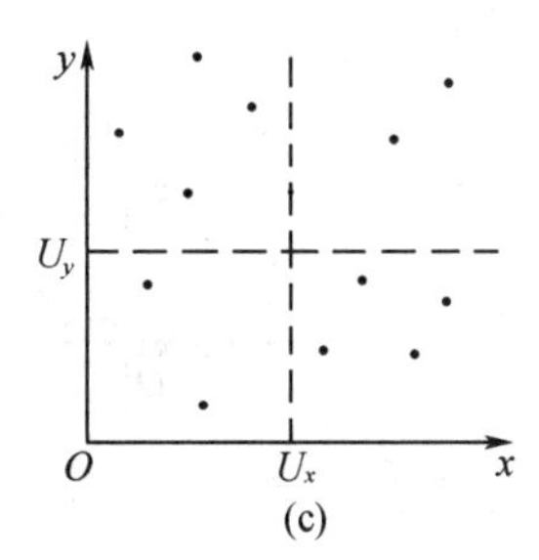

图 5.4 变量 x 与 y 的相关性

5.2.2 相关系数与相关函数

对于随机变量 $x(t)$ 和 $y(t)$ 之间的相关程度可以采用相关系数 ρ_{xy} 来表示,相关系数定义为

$$\rho_{xy} = \frac{E[(x(t) - \mu_x)(y(t) - \mu_y)]}{\sigma_x \sigma_y} \tag{5.13}$$

式中 E ——数学期望;

μ_x,μ_y ——随机变量 $x(t)$ 和 $y(t)$ 的均值,$\mu_x = E[x(t)]$,$\mu_y = E[y(t)]$;

σ_x,σ_y —— 随机变量 $x(t)$ 和 $y(t)$ 的方差 。

当 $|\rho_{xy}| = 1$ 时,表明 $x(t)$ 和 $y(t)$ 两变量的关系是线性相关的;当 $|\rho_{xy}| = 0$ 时,表明两个变量之间完全不相关;当 $0 < |\rho_{xy}| < 1$ 时,表明两个变量之间是部分相关的。

为了表达随机变量 $x(t)$ 和 $y(t)$ 之间的相关程度,还可以采用 $x(t)$ 和 $y(t)$ 在不同时刻的乘积的平均值来描述,称为相关函数,用 $R_{xy}(\tau)$ 来表示,即

$$R_{xy}(\tau) = \lim_{T\to\infty} \frac{1}{T}\int_0^T x(t)y(t+\tau)\mathrm{d}t \tag{5.14}$$

式中,$\tau \in (-\infty,\infty)$,是与时间变量 t 值无关的连续时间变量,称为“时间延迟”,简称“时延”。所以,相关函数是时间延迟 τ 的函数。

设 $y(t+\tau)$ 是 $y(t)$ 时延 τ 后的样本,由式(5.13)和式(5.14)得相关系数和相关函数的关系为

$$\rho_{xy}(\tau) = \frac{R_{xy}(\tau) - \mu_x\mu_y}{\sigma_x \sigma_y} \tag{5.15}$$

5.2.3 自相关函数及其应用

1. 自相关函数的定义

由式(5.14),若 $x(t) = y(t)$,则 $y(t+\tau) = x(t+\tau)$,得到 $x(t)$ 的自相关函数 $R_x(\tau)$ 为

$$R_x(\tau) = \lim_{T\to\infty}\frac{1}{T}\int_0^T x(t)x(t+\tau)\,\mathrm{d}t \tag{5.16}$$

图 5.5 所示为 $x(t)$ 和 $x(t+\tau)$ 的波形图。

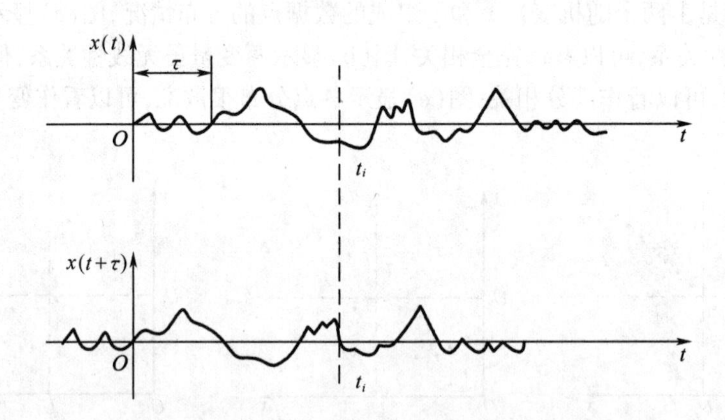

图 5.5　$x(t)$ 和 $x(t+\tau)$ 的波形图

对于有限时间序列的自相关函数，用下式进行估计

$$\hat{R}_x(\tau) = \frac{1}{T}\int_0^T x(t)x(t+\tau)\,\mathrm{d}t \tag{5.17}$$

2. 自相关函数的性质

(1) $R_x(\tau)$ 为实偶函数，即 $R_x(\tau) = R_x(-\tau)$ 。

(2) 时延 τ 值不同，$R_x(\tau)$ 不同。当 $\tau=0$ 时，$R_x(\tau)$ 的值最大，并等于信号的均方值 ψ_x^2。

$$R_x(0) = \lim_{T\to\infty}\frac{1}{T}\int_0^T x(t)x(t+0)\,\mathrm{d}t = \lim_{T\to\infty}\frac{1}{T}\int_0^T x^2(t)\,\mathrm{d}t = \psi_x^2 = \sigma_x^2 + \mu_x^2 \tag{5.18}$$

则

$$\rho_x(0) = \frac{R_x(0) - \mu_x^2}{\sigma_x^2} = \frac{\mu_x^2 + \sigma_x^2 - \mu_x^2}{\sigma_x^2} = \frac{\sigma_x^2}{\sigma_x^2} = 1 \tag{5.19}$$

这说明变量 $x(t)$ 本身在同一时刻的记录样本完全成线性关系，是完全相关的，其自相关系数为 1。

(3) 当 $\tau\to\infty$ 时，$x(t)$ 和 $x(t+\tau)$ 之间不存在联系，完全不相关，即

$$\rho_x(\tau\to\infty)\to 0 \tag{5.20}$$

$$R_x(\tau\to\infty)\to\mu_x^2 \tag{5.21}$$

如果均值 $\mu_x=0$，则 $R_x(\tau)\to 0$。

根据以上性质，自相关函数 $R_x(\tau)$ 的曲线如图 5.6 所示。

(4) 当信号 $x(t)$ 为周期信号时，自相关函数 $R_x(\tau)$ 也是同频率的周期信号。

表 5.1 是典型信号的自相关函数，从表中可以看出自相关函数曲线是区别信号类型的有效手段。只要信号中含有周期成分，其自相关函数在 τ 很大时都不衰减，并且有明显的周期性。不包含周期成分的随机信号，当 τ 很大时，自相关函数将衰减为零。宽带随机噪声的自相关函数衰减较快，而窄带随机噪声的自相关函数衰减较慢。

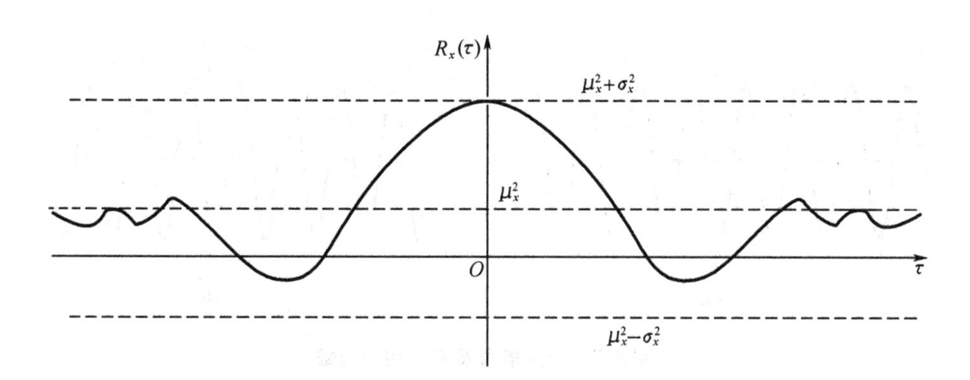

图 5.6 自相关函数曲线

表 5.1 典型信号的自相关函数

	时间历程	自相关函数图
正弦波		
正弦波加随机噪声		
窄带随机噪声		
宽带随机噪声		

例 5.1 求正弦信号 $x(t) = x_0\sin(\omega t + \varphi)$ 的自相关函数。

解 根据自相关函数的定义

$$R_x(\tau) = \lim_{T\to\infty}\frac{1}{T}\int_0^T x(t)x(t+\tau)\mathrm{d}t = \frac{1}{T}\int_0^T x_0^2\sin(\omega t+\varphi)\sin(\omega(t+\tau)+\varphi)\mathrm{d}t$$

$$= \frac{x_0^2}{2T}\int_0^T(\cos\omega\tau - \cos(2\omega t+\omega\tau+2\varphi))\mathrm{d}t = \frac{x_0^2}{2}\cos\omega\tau$$

可见正弦信号的自相关函数是一个余弦信号,保留了正弦信号的幅值和频率信息,但丢失了初始相位信息,如图 5.7 所示。

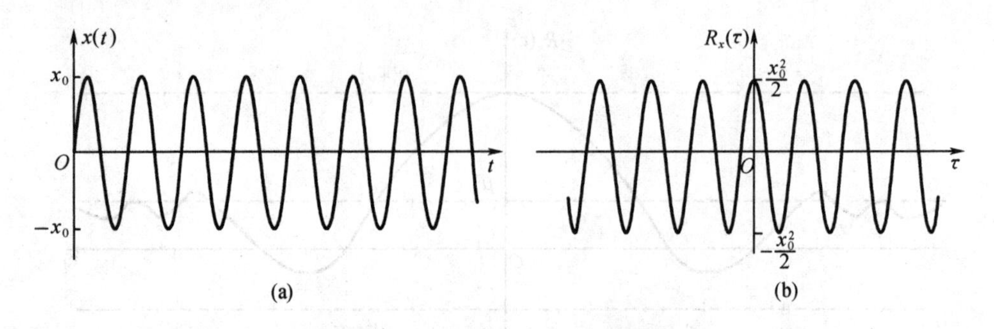

图 5.7　正弦信号及其自相关函数

(a)正弦信号;(b)自相关函数

例 5.2　如图 5.8 所示,用轮廓仪对一机械加工表面的粗糙度的检测信号 $a(t)$ 进行自相关分析,得到了其自相关函数 $R_a(\tau)$。试根据 $R_a(\tau)$ 分析造成机械加工表面的粗糙度的原因。

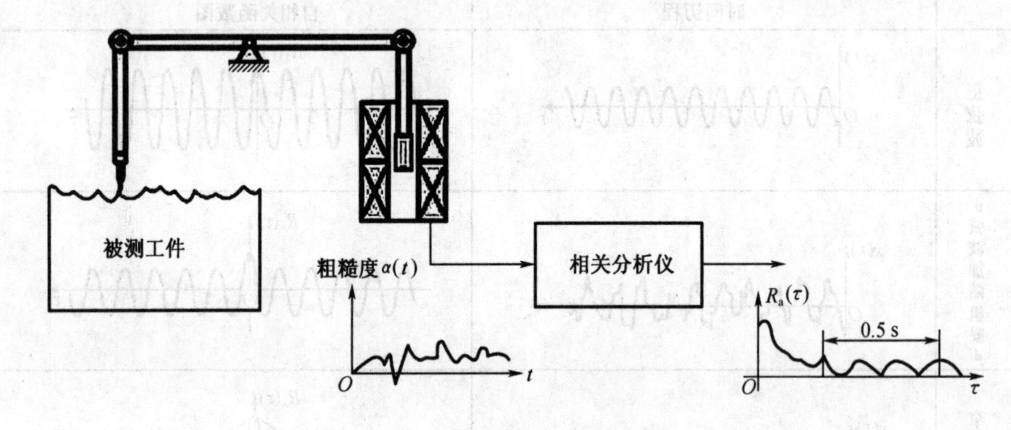

图 5.8　表面粗糙度的相关检测法

解　观察 $a(t)$ 的自相关函数 $R_a(\tau)$ 具有周期性,这说明造成粗糙度的原因之一是某种周期分量。从自相关函数曲线可以确定周期分量的频率为

$$f = \frac{1}{T} = \frac{1}{0.5/3} = 6\ \text{Hz}$$

分析和比较所用加工设备中的各个运动部件的运动频率(电动机的转速,拖板的往复运动,液压系统的油脉动频率等),与 6 Hz 接近的部件的振动,就是造成该粗糙度的主要原因。

5.2.4　互相关函数及其应用

1. 互相关函数的定义

在式(5.14)中,若 $x(t) \neq y(t)$,则把 $R_{xy}(\tau)$ 称为 $x(t)$ 与 $y(t)$ 的互相关函数,即

$$R_{xy}(\tau) = \lim_{T \to \infty} \frac{1}{T} \int_0^T x(t) y(t+\tau) \mathrm{d}t \tag{5.22}$$

根据式(5.15),相应的互相关系数为

$$\rho_{xy}(\tau) = \frac{R_{xy}(\tau) - \mu_x\mu_y}{\sigma_x\sigma_y} \tag{5.23}$$

对于有限序列的互相关函数,用下式进行估计

$$\hat{R}_{xy}(\tau) = \frac{1}{T}\int_0^T x(t)y(t+\tau)\mathrm{d}t \tag{5.24}$$

2. 互相关函数的性质

(1)互相关函数是非奇、非偶函数,即 $R_{xy}(\tau)$ 不等于 $R_{xy}(-\tau)$,$R_{xy}(\tau)$ 和 $R_{yx}(\tau)$ 也不相等。

(2)$R_{xy}(\tau)$ 的峰值不在 $\tau=0$ 处,而在 $\tau=\tau_0$ 处 $R_{xy}(\tau)$ 呈现最大值,时延 τ_0 反映了 $x(t)$ 与 $y(t)$ 之间时移的大小,即滞后的时间,如图 5.9 所示。

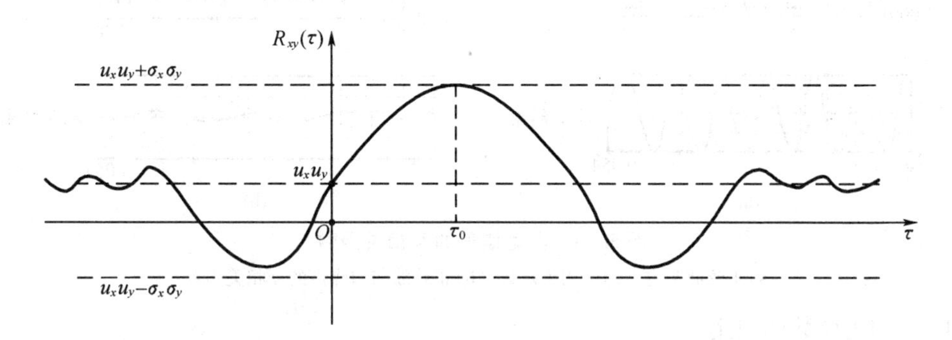

图 5.9 互相关函数曲线

(3)两个不同频率的周期信号的互相关函数为零。由于周期信号可以分解成谐波分量的叠加,故取两个不同频率的谐波分量 $x(t) = A_0\sin(\omega_1 t+\theta)$, $y(t) = B_0\sin(\omega_2 t+\theta-\varphi)$ 进行相关分析,则

$$\begin{aligned}R_{xy}(\tau) &= \lim_{T\to\infty}\frac{1}{T}\int_0^{T_0} x(t)y(t+\tau)\mathrm{d}t \\ &= \frac{1}{T_0}\int_0^{T_0} A_0B_0\sin(\omega_1 t+\theta)\sin[(\omega_2(t+\tau)+\theta-\varphi]\mathrm{d}t \\ &= 0\end{aligned}$$

(4)两个同频率的周期信号的互相关函数仍为同频率的周期信号。

例 5.3 求 $x(t) = x_0\sin(\omega t+\theta)$,$y(t) = y_0\sin(\omega t+\theta-\varphi)$ 的互相关函数 $R_{xy}(\tau)$。

解

$$\begin{aligned}R_{xy}(\tau) &= \lim_{T\to\infty}\frac{1}{T}\int_0^{T} x(t)y(t+\tau)\mathrm{d}t \\ &= \frac{1}{T_0}\int_0^{T_0} x_0y_0\sin(\omega t+\theta)\sin(\omega(t+\tau)+\theta-\varphi)\mathrm{d}t \\ &= \frac{x_0y_0}{2}\cos(\omega\tau-\varphi)\end{aligned} \tag{5.25}$$

由此可见,与自相关函数不同,两个同频率的周期信号的互相关函数不仅保留了两个信号的幅值信息和频率信息,而且还保留了两个信号的相位信息。

3. 典型信号间的互相关函数曲线

(1)图 5.10(a)是当一个 $f_1 = 150$ Hz 的正弦波与基波频率为 50 Hz 的方波作互相关时,互相关曲线仍然是正弦波。这是因为,通过傅里叶变换可知,方波是由 1,3,5,…无穷个奇

次谐波叠加构成的，当基波频率为50 Hz，其3次谐波频率为150 Hz，因此可与频率为150 Hz的正弦波互相关，互相关函数曲线具有周期性。

(2) 图5.10(b)是不同频率的两个信号的互相关结果，白噪声与正弦信号不相关，其互相关函数为零。

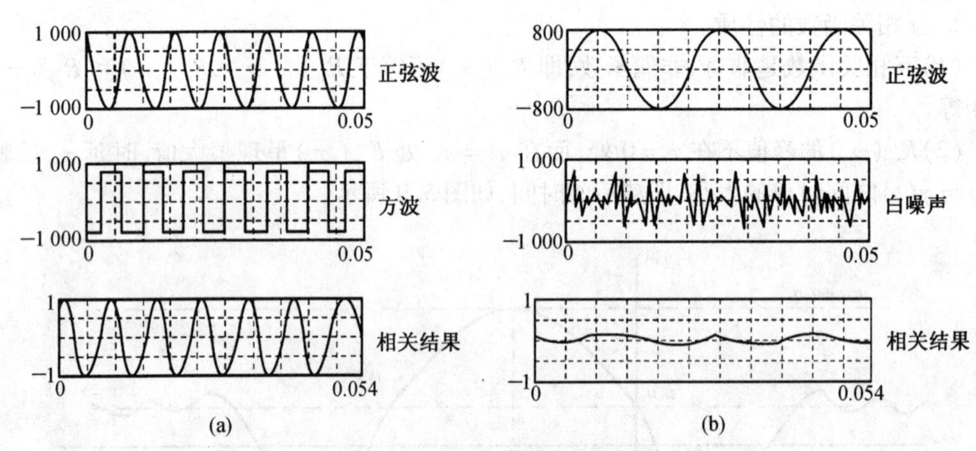

图5.10　典型信号的互相关函数

(a)正弦波与方波的互相关函数；(b)正弦波与白噪声的互相关函数

4. 互相关函数的应用

互相关函数的上述性质在工程中具有重要的应用价值。

(1)在混有周期成分的信号中提取特定的频率成分

例5.4　在噪声背景下提取有用信息。

对图5.11所示的机床进行激振试验，所测得的振动响应信号中常常会含有大量的干扰。根据线性系统的频率保持特性，只有与激振频率相同的频率成分才可能是由激振引起

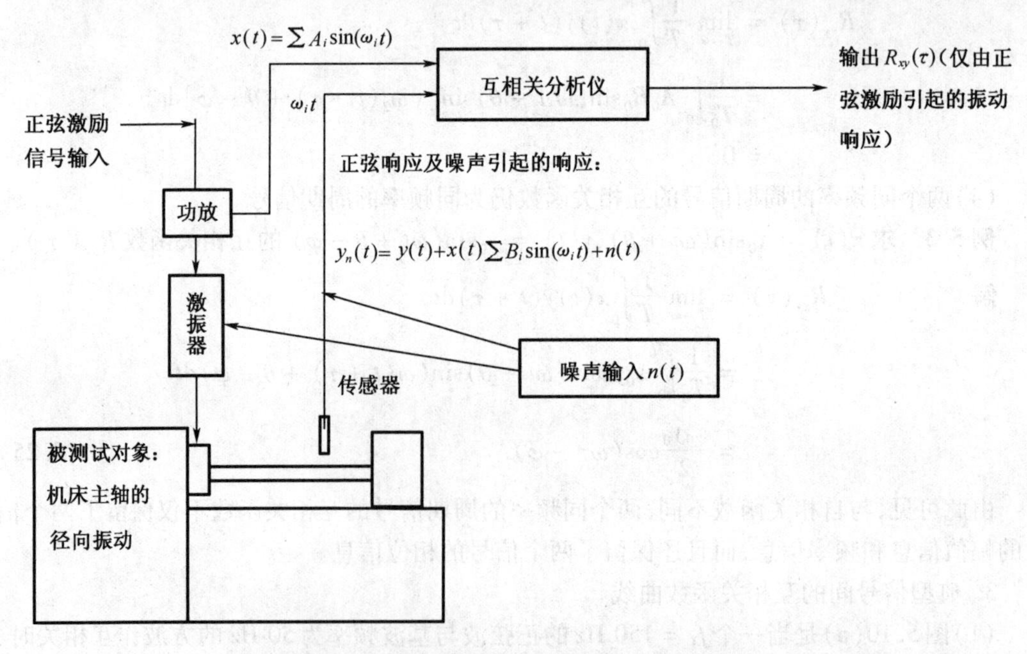

图5.11　利用互相关分析获取振动响应实例

的响应,其他成分均是干扰。为了在噪声背景下提取有用信息,只需将激振信号和所测得的响应进行互相关分析,并根据互相关函数的性质,就可得到由激振引起的响应的幅值和相位差,消除噪声干扰的影响。

(2)线性定位和相关测速

例 5.5 用相关分析法确定深埋地下的输油管裂损位置,以便开挖维修。

如图 5.12 所示,漏损处 K 可视为向两侧传播声音的声源,在两侧管道上分别放置传感器 1 和 2。因为放置传感器的两点相距漏损处距离不等,则漏油的声响传至两传感器的时间就会有差异,在互相关曲线上 $\tau = \tau_m$ 处有最大值,这个 τ_m 就是时差。设 s 为两传感器的安装中心线至漏损处的距离, v 为音响在管道中的传播速度,则

$$s = \frac{1}{2}v\tau_m$$

用 τ_m 来确定漏损处的位置,即线性定位问题,其定位误差为几十厘米,该方法也可用于弯曲的管道。

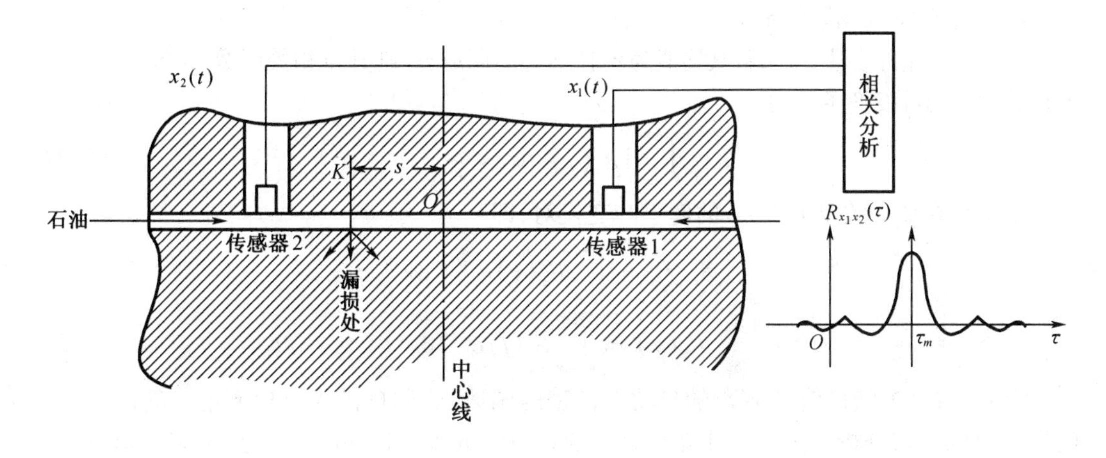

图 5.12 利用相关分析进行线性定位实例

5.3 功率谱分析及其应用

在第 1 章中讨论了周期信号和瞬态信号的时域波形与频域的幅值谱及相位谱之间的对应关系,并了解到频域描述可反映信号的频率组成。然而对于随机信号,由于其样本曲线的波形具有随机性,而且是时域无限信号,不满足傅里叶变换条件,因而从理论上讲,随机信号不能直接进行傅里叶变换作幅值谱和相位谱分析,而是应用具有统计特征的功率谱密度函数在频域内对随机信号作频谱分析。功率谱密度函数是研究平稳随机过程的重要方法。功率谱密度函数分自谱和互谱两种形式。

5.3.1 巴塞伐尔(Paseval)定理

巴塞伐尔定理中,在时域中计算的信号总能量等于在频域中计算的信号总能量,即

$$\int_{-\infty}^{+\infty} x^2(t)\,\mathrm{d}t = \int_{-\infty}^{+\infty} |X(f)|^2\,\mathrm{d}f \tag{5.26}$$

该定理可以用傅里叶变换的卷积来证明。设傅里叶变换对为

$$x_1(t) \Longleftrightarrow X_1(f)\ ,(x_2(t)) \Longleftrightarrow X_2(f)$$

根据卷积定理有

$$\int_{-\infty}^{+\infty} x_1(t)x_2(t)e^{-2\pi f_0 t}\mathrm{d}t = \int_{-\infty}^{+\infty} X_1(f)X_2(f_0 - f)\mathrm{d}f$$

令 $f_0 = 0, x_1(t) = x_2(t) = x(t)$，则

$$\int_{-\infty}^{+\infty} x^2(t)\mathrm{d}t = \int_{-\infty}^{+\infty} X(f)X(-f)\mathrm{d}f$$

式中，$x(t)$是实函数，则 $X(-f) = X^*(f)$，所以

$$\int_{-\infty}^{+\infty} x^2(t)\mathrm{d}t = \int_{-\infty}^{+\infty} X(f)X^*(f)\mathrm{d}f = \int_{-\infty}^{+\infty} |X(f)|^2\mathrm{d}f$$

式中，$|X(f)|^2$ 称为能谱，是沿频率轴的能量分布密度。

5.3.2 功率谱分析及其应用

1. 功率谱密度函数的定义

对于平稳随机信号 $x(t)$，若其均值为零且不含周期成分，则其自相关函数 $R_x(\tau)=0(\tau\to\infty)$，满足傅里叶变换条件

$$\int_{-\infty}^{+\infty} |R_x(\tau)|\mathrm{d}\tau < \infty \tag{5.27}$$

于是存在如下关于 $R_x(\tau)$ 的傅里叶变换对，即

$$S_x(f) = \int_{-\infty}^{\infty} R_x(\tau)\mathrm{e}^{-\mathrm{j}2\pi f\tau}\mathrm{d}\tau \tag{5.28}$$

$$R_x(\tau) = \int_{-\infty}^{\infty} S_x(f)\mathrm{e}^{\mathrm{j}2\pi f\tau}\mathrm{d}f \tag{5.29}$$

定义 $S_x(f)$ 为随机信号 $x(t)$ 的自功率谱密度函数，简称自谱或自功率谱。$R_x(\tau)$ 是对信号 $x(t)$ 的时域分析，$S_x(f)$ 是对信号 $x(t)$ 的频域分析，它们所包含的信息是完全相同的。

而对于平稳随机信号 $x(t)$ 和 $y(t)$，在满足傅里叶变换条件下存在如下关于 $R_{xy}(\tau)$ 的傅里叶变换对，，即

$$S_{xy}(f) = \int_{-\infty}^{\infty} R_{xy}(\tau)\mathrm{e}^{-\mathrm{j}2\pi f\tau}\mathrm{d}\tau \tag{5.30}$$

$$R_{xy}(\tau) = \int_{-\infty}^{\infty} S_{xy}(f)\mathrm{e}^{\mathrm{j}2\pi f\tau}\mathrm{d}f \tag{5.31}$$

定义 $S_{xy}(f)$ 为随机信号 $x(t)$ 和 $y(t)$ 的互谱密度函数，简称互谱或互功率谱。$S_{xy}(f)$ 保留了 $R_{xy}(\tau)$ 的全部信息。

$R_x(\tau)$ 为实偶函数，故 $S_x(f)$ 也为实偶函数。互相关函数 $R_{xy}(\tau)$ 为非奇非偶函数，因此 $S_{xy}(f)$ 具有虚、实两部分。$S_x(f)$ 是 $(-\infty,\infty)$ 频率范围内的自功率谱，所以称为双边自谱。因为 $S_x(f)$ 为实偶函数，而在实际应用中频率不能为负值，所以用在 $(0,+\infty)$ 频率范围内的单边自谱 $G_x(f)$ 表示信号的全部功率谱，如图 5.13 所示，即

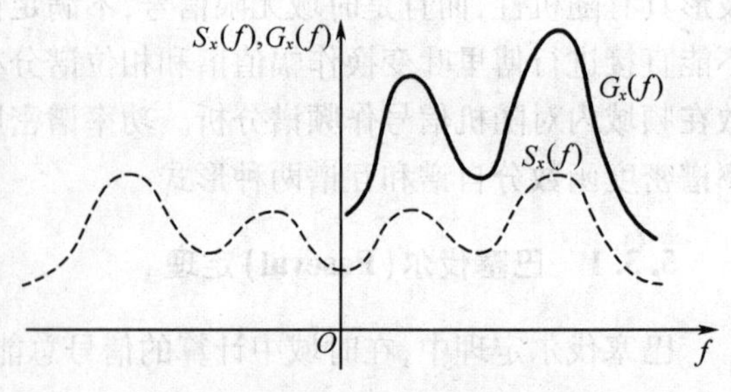

图 5.13 单边自谱和双边自谱

$$G_x(f) = 2S_x(f) \tag{5.32}$$

2. 功率谱密度函数的物理意义

当 $\tau = 0$ 时,根据式(5.29),有

$$R_x(\tau = 0) = \int_{-\infty}^{+\infty} S_x(f)\mathrm{d}f \tag{5.33}$$

而根据自相关函数的定义式(5.16),有

$$R_x(\tau = 0) = \lim_{T\to\infty}\frac{1}{T}\int_0^T x(t)x(t+0)\mathrm{d}t = \lim_{T\to\infty}\int_0^T \frac{x^2(t)}{T}\mathrm{d}t \tag{5.34}$$

比较上述两式,则

$$\int_{-\infty}^{+\infty} S_x(f)\mathrm{d}f = \lim_{T\to\infty}\int_0^T \frac{x^2(t)}{T}\mathrm{d}t \tag{5.35}$$

$\lim_{T\to\infty}\int_0^T \frac{x^2(t)}{T}\mathrm{d}t$ 为信号 $x(t)$ 的总功率,$\int_{-\infty}^{+\infty} S_x(f)\mathrm{d}f$ 也是信号的总功率,它是由无数不同频率上的功率元 $S_x(f)\mathrm{d}f$ 组成的,$S_x(f)$ 的大小表示总功率在不同频率处的功率分布。因此,$S_x(f)$ 表示信号的功率谱密度沿频率轴的分布,故又称 $S_x(f)$ 为功率谱密度函数,如图 5.14 所示。用同样的方法,可以解释互功率谱密度函数 $S_{xy}(f)$。

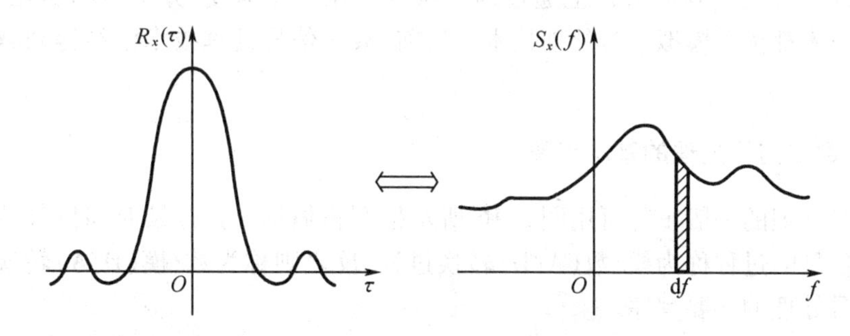

图 5.14 自功率谱密度曲线

3. 功率谱密度函数的应用

例 5.6 图 5.15 是从汽车变速箱上测取的振动加速度信号经功率谱分析处理后所得的功率谱图。一般地,正常运行的机器其功率谱是稳定的,而且各谱线对应零件不同运转状态的振源。在机器运行不正常时,例如,转轴的动不平衡、轴承的局部损伤、齿轮的不正常等,都会引起谱线的变动。图 5.15(b)中,在 9.2 Hz 和 18.4 Hz 两处出现额外峰谱,表示在

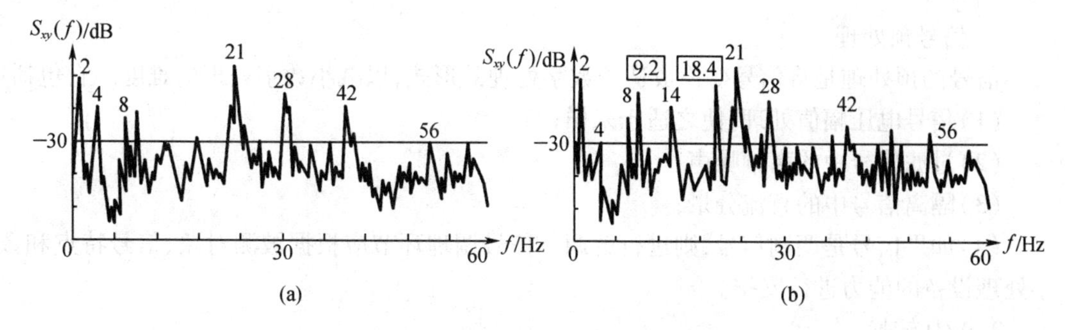

图 5.15 汽车变速箱的振动功率谱图

(a)变速箱正常工作时的谱图;(b)变速箱不正常工作时的谱图

该频率处消耗的功率较大,这显示了机器的某些不正常,功率谱分析为寻找与此频率相对应的故障源提供了依据。

5.4 数字信号处理基础

5.4.1 信号处理的方法

信号处理的方法包括模拟信号处理和数字信号处理两种方法。

1. 模拟信号处理法

模拟信号处理法是直接对连续时间信号进行分析处理的方法,其分析过程是按照一定的数学模型所组成的运算网络来实现的,即使用模拟滤波器、乘法器、微积分放大器等一系列模拟运算电路构成模拟处理系统来获取信号的特征参数,如均值、均方根值、自相关函数、概率密度函数、功率谱密度函数等。

2. 数字信号处理法

数字信号处理法就是用数字方法处理信号,它可以在专用的数字信号处理仪上进行,也可以在通用计算机上或 DSP 芯片上通过编程实现。在运算速度、分辨力和功能等方面,数字信号处理技术都优于模拟信号处理技术。目前,数字信号处理技术已经得到越来越广泛的应用。

5.4.2 数字信号处理的基本步骤

数字信号处理的一般步骤可用图 5.16 所示框图来概括。把连续时间信号转换为与其相应的数字信号的过程称为模/数(A/D)转换过程;反之则称为数/模(D/A)转换过程。它们是数字信号处理的必要程序。

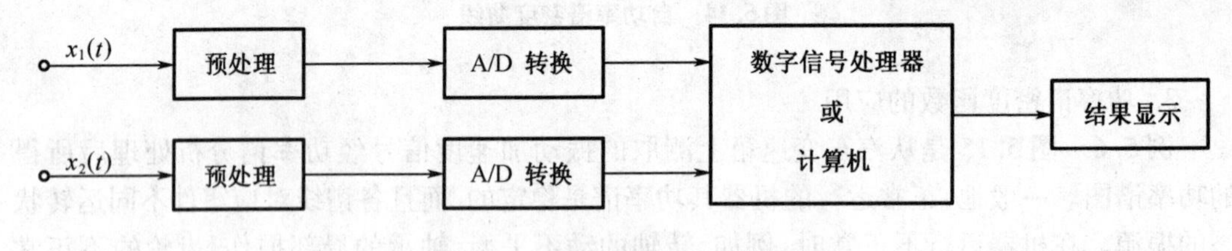

图 5.16 数字信号处理系统框图

1. 信号预处理

信号的预处理是将信号变换成适于数字处理的形式,以减小数字处理的难度。它包括:

(1)信号电压幅值处理,使之适于采样;

(2)过滤信号中的高频噪声;

(3)隔离信号中的直流分量;

(4)如果信号是调制信号,则进行解调。信号调理环节应根据被测对象、信号特点和数字处理设备的能力进行安排。

2. A/D 转换

A/D 转换包括了在时间上对原信号等间隔采样、幅值上的量化及编码,即把连续信号变成离散的时间序列，其处理过程如图 5.17 所示。

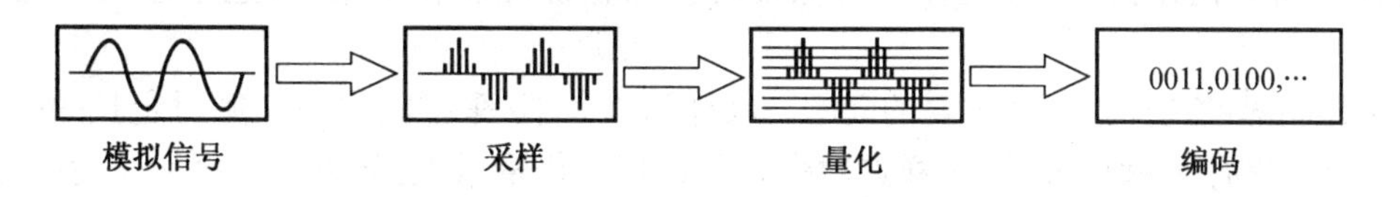

图 5.17 信号 A/D 转换过程

3. 数字信号分析

数字信号分析可以在信号分析仪、通用计算机或专用数字信息处理机上进行。因为计算机只能处理有限长度的数据，所以要把长时间的序列截断。在截断时会产生一些误差，所以有时要对截断的数字序列进行加权（乘以窗函数）使其成为新的有限长的时间序列。如有必要，还可以设计专门的程序进行数字滤波，然后把所得的有限长的时间序列按给定的程序进行运算。例如，作时域中的概率统计、相关分析、建模和识别，频域中的频谱分析、功率谱分析、传递函数分析等。

4. 输出结果

运算结果可直接显示或打印，也可用数/模（D/A）转换器再把数字量转换成模拟量输入外部被控装置。如有必要可将数字信号处理结果输入后续计算机，用专门程序作后续处理。

5.4.3 采样、混叠和采样定理

1. 采样

采样过程可以看作用等间隔的单位脉冲序列去乘模拟信号。这样，各采样点上的信号大小就变成脉冲序列的权值，这些权值将被量化成相应的二进制编码。其数学上的描述为，间隔为 T_s 的周期脉冲序列 $g(t)$ 乘模拟信号 $x(t)$。$g(t)$ 表示为

$$g(t) = \sum_{n=-\infty}^{\infty} \delta(t - nT_s), \ (n = 0, \pm 1, \pm 2, \pm 3, \cdots) \tag{5.36}$$

由 δ 函数的采样特性可知

$$x(t) \cdot g(t) = \int_{-\infty}^{\infty} x(t) \cdot \delta(t - nT_s) \mathrm{d}t = x(nT_s), (n = 0, \pm 1, \pm 2, \pm 3, \cdots) \tag{5.37}$$

经时域采样后，各采样点的信号幅值为 $x(nT_s)$。采样原理如图 5.18 所示，其中 $g(t)$ 为采样函数；T_s 为采样间隔，或采样周期；对应的采样频率为 $f_s = 1/T_s$。

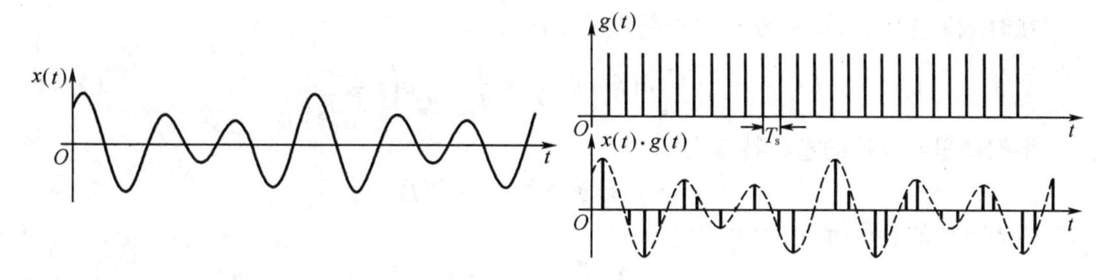

图 5.18 时域采样原理

由于后续的量化过程需要一定的时间 τ，对于随时间变化的模拟输入信号，要求瞬时采样值在时间 τ 内保持不变，这样才能保证转换的正确性和转换精度，这个过程就是采样保持。

采样间隔的选择是一个重要的问题。采样间隔太小（采样频率高），则对定长的时间记录来说其数字序列就很长（即采样点数多），使计算工作量增大；如果数字序列长度一定，则只能处理很短的时间历程，可能产生很大的误差；若采样间隔太大（采样频率低），则可能出现混叠现象。

例 5.7　对信号 $x_1(t) = A\sin(2\pi \cdot 10t)$ 和 $x_2(t) = A\sin(2\pi \cdot 50t)$ 进行采样处理，采样间隔 $T_s = 1/40$，采样频率 $f_s = 40$ Hz。请比较两信号采样后的离散序列的状态。

解　因采样频率 $f_s = 40$ Hz，则

$$t = \frac{1}{40}nT_s$$

$$x_1(nT_s) = A\sin\left(2\pi\frac{10}{40}nT_s\right) = A\sin\left(\frac{\pi}{2}nT_s\right)$$

$$x_2(nT_s) = A\sin\left(2\pi\frac{50}{40}nT_s\right) = A\sin\left(\frac{5\pi}{2}nT_s\right) = A\sin\left(\frac{\pi}{2}nT_s\right)$$

经采样后，在采样点上两者的瞬时值（图 5.19 中的“×”点）完全相同，即获得了相同的数字序列。这样，从采样结果（数字序列）上看，就不能分辨出数字序列来自于 $x_1(t)$ 还是 $x_2(t)$，对不同频率的信号 $x_1(t)$ 和 $x_2(t)$ 的采样，造成了“频率混叠”现象。

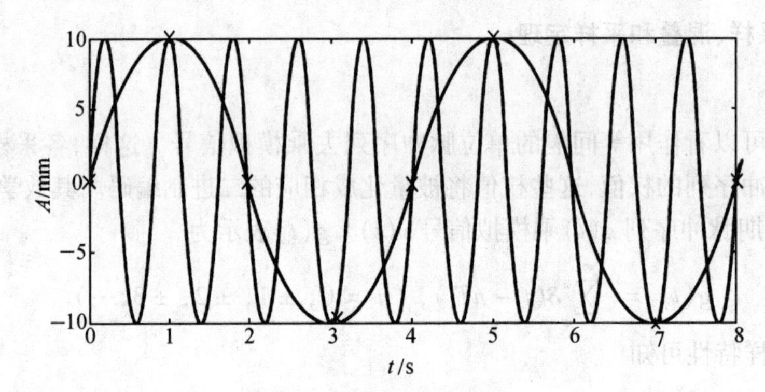

图 5.19　频率混叠现象

(a)时域信号采样；(b)对应时域信号的频谱

2. 频率混叠

在时域采样中，采样函数 $g(t)$ 的傅里叶变换为

$$G(f) = f_s\sum_{n=-\infty}^{\infty}\delta(f - nf_s) = \frac{1}{T_s}\sum_{n=-\infty}^{\infty}\delta\left(f - \frac{n}{T_s}\right) \tag{5.38}$$

根据傅里叶变换的卷积特性有

$$x(t) \cdot g(t) \longleftrightarrow X(f) * G(f)$$

由 δ 函数的卷积特性，则上式变为

$$X(f) * G(f) = X(f) * \frac{1}{T_s}\sum_{n=-\infty}^{\infty}\delta\left(f - \frac{n}{T_s}\right) = \frac{1}{T_s}\sum_{n=-\infty}^{\infty}X\left(f - \frac{n}{T_s}\right) \tag{5.39}$$

式(5.39)即为信号 $x(t)$ 经间隔 T_s 的采样脉冲采样之后形成的采样信号的频谱。一般

地，采样信号的频谱和原连续信号的频谱 $X(f)$ 并不完全相同，即采样信号的频谱是将原连续信号的频谱依次平移至采样脉冲对应的频率序列点上，然后全部叠加而成。由此可见，一个连续信号经过周期单位脉冲序列采样以后，它的频谱将沿着频率轴每隔一个采样频率 f_s 就重复出现一次，即频谱产生了周期延拓，延拓周期为 f_s。

如果采样间隔 T_s 太大，即采样频率 f_s 太小，频率平移距离 f_s 过小，则移至各采样脉冲对应的频率序列点上的频谱就会有一部分相互交叠，使新合成的 $X(f) * G(f)$ 图形与连续信号的频谱不一致，这种现象称为混叠，如图 5.20 所示。发生混叠后，改变了原来频谱的部分幅值，这样就不可能准确地从离散的采样信号 $x(t) \cdot g(t)$ 中恢复原来的时域信号 $x(t)$ 了。

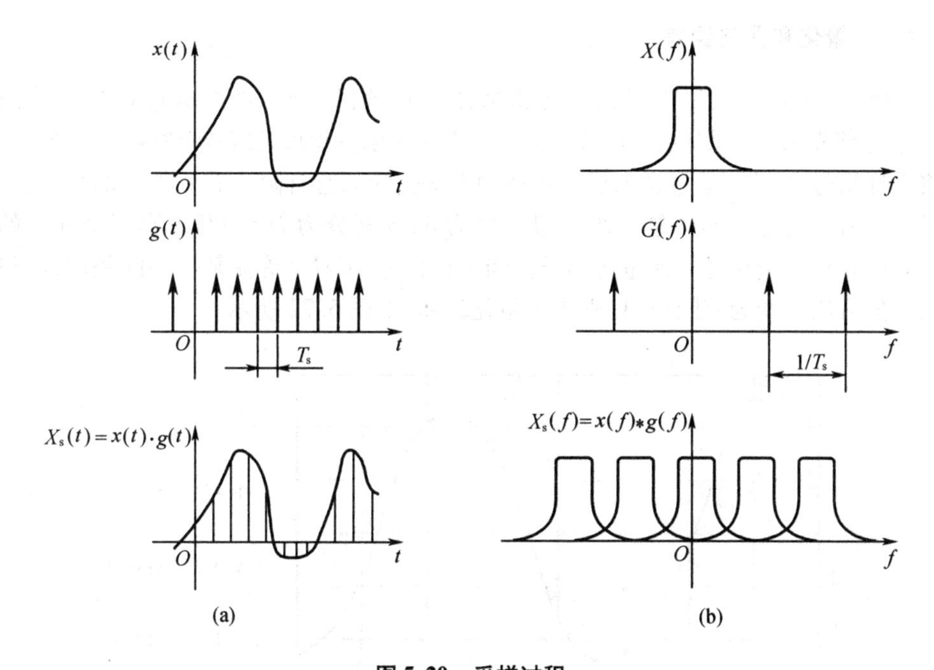

图 5.20 采样过程

(a)时域信号采样；(b)对应时域信号的频谱

如果 $x(t)$ 是一个带限信号（信号的最高频率 f_c 为有限值），采样频率 $f_s = 1/T_s \geqslant 2f_c$，那么采样后的频谱 $X(f) * G(f)$ 就不会发生混叠，如图 5.21 所示。如果将该频谱通过一个中心频率为零，带宽为 $(\pm f_s/2)$ 的理想低通滤波器，就可以把原信号完整的频谱取出来，这才有可能从离散序列中准确地恢复原信号的波形。

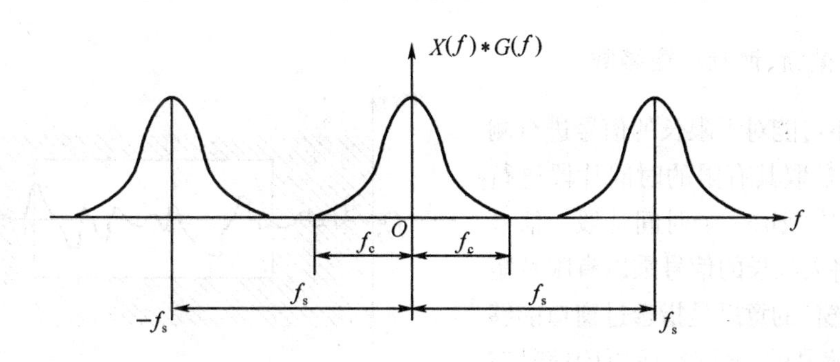

图 5.21 不发生混叠的条件

3. 采样定理

为了避免混叠，采样频率f_s必须不小于信号最高频率f_c的2倍，即$f_s \geqslant 2f_c$，这就是采样定理。在实际工作中，一般采样频率应选为被处理信号中最高频率的3～4倍以上。

如果已知测试信号中的高频成分是由噪声干扰引起的，为满足采样定理并不使数据过长，常在信号采样前先进行滤波预处理。这种滤波器称为抗混频滤波器。抗混频滤波器不可能有理想的截止频率f_c，在其截止频率f_c之后总会有一定的过渡带，因此要绝对不产生混叠实际上是不可能的。而如果只对某一频带感兴趣，那么可用低通滤波器或带通滤波器滤掉其他频率成分，这样就可以避免混叠并减少信号中其他成分的干扰。

5.4.4 量化和量化误差

连续模拟信号经采样后在时间轴上已离散，但其幅值仍为连续的模拟电压值。量化又称幅值量化，就是将模拟信号采样后的离散值进行二进制编码，使得离散信号变为数字信号。

将采样信号$x(nT_s)$通过舍入或者截尾的方法变为只有有限个有效数字的数，这一过程称为量化。若取信号$x(t)$可能出现的最大值为A，令其分为D个间隔，则每个间隔的长度为$R=A/D$，R称为量化增量或量化步长。当采样信号$x(nT_s)$落在某一小间隔内，经过舍入或者截尾的方法而变为有限值时，则产生量化误差，如图5.22所示。

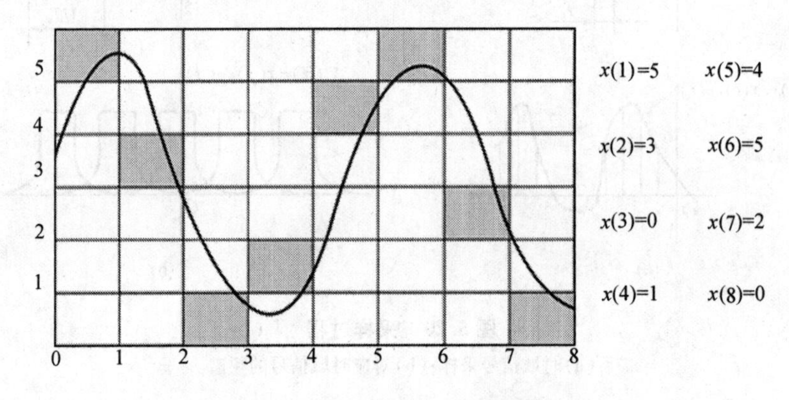

图5.22 信号的$D=6$等分量化过程

一般又把量化误差看作模拟信号作数字处理时的叠加噪声，故而又称之为舍入噪声或截尾噪声。量化增量R越大，则量化误差越大，量化增量大小一般取决于计算机A/D卡的位数。例如，8位二进制为$2^8=256$，即量化电平R为所测信号最大电压幅值的1/256。

5.4.5 截断、泄漏和窗函数

计算机不可能对无限长的信号进行测量和运算，而是取其有限的时间片段进行分析，从信号中截取一个时间片段。信号的截断就是将无限长的信号乘以有限宽矩形窗函数。“窗”的意思是指透过窗口能够“看到”原始信号的一部分，而原始信号在窗以外的部分均视为零，如图5.23所示。

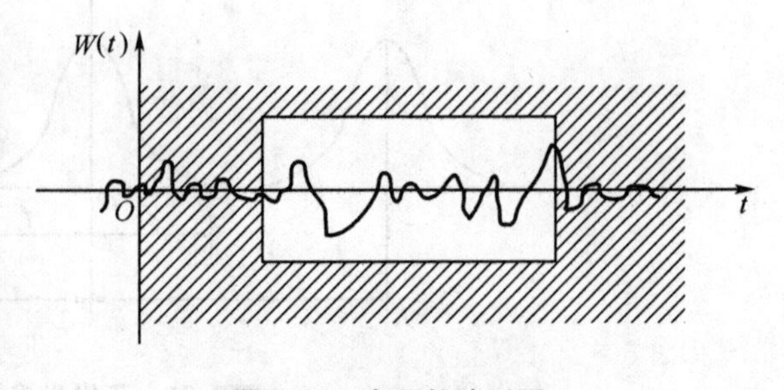

图5.23 窗函数波形图

矩形窗的时域表达式为

$$w_{\mathrm{R}}(t)=\begin{cases}1, & (|t|\leqslant T)\\ 0, & (|t|>T)\end{cases}\tag{5.40}$$

其傅里叶变换为

$$w_{\mathrm{R}}(t)\Longleftrightarrow W_{\mathrm{R}}(f)=2T\frac{\sin(2\pi fT)}{2\pi fT}\tag{5.41}$$

当用矩形窗函数 $w_{\mathrm{R}}(t)$ 与余弦信号 $x(t)$ 相乘时，得到截断信号 $X_T(t)=x(t)w_{\mathrm{R}}(t)$。矩形窗函数 $w_{\mathrm{R}}(t)$ 的频谱为具有无限带宽的 $\mathrm{sinc}(f)$ 函数，幅值随 f 增大逐渐衰减，如图5.24(b)所示。余弦信号的频谱 $X(f)$ 是位于 $\pm f_0$ 处的脉冲函数，是带限信号，如图5.25(b)所示。余弦信号被截断后，频谱分布如图5.25(d)所示，这说明信号的能量分布扩展了。

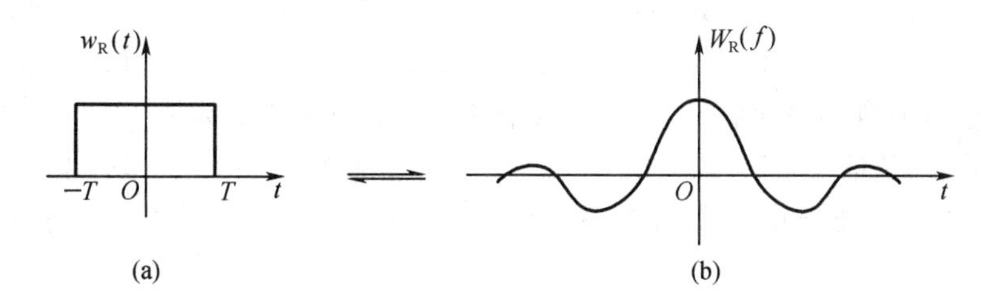

图5.24 窗函数及其频谱

(a)矩形窗函数;(b)矩形窗函数频谱

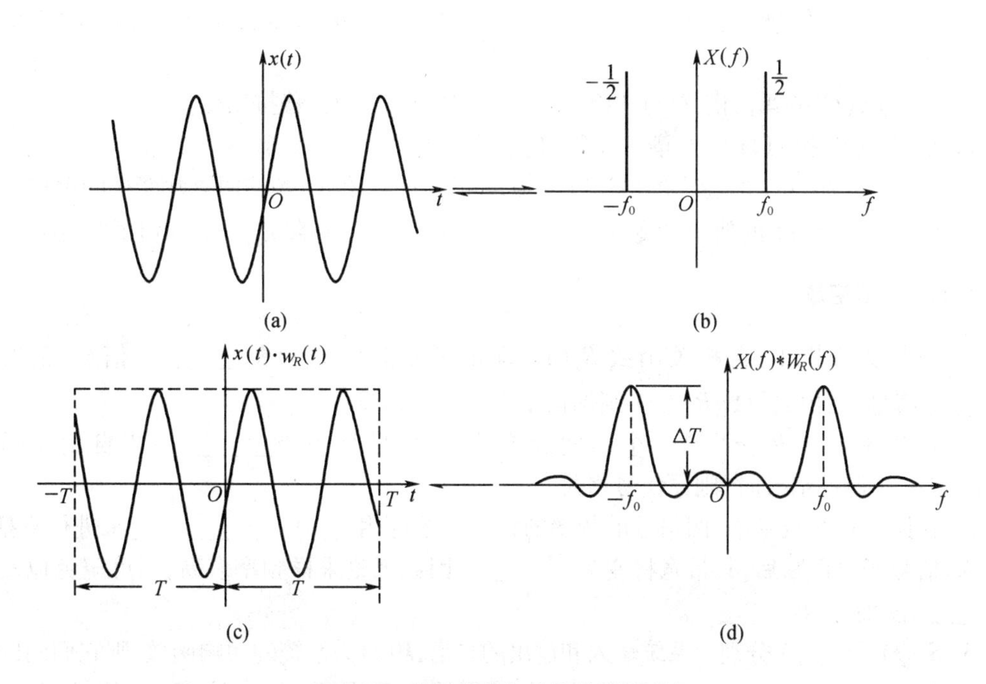

图5.25 信号截断与能量的泄漏现象

(a)未被截断的余弦信号波形;(b)未被截断的余弦信号的频谱 $X(f)$ 波形;

(c)被截断的余弦信号波形;(d)截断后的余弦信号的频谱 $X_T(f)$ 波形

将截断信号的频谱 $X_T(f)$ 与原始信号的频谱 $X(f)$ 相比较可知，它已不是原来的两条谱线，而是两段振荡的连续谱。这表明原来的信号被截断以后，其频谱发生了畸变，原来集中在f_0处的能量被分散到两个较宽的频带中去了，这种现象称为频谱能量泄漏。

为了减少频谱能量泄漏，可采用不同的窗函数对信号进行截断。泄漏与窗函数频谱两侧的旁瓣有关，如果两侧旁瓣的高度趋于零，而使能量相对集中在主瓣，就可以使被截断信号接近于真实的频谱。因此，在时域中可采用不同的窗函数来截断信号。

由于数字信号处理具有稳定、灵活、快速、高效等优点，在各行业中得到了广泛的应用。

5.5 习　题

5.5.1 选择题

1. 两个正弦信号间存在下列关系：同频 ________相关，不同频________相关。

A. 一定　　B. 不一定　　C. 一定不　　D. 不确定

2. 正弦信号的自相关函数是________，余弦信号的自相关函数是________。

A. 同频余弦信号　　B. 脉冲信号　　C. 偶函数　　D. 正弦信号

3. 若被采样信号频谱中最高频率为 2 000 Hz，则根据采样定理，采样频率应选择________。

A. 小于2 000 Hz　　B. 大于2 000 Hz

C. 小于4 000 Hz　　D. 大于4 000 Hz

4. 信号 $x(t)$ 的自功率频谱密度函数 $S_x(f)$ 是________。

A. $x(t)$ 的傅里叶变换　　B. $x(t)$ 的自相关函数 $R_x(\tau)$ 的傅里叶变换

C. 与 $x(t)$ 的幅值谱 $Z(f)$ 相等　　D. $x(t)$ 的拉普拉斯变换

5. 信号 $x(t)$ 和 $y(t)$ 的互谱 $S_{xy}(f)$ 是________。

A. $x(t)$ 与 $y(t)$ 的卷积的傅里叶变换　　B. $x(t)$ 和 $y(t)$ 的傅里叶变换的乘积

C. $x(t)\cdot y(t)$ 的傅里叶变换　　D. 互相关函数 $R_{xy}(\tau)$ 的傅里叶变换

5.5.2 填空题

1. 在相关分析中，自相关函数 $R_x(\tau)$ 保留了原信号 $x(t)$ 的________信息，丢失了________信息，互相关函数 $R_{xy}(\tau)$ 则保留了________信息。

2. 自相关函数 $R_x(\tau)$ 是一个周期函数，则原信号是一个________；当自相关函数 $R_x(\tau)$ 是一个脉冲信号时，则原信号将是________。

3. 在同频检测技术中，两信号的频率的相关关系可用________、________来进行概括。

4. 信号经过截断后，其带宽将变为________，因此无论采样频率多高，不可避免地发生________，从而导致________。

5. $S_x(f)$ 和 $S_y(f)$ 分别为系统输入和输出的自谱，$H(f)$为系统的频响函数，则它们间的关系式满足：$S_y(f)$ = ________。如果 $S_{xy}(f)$ 是输入和输出之间的互谱，则 $S_{xy}(f)$ = ________。

5.5.3 简答题

1. 相关分析在工程上有哪些应用？

2. 当模拟信号转化为数字信号时会遇到哪些问题,应该怎样解决?

3. 简述自相关函数和互相关函数的性质。

4. 为了使模拟信号在数字处理过程中不发生混叠,可采取哪些措施?

5. 测得两个同频正弦信号的相关函数波形如题5.3图所示,问:

(1)这一波形是自相关函数还是互相关函数?

(2)从波形中可以获得信号的哪些信息?

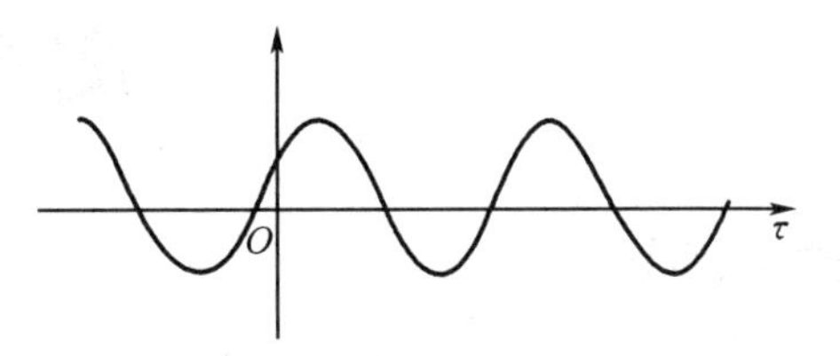

题5.3图

5.5.4 计算题

1. 已知信号的自相关函数 $R_{x(\tau)}=20\cos 100\pi\tau$,求该信号的均方值 ψ_x^2、均方根值 x_{rms} 和周期 T。

2. 求 $h(t)$ 的自相关函数。

$$h(t)=\begin{cases}e^{-at}, & (t \geqslant 0, a>0) \\ 0, & (t<0)\end{cases}$$

3. 如题5.4图所示两信号 $x(t)$ 和 $y(t)$,求当 $\tau=0$ 时, $x(t)$ 和 $y(t)$ 的互相关函数值 $R_{xy}(0)$,并说明理由。

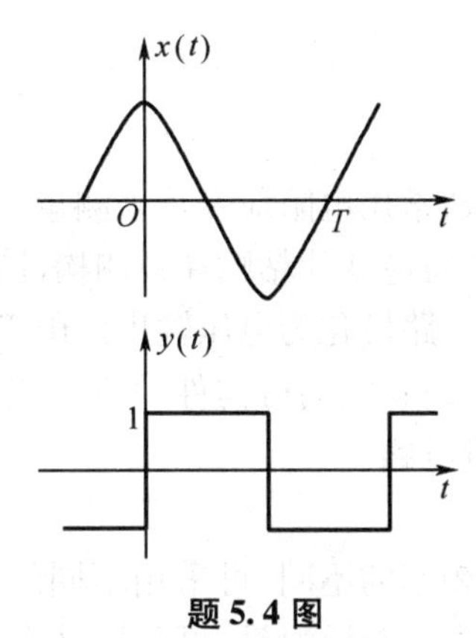

题5.4图

第6章 测试技术在机械量测量中的应用

【教学提示】

本章介绍了工程实践中几种常见机械量的测量方法和原理，包括应变、力、扭矩、振动、位移等机械量，和机械故障诊断技术及工程实例等内容；侧重于介绍常见机械量的测量原理和方法，测量系统的组成以及传感器的选用。

【教学指导】

1. 掌握常见机械量的测量方法；

2. 学会正确选用传感器，熟悉机械故障诊断的基本方法。

6.1 应变、力和扭矩的测量

6.1.1 应变的测量

机械构件受力时产生的应变通常用电阻应变片来测量。电阻应变片是一种将应变变换成电阻变化的元件。测量时，通常将应变片粘贴在被测构件表面上，当应变片随构件一起变形时，其电阻发生变化，通过测量电路转化为电压输出。由于构件的变形与其表面的应变成比例，应用适当的传感器和测量电路就能测得构件的应变或应力。下面主要介绍应变的测量方法，以及使用的传感器和测量电路。

1. 电阻应变仪

根据被测应变的性质和工作频率的不同，可采用不同的应变仪。如果以静态应变测量为主，且能满足200 Hz以下的低频动态量测量，可采用静态电阻应变仪；测量0～2 000 Hz范围的动态应变时，可采用动态电阻应变仪；测量0～20 000 Hz的动态过程和爆炸、冲击等瞬态变化过程时，则采用超动态电阻应变仪。

我国目前生产的电阻应变仪大多采用调幅放大电路，一般由电桥、前置放大器、功率放大器、相敏检波器、低通滤波器、振荡器、稳压电源等元件组成。电阻型应变仪多采用交流电桥，交流电桥的电源以交变的载波频率供电，四个桥臂均为电阻，由可调电容来平衡四个桥臂的分布电容。应变仪利用电桥的加减特性来工作，如果测量电桥的选用恰当，不但能提高电桥灵敏度，还能达到温度补偿的效果。

2. 应变片的布置和接桥方法

为了准确测量各种应变，应根据构件载荷分布情况及电桥特性进行合理的布片和接桥。表6.1列举了轴向拉伸（压缩）载荷下应变片的布片和接桥方法。不同的布片和接桥方法对灵敏度、温度补偿情况和消除弯矩的影响是不同的。一般应优先选用输出电压大、能实现温度补偿、粘贴方便和便于分析的布片方法。

表 6.1 轴向拉伸(压缩)载荷下布片、接桥组合图例

序号	受力状态简图	应变片的数量	电桥组合形式		温度补偿情况	电桥输出电压	测量项目及应变值	特点
			电桥形式	电桥接法				
1	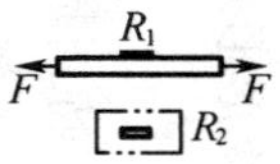	2	半桥式	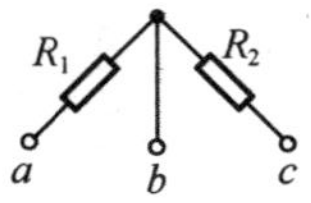	另设补偿片	$u_y=\frac{1}{4}u_oS_g\varepsilon$	拉(压)应变 $\varepsilon=\varepsilon_i$	不能消除弯矩的影响
2	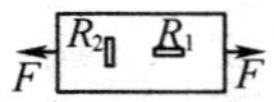	2			互为补偿	$u_y=\frac{1}{4}u_oS_g\varepsilon(1+\gamma)$	拉(压)应变 $\varepsilon=\frac{\varepsilon_i}{(1+\gamma)}$	输出电压提高$(1+\gamma)$倍,不能消除弯矩的影响
3	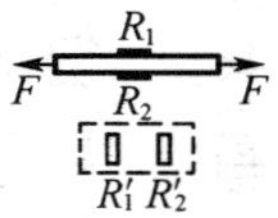	4	半桥式	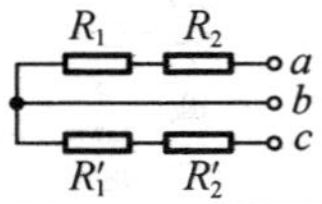	另设补偿片	$u_y=\frac{1}{4}u_oS_g\varepsilon$	拉(压)应变 $\varepsilon=\varepsilon_i$	可以消除弯矩的影响
4		4	全桥式	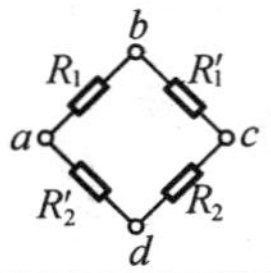		$u_y=\frac{1}{2}u_oS_g\varepsilon$	拉(压)应变 $\varepsilon=\frac{\varepsilon_i}{2}$	输出电压提高1倍,且可消除弯矩的影响
5	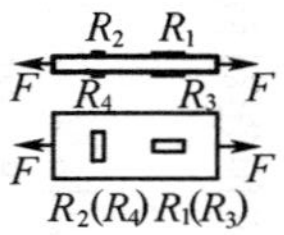	4	半桥式	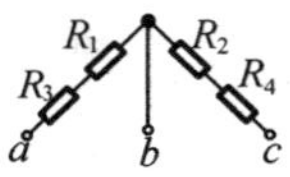	互为补偿	$u_y=\frac{1}{4}u_oS_g\varepsilon(1+\gamma)$	拉(压)应变 $\varepsilon=\frac{\varepsilon_i}{(1+\gamma)}$	输出电压提高$(1+\gamma)$倍,且能消除弯矩的影响
6		4	全桥式	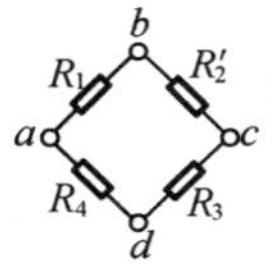		$u_y=\frac{1}{2}u_oS_g\varepsilon(1+\gamma)$	拉(压)应变 $\varepsilon=\frac{\varepsilon_i}{2(1+\gamma)}$	输出电压提高$2(1+\gamma)$倍,且能消除弯矩的影响

表中符号说明:S_g—应变片的灵敏度;u_o—激励电压;γ—被测件的泊松比;ε_i—应变仪读出的应变值;ε—所要测量的机械应变值。

(1)主应力方向已知的平面应力测量

以承受内压的薄壁圆筒形容器的筒体为例,它处于平面应力状态下,其主应力方向是已知的,如图 6.1 所示。这时只需要沿两个互相垂直的主应力方向各贴一片应变片,另外再设置温度补偿片 R_t,分别与 R_1,R_2 接成相邻半桥电路,就可以直接测出主应变 ε_1 和 ε_2 ,然后可按下式计算出主应力,即

$$\sigma_1 = \frac{E}{1-\gamma^2}(\varepsilon_1 + \gamma\varepsilon_2) \tag{6.1}$$

$$\sigma_2 = \frac{E}{1-\gamma^2}(\varepsilon_2 + \gamma\varepsilon_1) \tag{6.2}$$

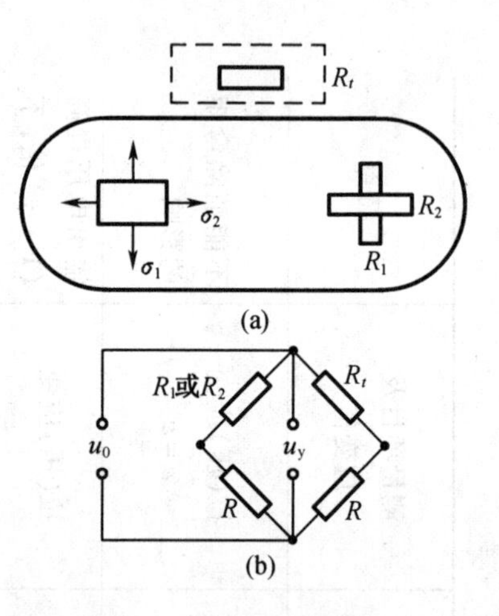

图 6.1　应力分布示意图

(2)主应力方向未知的平面应力测量

对于这种情形,一般采取贴应变花的方法进行测量。对于平面应力状态,如能测出某点三个方向的应变 ε_1 , ε_2 和 ε_3 ,就可以计算出该点主应力的大小和方向。应变花是由三个(或多个)互相之间按一定角度关系排列的应变片所组成的,用它可以测量某点三个不同方向的应变,然后求出主应力的大小和方向。图 6.2 列举了几种常用的应变花组成示意图,可以按照不同测量需求来选择。

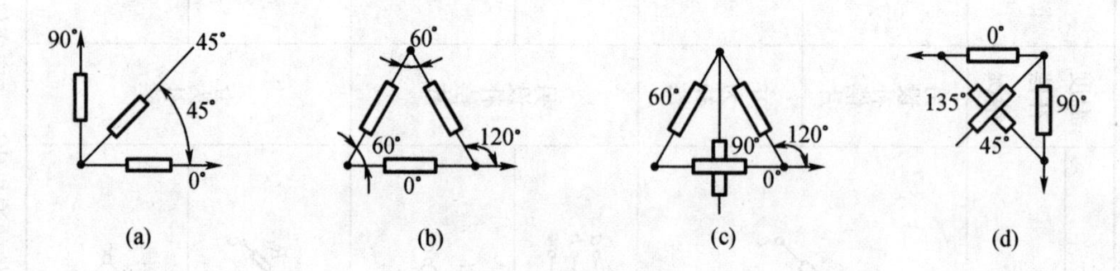

图 6.2　常用的应变花

(a)直角形应变花;(b)等边三角形应变花;(c)T－△形应变花;(d)双直角形应变花

每一种应变花,各应变片的相对位置在出厂时都已确定了,因此粘贴、接桥和测量都比较简单,只要分别测出每片的应变值就可以了。

3. 测点的选择

测点的选择和布置,对能否正确测量,及正确了解结构的受力情况影响很大。测点愈多,愈能了解结构的应力分布状况,然而却增加了测试和数据处理的工作量和贴片误差。因此,应根据以最少的测点达到足够真实地反映结构受力状态的原则来选择测点。一般应考虑如下因素。

首先,应预先对被测对象的结构进行大致的受力分析,预测其变形形式,找出危险断面及危险位置。

其次,根据受力分析和测试要求,结合实践经验最后选定测点。特别是在截面尺寸急剧变化的部位,或因孔、槽导致应力集中的部位,应适当布置一些测点,以便了解这些区域的应力梯度情况。

最后,如果最大应力点的位置难以确定,或者想了解截面应力分布规律和曲线轮廓段应力过渡的情况,可在截面上或过渡段上均匀地布置 5 ~ 7 个测点。尽可能利用结构与载荷的

对称性,并结合结构边界条件的有关知识来布置测点,这样可以减少测点数目,减轻工作量。再有可以在不受力或已知应变、应力的位置上安排一个测点,以便在测试时进行监视和比较,有利于检查测试结果的正确性。

4. 提高应变测量精确度的措施

在使用电阻应变片测量应变时,应尽可能消除各种误差,以提高测量精确度。一般可采取下列措施。

(1)选择合适的测量仪器

根据被测对象要求,选用静、动态特性都能满足要求的应变仪。在进行测量之前,应对整个测试系统进行标定,标定灵敏度和校准曲线,即用标准量来确定测试系统的电输出量与机械输入量之间的关系。同时,还要减小读数漂移和消除导线电阻的影响。其具体办法有:使电桥电容尽可能对称;采用屏蔽线并接地,以避免由于导线抖动而引起分布电容的改变;尽可能使工作片与补偿片的导线电阻相等。

(2)减少温度对测量结果的影响

温度变化会使试件表面上的应变片产生一定的附加应变,引起不同的测量误差。力求使应变片实际工作条件和额定工作条件一致。除此之外,贴片误差和测量现场的电磁干扰也是不容忽视的因素。

6.1.2 力的测量

在国际单位制中,质量、时间和位移是基本测量量纲。力是一个导出量,由质量和加速度的乘积来定义。力的基准量取决于质量、时间和长度的基准量。

1. 力的测量方法

力的测量方法从大的方面讲,可分为直接比较法和通过传感器的间接比较法两类。直接比较法中常采用梁式天平,其特点是简单易行,在一定条件下可获得很高的精度(如分析天平),测量精度取决于砝码分级的密度和等级,同时还受到测量系统中杠杆、刀口支撑等连接件的摩擦和磨损的影响。另外,这种方法是基于重力力矩平衡,因此仅适用于静态测量。与之相反,间接比较法采用测力传感器,将被测力转换成其他物理量,再与标准值进行比较,从而求得被测力的大小,可用来进行动态测量,其精度主要取决于测力传感器及其标定的精度。根据传感器的工作原理不同,常用的力传感器主要有机械式、电阻应变式、电容式、电感式以及压电式传感器等。

2. 常用的力传感器

(1)机械式传感器

许多力传感器是利用机械弹性元件或者其组合来工作的。对弹性元件施加载荷导致弹性元件的变形,通常是线性的。对力所导致的弹性元件的变形直接进行测量或使用一个传感器来将该变形转换成另一种形式的输出(通常是电的形式),是测量力经常采用的方法。

(2)电阻应变片式力传感器

电阻应变片式力传感器是根据电阻应变效应工作的力传感器。该传感器测量范围较大,可以从 1 Pa 达到几兆帕,而且能获得很高的测量精度。图 6.3 是一种用于测量压力的应变片式测力传感器的典型结构。受力弹性元件是一个用圆柱加工成的方柱体,应变片粘贴在四个侧面上。在不减小柱体的稳定性和应变片粘贴面积的情况下,为了提高灵敏度,可采用内圆外方的空心柱。应变片的粘贴和测量电路采用全桥测量法,能消除弯矩的影响,也有温度补偿的功能。图 6.4 是测量拉/压力传感器的结构所具有的典型弹性元件。为了获得较大的灵敏度,弹性元件采用梁式结构。显然,这样做会降低刚度和固有频率。如果结构和应变片粘贴都对称,应变片参数又相同,则这种传感器除了具有较高的灵敏度外,还能实现温度补偿及消除 x 和 y 方向力的干扰。

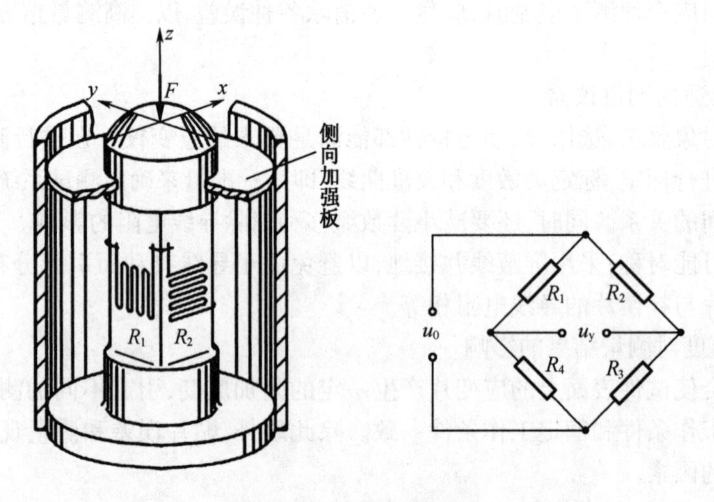

图 6.3　柱式力传感器

注:应变片 3 和 4 分别贴在 1 和 2 的对面

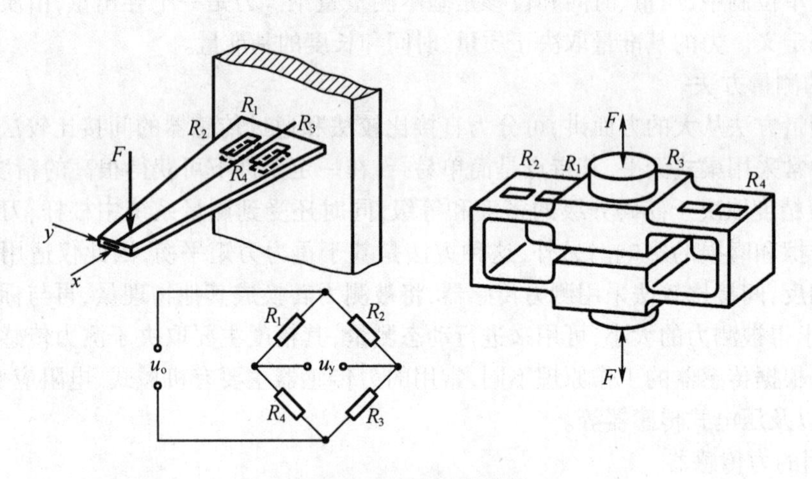

图 6.4　梁式力传感器

注:左图应变片 2 和 4 在弹性梁的底面

(3) 压电式力传感器

图 6.5 是两种压电式力传感器的结构示意图。图 6.5(a)的力传感器内部加有恒定预压载荷,使其在 1 000 N 的拉伸力至 5 000 N 的压缩力范围内工作时,不至于出现内部元件的松弛。图 6.5(b)的力传感器带有一个外部预紧螺母,可用来调整预紧力,以保证力传感器能在 4 000 N 拉伸力到 16 000 N 压缩力的范围正常工作。

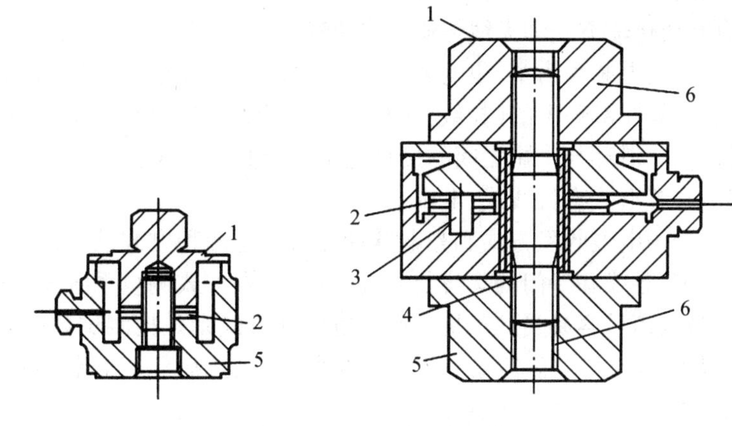

图6.5 压电式力传感器

1—承力头;2—压电晶体片;3—导柱;4—预紧螺栓;5—基座;6—预紧螺母

6.1.3 扭矩的测量

和力的单位一样,扭矩也是一个导出单位,是由力和力臂的乘积来定义的,单位是N·m。常用的扭矩测量方法有应变式扭矩测量方法、磁电感应式扭矩测量方法和光电式扭矩测量方法。

1. 应变式扭矩测量

受扭矩作用的转轴,其表面有最大剪应力 $\tau_{\max}$ 。在与轴线成 ± 45° 的方向上主应力为 σ_1 和 σ_2,其值为 $|\sigma_1| = |\sigma_2| = \tau_{\max}$ 。因此只要沿 ± 45° 方向粘贴应变片,便可测出应变(σ_1 方向为拉应变 ε_1 , σ_2 方向为压应变 ε_2),如图 6.6 所示。

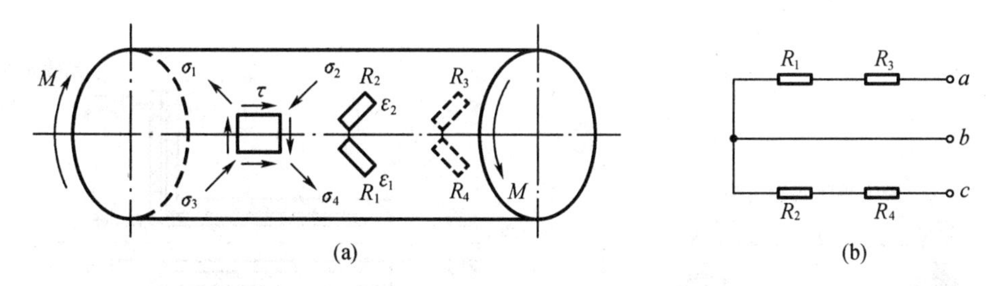

图6.6 转轴扭矩平面应力状态

平面应力可由式(6.1)和式(6.2)计算,扭矩的计算为

$$M = W_{\mathrm{n}}\tau_{\max} = W_{\mathrm{n}}|\sigma_1| = \frac{W_n E\varepsilon_1}{1+\nu} \tag{6.3}$$

式中 M——转轴扭矩,N·m;

W_n——抗扭断面系数,mm^3;

$\tau_{\max}$——最大剪切应力,$\tau_{\max} = |\sigma|$,MPa;

ν——泊松比。

转轴一般是旋转部件,为了测量其应变,需要解决信号的传输问题。粘贴在旋转件上的

应变片和电桥导线随旋转件转动，而应变仪等测量记录仪器是固定的，因此信号的传输方式非常重要，通常有有线传输方式和无线传输方式两种。

有线传输方式以集电装置为主，集电装置由两部分构成，即与应变片相连随转动的滑环一起转动的转子和压靠在滑环上的（拉线）电刷。集电装置应准确可靠地传递应变信号，防止干扰减小测量误差。滑环与电刷之间的接触电阻变化是产生干扰、影响正常测量的主要因素。常用的集电装置形式有拉线式、电刷式。

无线传输方式分为电波收发方式和光电脉冲方式。这两种方式从使用的角度来看，都取消了中间接触环节、导线和专门的集流装置，但电波收发方式测量系统需要可靠的发射、接收和遥测装置，且其信号容易受到干扰。而光电脉冲方式则是把测试数据数字化后通过光信号无接触地从转动的测量盘传输到固定的接收器上，然后经解码器还原成所需信号。这种方式抗干扰能力强。

无线传输方式是一种比较先进的扭矩测量方式，它克服了有线传输方式的缺点。目前它得到了越来越多的应用，并有取代有线传输方式的趋势。

2. 磁电感应式扭矩测量

在转轴上固定两个齿轮，它们的材质、尺寸、齿型和齿数均相同。永久磁铁和线圈组成的磁电感应式检测头对着齿顶安装，如图 6.7 所示。当转轴不受扭矩时，两线圈输出信号相同，相位差为零；当转轴承受扭矩后，相位差不为零，且随两个齿轮所在横截面之间相对扭转角的增加而加大，相位差大小与相对扭转角、扭矩成正比。

3. 光电式扭矩测量

如图 6.8 所示，在转轴上固定两个圆盘光栅，当转轴不受扭矩时，两光栅的明暗区正好相互遮挡，光源无法照射到光敏元件上，无信号输出；当转轴受扭矩时，转轴变形将使两光栅出现相对转角，部分光线透过光栅照射到光敏元件上，产生信号输出。扭矩越大，扭转角越大，穿过光栅的光通量越大，输出信号越大，从而实现扭矩的测量。

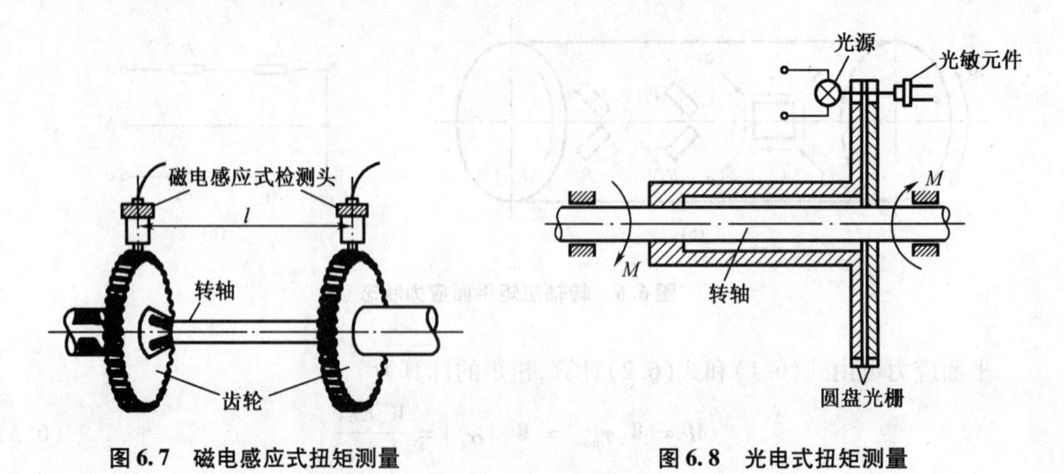

图 6.7　磁电感应式扭矩测量　　图 6.8　光电式扭矩测量

6.2 振动的测量

机械振动是指机械设备在运行状态下,其结构上某观测点的位移量围绕其均值或相对基准随时间不断变化的过程。大多数情况下,机械振动是有害的。它破坏了机器设备的正常工作,甚至导致其损坏造成事故。但是振动也有可以被利用的一面,可用来制成振动机械。到目前为止,振动问题在生产实践中仍然占有相当突出的位置。随着机器日益大型化、高速化以及精密程度的不断提高,对控制振动的要求也就更加迫切。

振动的测量主要有两类:一是振动基本参数的测量,即测量振动物体上某点的位移、速度、加速度、频率和相位;二是结构或部件的动态特性测量,即以某种激振力作用在被测件上,使被测件产生受迫振动,测量输入和输出的关系,从而确定被测件的固有频率、阻尼比、刚度和振动类型等参数,这一类测量又可称为"频率响应试验"或"机械阻抗试验"。振动测量方法按照振动信号转换方式的不同,可分为机械法、光学法和电测法,其原理和特点如表6.2所示。目前广泛使用的是电测法,所以本节主要介绍振动的电测法。

表6.2 振动测量方法的比较

名称	原理	优缺点及用途
电测法	被测试件的振动量转换成电量,然后用电量测试仪器进行测量	灵敏度高,频率范围、动态范围及线性范围宽,便于分析和遥测,但易受电磁场干扰,是目前广泛采用的方法
机械法	利用杠杆原理将振动量放大后直接记录下来	抗干扰能力强,频率范围、动态范围及线性范围窄,测量时会给试件增加一定的负载,影响测量结果,主要用于低频大振幅振动及扭振的测量
光学法	利用杠杆原理、读数显微镜、光学干涉原理、激光多普勒效应等进行测量	不受电磁干扰,测量精度高,适于对质量小又不易安装传感器的试件做非接触测量,在精密测量和传感器、测振仪表的校准中用得较多

6.2.1 测振装置的力学模型与特性分析

振动的幅值、频率和相位是振动的基本参数,称为振动的三要素,决定了整个振动过程。

幅值是振动强度大小的标志,它可用不同的参数描述,如峰值、平均值、有效值等。

频率为周期的倒数。通过频谱分析可以确定主要频率成分及其幅值大小,从而可以寻找振源,减小振动。

相位信息十分重要,如利用相位关系确定共振点、振型测量、旋转件动平衡等。对于复杂振动的波形分析,各谐波的相位关系是不可缺少的。

在对工程结构进行振动分析时,通常要将结构简化成理想化的力学模型,然后通过数学分析,求出结构在该振动模式下的模态特性(固有频率、模态质量、模态阻尼、模态刚度和模态矢量等)。

单自由度振动系统是一种最简单的力学模型。该系统的全部质量 m 都集中于一点,由一个刚度为 k 的弹簧和一个黏性阻尼系数为 c 的阻尼器支撑着,讨论中假设系统呈线性,系数 m,k 和 c 不随时间而变化。研究单自由度系统振动的意义在于,它是多自由度系统的基础,一些实际的工程结构可以简化为一个单自由度系统。下面以单自由度振动系统模型为例分析测振装置的频率特性。

1. 质量块受力所引起的受迫振动

图 6.9 为单自由度振动系统力学模型,其质量块 m 在外力 $f(t)$ 作用下的微分方程为

$$m\frac{\mathrm{d}^2z(t)}{\mathrm{d}t^2}+c\frac{\mathrm{d}z(t)}{\mathrm{d}t}+kz(t)=f(t) \tag{6.4}$$

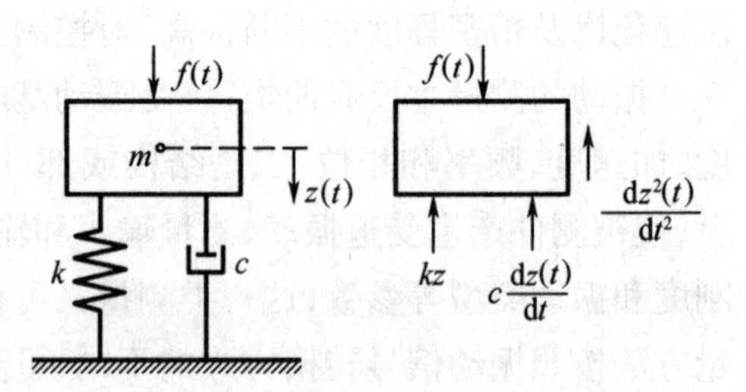

图 6.9　质量块受力所引起的受迫振动

式中　c——黏性阻尼系数;

k——弹簧刚度系数;

$f(t)$——激振力,为系统的输入;

$z(t)$——振动位移,为系统的输出。

不难求得这个二阶系统的频率响应 $H(\omega)$、幅频特性 $A(\omega)$ 和相频特性 $\varphi(\omega)$,即

$$\left.\begin{aligned}H(\omega)&=\frac{1/k}{\left[1-\left(\frac{\omega}{\omega_\mathrm{n}}\right)^2\right]+2\mathrm{j}\xi\left(\frac{\omega}{\omega_\mathrm{n}}\right)}\\A(\omega)&=\frac{1/k}{\sqrt{\left[1-\left(\frac{\omega}{\omega_\mathrm{n}}\right)^2\right]^2+\left(2\xi\frac{\omega}{\omega_\mathrm{n}}\right)^2}}\\\varphi(\omega)&=-\arctan\left[\frac{2\xi\omega/\omega_\mathrm{n}}{1-\left(\frac{\omega}{\omega_\mathrm{n}}\right)^2}\right]\end{aligned}\right\} \tag{6.5}$$

式中　ω——激振力的圆频率;

ξ——系统阻尼比,$\xi=\frac{c}{2\sqrt{km}}$;

ω_n——系统的固有频率,$\omega_\mathrm{n}=\sqrt{k/m}$。

由式(6.5)绘制幅频曲线和相频曲线,见图 2.11。若输入为力,输出为振动位移,通常把幅频曲线上幅值比最大处的频率 ω_r 称为位移共振频率,即

$$\omega_\mathrm{r}=\omega_\mathrm{n}\sqrt{1-2\xi^2} \tag{6.6}$$

位移共振频率 ω_r 随着阻尼比的减小而向固有频率 ω_n 靠近。当 ξ 很小时,$\omega_\mathrm{r}\approx\omega_\mathrm{n}$,故常采用 ω_r 作为 ω_n 的估计值;若输入为力,输出为振动速度时,则幅频特性曲线上幅值比最大处的频率称为速度共振频率,速度共振频率始终和固有频率相等;若输出为振动加速度时,加速度共振频率则总是大于系统的固有频率。

从相频曲线上可以看到,不管系统的阻尼比是多少,在 $\omega/\omega_\mathrm{n}=1$ 时位移响应始终落后于激振力 90°,这种现象称为相位共振。位于相位值为 -90°附近的这段曲线比较陡峭,频率稍有偏移,相位就明显偏离 90°,所以用相频曲线来测定固有频率更加准确。

由式(6.5)可知,当 $\omega \ll \omega_n$ 时,$A(\omega)$ 趋于常数 $1/k$,系统几乎产生一个"静态"的位移。当 $\omega \gg \omega_n$ 时,$A(\omega)$ 接近于零,质量块几乎静止。当 $\omega \approx \omega_n$ 时,如果 $\xi < 1$,系统将随频率的变化而剧烈变化。总之,就高频和低频两频率段而言,系统响应特性类似于"低通"滤波器,但在共振频率附近的频率段,系统的振动位移对激振频率和阻尼比的变化都十分敏感。

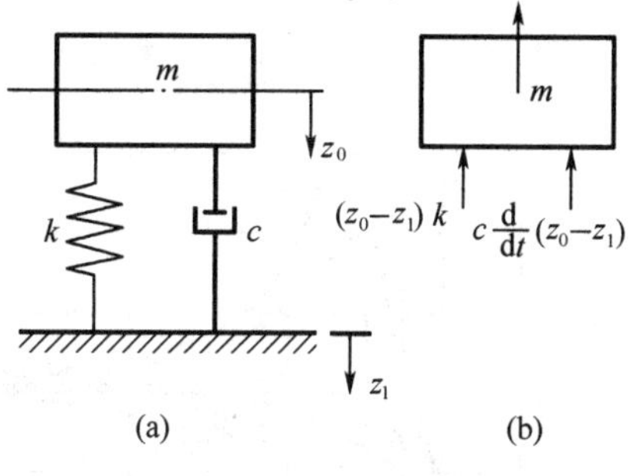

图 6.10 基础振动引起的受迫振动

2. 由基础运动所引起的受迫振动

在多数情况下,振动系统的受迫振动是由基础运动所引起的。设基础的绝对位移为 z_1,质量 m 的绝对位移为 z_0,分析图 6.10(b)中质量块上所受的力,可得

$$m\frac{d^2z_0}{dt^2}+c\frac{d}{dt}(z_0-z_1)+k(z_0-z_1)=0 \tag{6.7}$$

如果考察质量块 m 对基础的相对运动,则 m 的相对位移为 $z_{01}=z_0-z_1$,式(6.7)可变为

$$m\frac{d^2z_{01}}{dt^2}+c\frac{dz_{01}}{dt}+kz_{01}=-m\frac{d^2z_1}{dt^2} \tag{6.8}$$

不难求出式(6.8)的频率响应 $H(\omega)$、幅频特性 $A(\omega)$ 和相频特性 $\varphi(\omega)$,即

$$\left.\begin{aligned} H(\omega)&=\frac{\left(\frac{\omega}{\omega_n}\right)^2}{1-\left(\frac{\omega}{\omega_n}\right)^2+2j\xi\left(\frac{\omega}{\omega_n}\right)}\\ A(\omega)&=\frac{\left(\frac{\omega}{\omega_n}\right)^2}{\sqrt{\left[1-\left(\frac{\omega}{\omega_n}\right)^2\right]^2+\left(2\xi\frac{\omega}{\omega_n}\right)^2}}\\ \varphi(\omega)&=-\arctan\left(\frac{2\xi\omega/\omega_n}{1-\frac{\omega}{\omega_n}^2}\right)\end{aligned}\right\} \tag{6.9}$$

式中,ω 为基础振动的圆频率。

按式(6.9)绘制的幅频曲线和相频曲线见图 6.11 所示。当 $\omega \ll \omega_n$ 时,$A(\omega)$ 趋近于零,意味着质量块几乎跟随着基础一起振动,与壳体之间相对运动极小;当 $\omega \gg \omega_n$ 时,$A(\omega)$ 接近于 1,表明质量块和壳体之间的相对运动(输出)最大,与基础的振动(输入)近于相等,即质量块在惯性坐标中几乎处于静止状态,这种现象被广泛应用于测振仪器中。

6.2.2 振动测量系统

振动测量广泛采用电测法,这种方法灵敏度高,频率范围及线性范围宽,便于遥测和运用电子仪器,还可以利用计算机分析和处理数据。测量时,用传感器将被测振动量转换成电量,而后再通过电量的处理获取对应的振动量。振动测量系统就是按这个原理组成的。

图 6.12 所示系统是一种简单的振动测量系统,它用于由外部激振力所引起的受迫振动测量。加速度计将被测的机械振动量转换成电量,从振动计上可以直接读出振动量的位移、

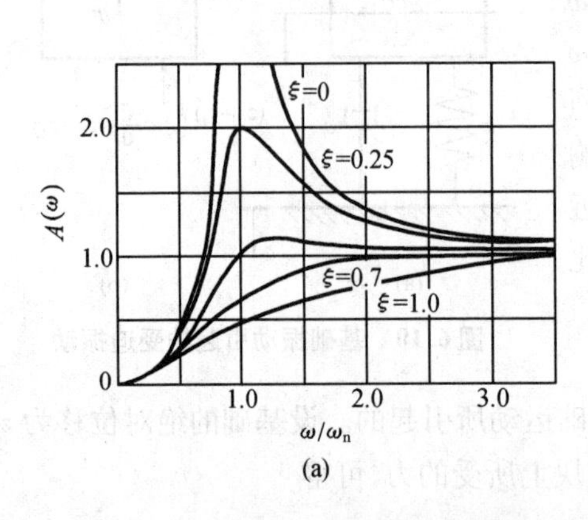

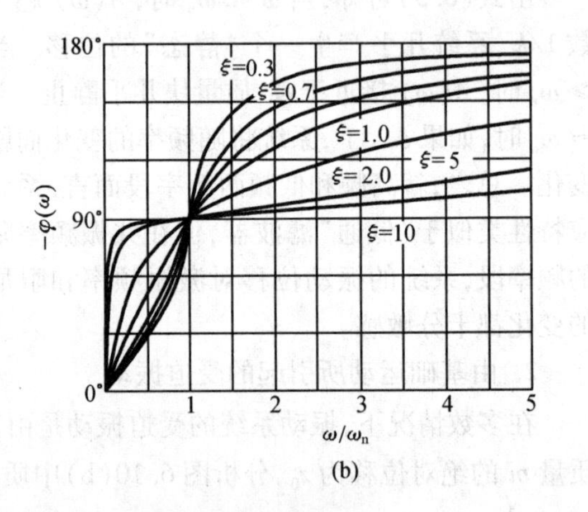

图 6.11　基础振动时质量块对基础的相对位移的频率响应特性曲线

(a)幅频特性；(b)相频特性

速度和加速度的量值，该振动测量系统用于现场测量很方便。

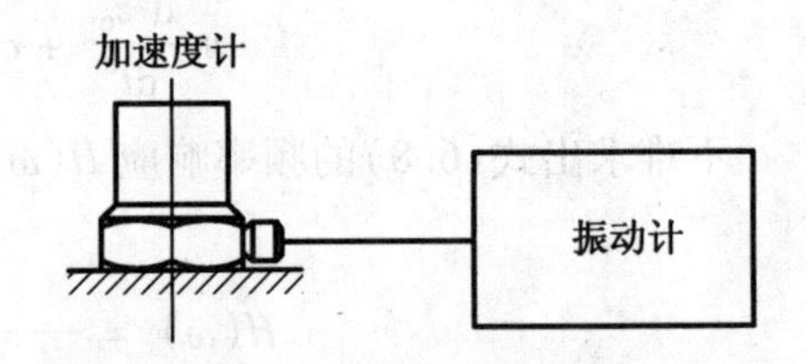

图 6.12　简单的振动测量系统

图 6.13 所示的测振系统能把现场的振动信号记录下来，供分析反复使用。若振动计配上适当的滤波器组成图 6.14 所示的系统，则不仅在现场可以读出振动的数据，还可以对振动信号作频谱分析，通过计算机绘制振动信号的时域曲线和频谱图。为了现场使用方便，系统中的仪器可以用电池供电工作，而且仪器的体积小，便于携带。

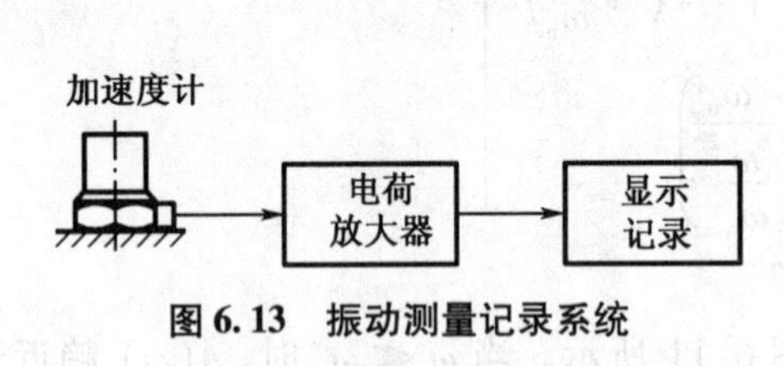

图 6.13　振动测量记录系统

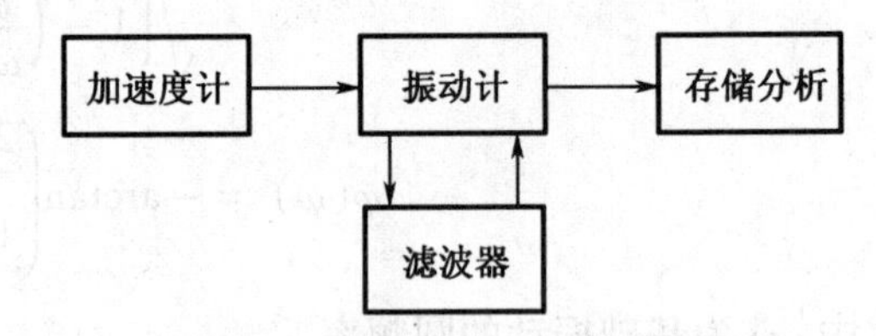

图 6.14　加滤波器的振动测量系统

6.2.3　常用测振传感器

由于传感器的分类原则不同，测振传感器的分类方法很多，主要有：①按测振参数分有位移传感器、速度传感器、加速度传感器；按参考坐标分有相对式传感器、绝对式传感器；按变换原理分有磁电式传感器、压电式传感器、电阻应变式传感器、电感式传感器、电容式传感器、光学式传感器；按传感器与被测物体关系分有接触式传感器、非接触式传感器。

1. 压电加速度传感器

压电加速度传感器的力学模型如图 6.15 所示。其壳体和振动系统固接，壳体的振动等于振动系统的振动。内部的质量块对壳体的相对运动量将作为力学模型的输出，供有关的机—电转换元件转换成电量，成为传感器的输出，该系统的输出是振动系统的绝对振动量。

不难看出,这种压电加速度传感器实质上是遵循由基础运动所引起的受迫振动规律,其频率响应特性与二阶系统的幅频和相频特性类似。

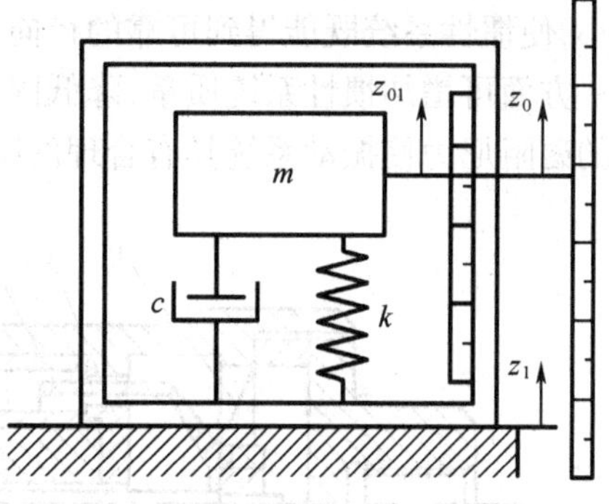

图 6.15 压电加速度传感器的力学模型

测振时,传感器固定在振动系统基座上,其质量成为振动系统的附加质量,这会造成振动系统加速度和固有频率发生变化,变化量可用下式来估计,即

$$a' = \frac{m}{m + m_t} a \tag{6.10}$$

$$f'_n = \sqrt{\frac{m}{m + m_t}} f_n \tag{6.11}$$

式中 f_n , f'_n ——分别为安装传感器之前、之后振动系统的固有频率;

a , a' ——分别为安装传感器之前、之后振动系统的加速度;

m ——振动系统原有的质量;

m_t ——传感器的质量。

显然,只有当 $m_t \ll m$ 时, m_t 的影响才可忽略。

振动的位移、速度、加速度之间保持简单的微积分关系,所以在许多测振装置中往往带有简单的微积分电网络,根据需要可作位移、速度、加速度之间的切换。

2. 涡流式位移传感器

涡流式位移传感器是由固定在聚四氟乙烯或陶瓷框架中的扁平线圈组成的,线圈的厚度越小,灵敏度越高,其结构如图 6.16 所示。涡流式位移传感器的测量范围为 ±(0.5 ~ 10) mm,灵敏度约为测量范围的 0.1%。例如,外径为 8 mm 的传感器与工件之间的安装间隙约为 1 mm,在 ±0.5 mm 测量范围内有良好的线性,灵敏度为 8 mV/μm ,频率响应范围为 0 ~ 12 000 Hz。

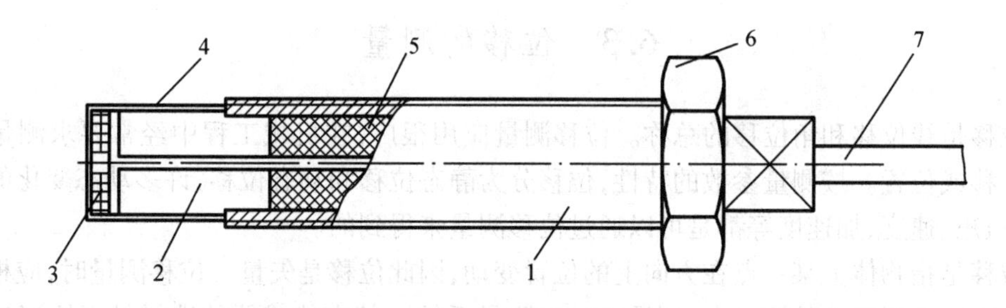

图 6.16 涡流式位移传感器

1—壳体;2—框架;3—线圈;4—保护套;5—填料;6—螺母;7—电缆

涡流式位移传感器具有线性范围大、灵敏度高、频率范围宽、抗干扰能力强、不受油污等介质影响以及非接触式测量等特点,能方便地测量运动部件与静止部件之间的间隙变化(例如转轴相对于轴承座的振动)。实验证明,工件表面粗糙度对测量几乎无影响,但工件的表面微裂缝和材料的电导率、导磁率对灵敏度有影响。

3. 磁电式速度传感器

图 6.17 为磁电式速度传感器的结构示意图。磁铁与壳体形成磁回路,装在中心轴上的

线圈和阻尼环被看作惯性系统的质量块，能在磁场中运动。弹簧片径向刚度很大，轴向刚度很小，使惯性系统既能得到可靠的径向支撑，又能保证有很低的轴向固有频率。铜制的阻尼环一方面可增加惯性系统质量，降低固有频率；另一方面又利用闭合铜环在磁场中的运动产生的磁阻尼力使振动系统具有合理的阻尼。

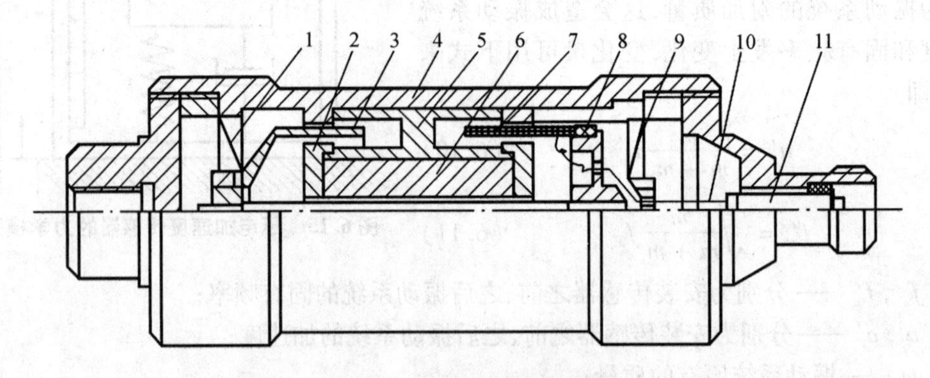

图 6.17　磁电式速度传感器

1—弹簧片；2—磁靴；3—阻尼环；4—外壳；5—铝架；6—磁钢；
7—线圈；8—线圈架；9—弹簧片；10—导柱；11—接线座

在实际使用中，为了能够测量较低的频率，希望尽量降低绝对式速度计的固有频率，但过大的质量块和过低的弹簧刚度使其在重力场中变形加大。这不仅引起结构上的困难，而且易受交叉振动的干扰。因此，其固有频率一般取 10 ~ 15 Hz。

磁电式速度传感器的优点是，不需要外加电源，输出信号可以不经调理放大即可远距离传输，这在长期监测应用中是十分方便的。其缺点是，由于磁电式速度传感器中存在机械运动部件，可与被测系统同频率振动，不仅限制了传感器的测量上限，而且其疲劳性造成传感器的寿命比较短。在长期连续测量中，要求传感器的寿命大于被测对象的检修周期。

6.3　位移的测量

位移是线位移和角位移的总称。位移测量应用很广，在机械工程中经常要求测量零部件的位移或位置。按测量参数的特性，位移分为静态位移和动态位移，许多动态变化的参数如力、扭矩、速度、加速度等都是可以通过位移测量来得到的。

位移是指物体上某一点在方向上的位置变动，因此位移是矢量。位移测量时，应根据测量对象不同选择适当的测量点、测量方向和测量系统。其中传感器的选择是否恰当对测量精度影响很大，必须给予足够的重视。

6.3.1　轴位移的测量

轴位移在旋转机械中是非常重要的机械量，轴位移不仅能表明机器的运行特性和状况，而且能够表征推力轴承的磨损情况以及转动部件和静止部件之间发生干涉的可能性。目前常用电涡流位移传感器来测量轴位移，与振动的测量不同，轴位移测量只考虑传感器中的直流电压成分。

轴位移包括相对轴位移（即轴向位置）和相对轴膨胀。

1. 相对轴位移的测量

相对轴位移是指轴向推力轴承和导向盘之间在轴向的距离变化。

轴向推力轴承用来承受机器中的轴向力，它要求在导向盘和轴承之间有一定的间隙以便能够形成承载油膜。一般汽轮机间隙为 0.2～0.3 mm，压缩机组间隙为 0.4～0.6 mm。在这些间隙范围内，转子可以移动而不会与壳体部件相接触。如果小于这些间隙，轴承就会因摩擦而损坏，严重的会导致整个机器的损坏，因此需要监测轴的相对位移以测量轴向推力轴承的磨损状况。图 6.18 为相对轴位移的测量示意图。

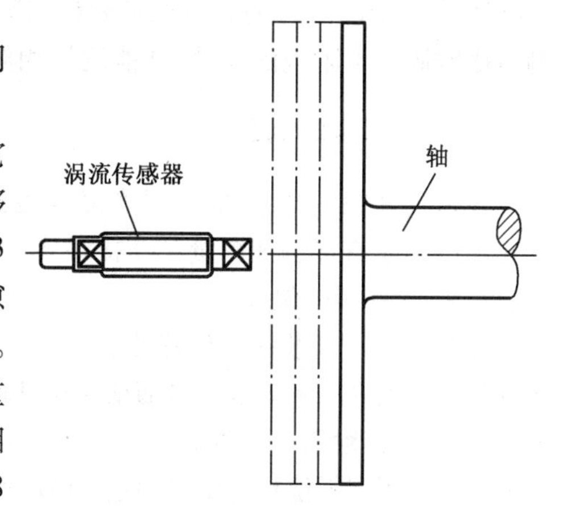

图 6.18 相对轴位移的测量

2. 相对轴膨胀的测量

相对轴膨胀是指旋转机器的旋转部件和静止部件因为受热或冷却导致的膨胀或收缩量。测量相对轴膨胀（胀差）是很重要的，特别是在旋转机器的启/停过程中，机组因为加热或冷却，转子和机壳会发生不同的膨胀，有发生摩擦的可能。例如超大功率的汽轮机的相对轴膨胀可能达到50 mm。可以采用非接触式测量对相对轴膨胀进行监测，所采用的传感器有涡流式传感器和感应式传感器两种。

图 6.19 为相对轴膨胀的测量示意图。图 6.19(a)为测量小范围相对轴膨胀经常采用的方式，将涡流式传感器直接作用于轴肩，测量范围小于 12 mm；图 6.19(b)在轴肩的两侧相向安装涡流式传感器，再结合测量仪器的叠加电路可以将测量范围增加一倍，达 25 mm；如果要测量 50 mm 或更大的相对轴膨胀，经常利用旋转轴上锥面进行测量，如图 6.19(c)图所示，当锥面移动时，轴向位移转换为较小的径向位移，例如锥角 14°的锥面转换率为 1:4，对于轴在轴承中的浮动引起的真正径向位移，可以安装两个涡流式传感器构成差分电路进行补偿；图 6.19(d)为双锥面，使用一个传感器测量相对轴膨胀，另一个传感器补偿轴的径向浮动；如果出现空间有限、轴肩太低或太小、相对轴膨胀太大等情况，通常采用摆式传感器

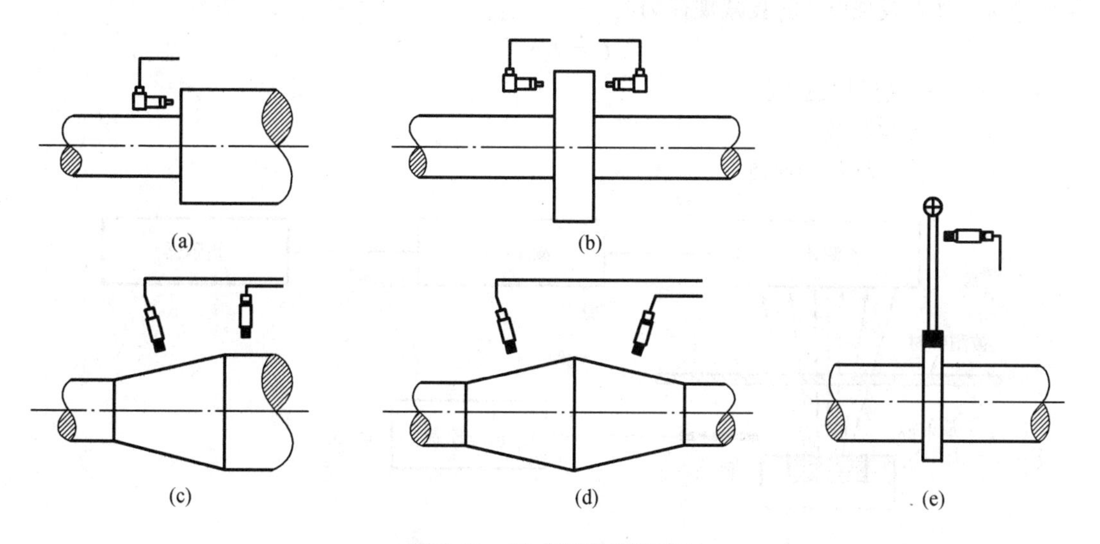

图 6.19 相对轴膨胀的测量

进行测量，见图6.19(e)，摆端的磁性使得摆臂能跟随轴肩运动，这样通过非接触式传感器测量摆臂固定点附近的运动，就能测量相对轴膨胀。

6.3.2 厚度的测量

在带钢轧制生产中，要求对产品厚度进行控制，首先就要精确连续地测量出带钢的厚度。厚度测量有接触式测量和非接触式测量两种方式。

1. 接触式测厚仪

在带钢上下各装一个位移传感器（如差动变压器式传感器），由C形架固定传感器，如图6.20所示，左右各安装一对随动导辊，以保证在测量时钢带与传感器垂直。当钢带厚度改变时，与带钢接触的上下两个差动变压器式传感器同时测出位移变化量，从而形成厚度偏差信号输出。为了增强位移传感器测量头的耐磨性可采用金刚石作为测量头，进行接触式测量。

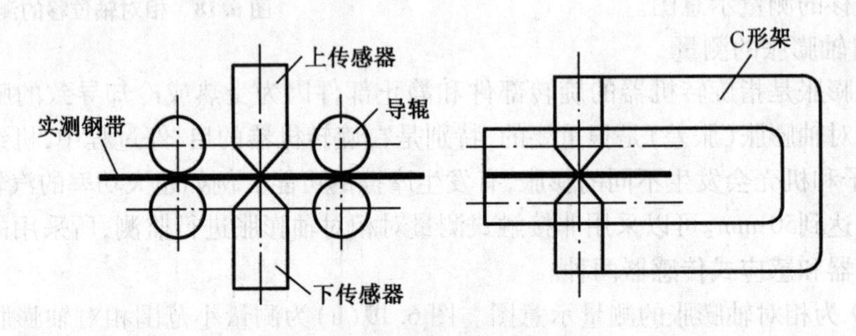

图6.20 接触式测厚仪原理

2. 非接触式测厚仪

非接触式测厚仪的种类很多，目前常用的是放射性同位素测厚仪和X射线测厚仪，它们统称为射线测厚仪。

X射线测厚仪的放射源和检测器分别置于被测带材的上下方，其原理如图6.21所示。当射线穿过被测材料时，一部分射线由材料吸收，另一部分则穿透材料进入检测器，被检测器所吸收，其射线强度 I 的衰减规律为

$$I = I_0 e^{-\mu h}$$

式中 I_0——入射射线强度；

μ——吸收系数；

h——被测材料的厚度。

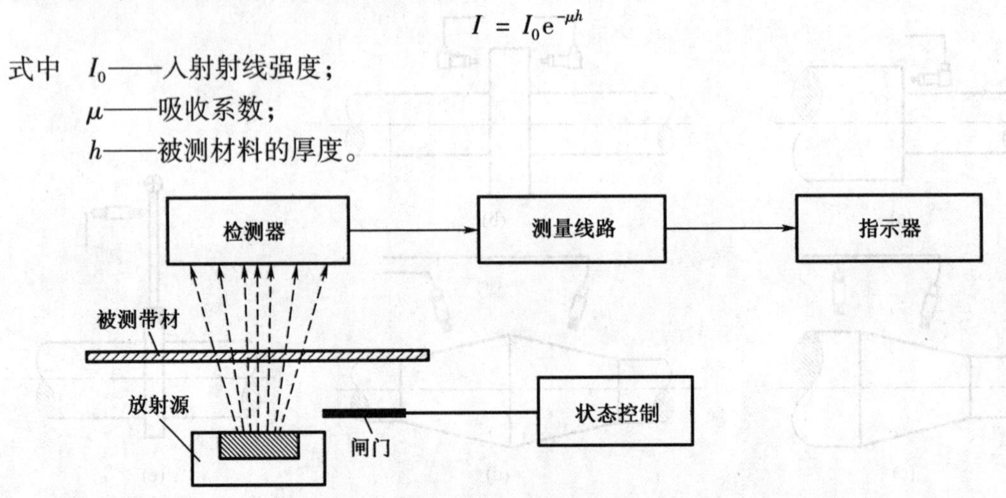

图6.21 非接触式测厚仪原理

当μ和I_0一定时,I仅仅是厚度h的函数。所以通过测出I就可以知道厚度h。相同厚度的材料,其吸收能力也不同。因此要利用不同检测仪进行检测,并将其转换成电流量,经过放大后采用专用仪表显示。

6.4 机械故障诊断技术

机械故障诊断技术是20世纪60年代初期发展起来的一门综合性边缘学科。由于航天、军工等领域的技术需求,以及核能设备、动力设备等大型机械的推广应用,机械故障诊断技术得到了迅速发展。近代测试技术的发展,特别是传感器技术、计算机技术、信息论、控制论和可靠性理论的发展,也使得机械故障诊断技术的理论和方法日臻完善,成为近代信息科学方法与机械工业发展密切结合的一门新学科。随着科技和工业的发展,机械设备的结构必将越来越复杂,关键零部件的故障对生产或机械设备运行的影响越来越重要。因此,对机械设备或关键零部件实施故障诊断技术,对保障生产效率,延长机械设备使用年限,具有重要的实际意义。

6.4.1 机械故障诊断原理与方法

所谓故障诊断技术是依据设备在运行过程中,伴随故障必然产生的振动、噪声、温度和压力等物理参数的变化来判断和识别设备的工作状态与故障。通过对故障的危害进行早期预报和识别,防患于未然,做到预知维修,保证设备安全、稳定、长周期、满负荷优质运行。

任何一种机械设备在工作过程中都有出现故障的可能性。由于设备在运行中,其零部件受到力、热、摩擦、磁场、电场等物理因素及腐蚀等化学因素的作用,会发生渐变或突变,导致性能劣化,出现故障,产生严重后果。因此实施故障诊断技术的目的十分明确:能及时正确地对各种异常状态或故障状态作出诊断,预防和消除故障,对设备的安全运行进行必要的指导,提高设备运行的可靠性、安全性和有效性,把故障损失降到最低;保障设备发挥最大的功效,制定合理的检测维修制度,延长设备使用寿命,降低设备维修的费用;通过检测监听、故障分析、性能评估等,为设备结构更新、优化设计、合理制造以及生产过程提供有用数据和信息。机械故障诊断技术最适用于:①不能接近检查、不能解体检查的重要设备;②维修困难、维修成本高的设备;③没有备品备件,或备品备件昂贵的设备;④从生产的重要性、人身安全、环境保护等方面考虑,必须采用诊断技术的设备。

1. 机械故障诊断技术的三个主要环节

(1)信息采集

机械故障诊断技术属于信息技术的范畴。其诊断依据是被诊断对象所表征的一切有用的信息,比如振动、噪声、转速、温度、压力和流量等。没有信息,故障诊断就无从谈起。对于机械设备而言,诊断依据主要是通过传感器(如振动传感器、温度传感器和压力传感器等)进行信息采集。因此,传感器类型的选择及性能和质量的好坏,安装方法及位置的正确与否,都与所采信息的失真或遗漏密切相关。

(2)分析处理

由传感器或人的感官所获取的信息往往是杂乱无章的,其特征不明显、不直观,很难加以判断。分析处理的目的是把采集的信息通过一定的方法进行变换处理,从不同的角度获取最敏感、最直观、最有用的特征信息。分析处理可用专门的分析仪或计算机进行,一般可从多重分析域、多重角度来观察这些信息。人的感官所获取的信息,是在人的大脑中进行分析处理的。分析处理方法的选择、结果的准确性以及表示的直观性都会对诊断的结论产生较大的影响。

(3)故障诊断

故障诊断包括对设备运行状态的识别、判断和预报。它充分利用分析处理所提供的特征信息参数,运用各种知识和经验,包括对设备及其零部件故障或失效机理方面的知识,以及设备结构原理、运动学和动力学、设计、制造、安装、运行和维修等方面的知识,对设备的状态进行识别、诊断,并对其发展趋势进行预测和预报,为下一步的设备维修方案提供技术依据。

机械故障诊断技术的实施过程如图 6.22 所示。

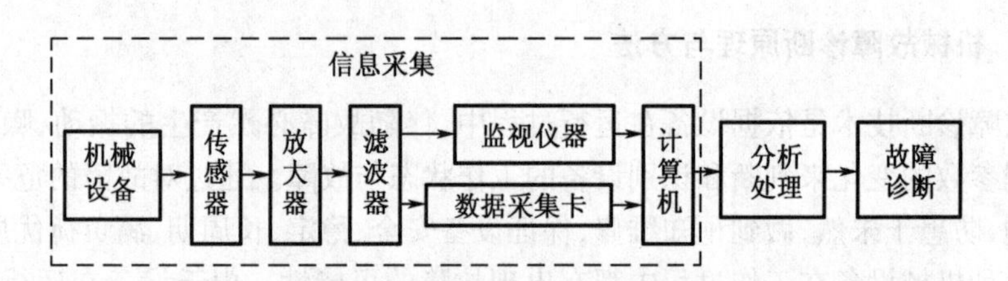

图 6.22　机械故障诊断技术的实施过程框图

机械故障诊断技术的主要步骤包括:

①根据设备的类型和工况选择合适的传感器对故障信号进行测量;

②通过放大器和滤波器对测量信号进行调理,并通过监视仪器观察信号;

③由数据采集卡将测量信号转换为数字信号输入计算机;

④由计算机进行信号分析,提取与故障有关的特征信息,然后技术人员对设备的故障类型和原因作出评价和决策。

机械故障诊断技术中对故障特征的提取和对设备状态的评价是非常重要的。故障特征的提取是建立在信号测量、信号分析与处理的基础上的,常用的特征信息提取方法有时域分析、频谱分析、倒谱分析、时频分析、小波分析等。通过信号分析能够确定机械设备运行状态的特征量。

2. 机械故障诊断方法

机械故障诊断的基本方法可以从不同角度来分类。按照测试手段来分,其主要分为直接诊断方法和间接诊断方法。

直接诊断方法通常是测定设备的某个较为单一的特征参数,检查其状态是正常还是异常。当特征参数在允许值范围以内时便认为是正常,否则为异常。往往以超过允许值的大小来表示故障的严重程度。一般来说,直接诊断方法所用仪器比较简单,易于掌握。直接诊断方法对操作人员技术要求不高,常作为一种常规诊断方法。

然而机械故障诊断通常是在设备运行过程中进行的,因此一些故障信息往往不能直接识别。例如,回转机械运行中轴承的间隙和磨损量,回转轴表面的裂纹深度等信息几乎是不可能直接获得的。这就需要借助一些间接的方法来进行故障诊断,如振动与噪声测量法和无损检测法等都属于间接诊断方法。

下面简要叙述机械故障诊断的常用方法。

(1)直接观察法

根据操作人员积累的经验可以通过对机械设备的直接观察,获得其运行状况的第一手资料。但是这种方法有较大的局限性,并且只适用于能够直接观察的零部件。因此,通常采用一些简单仪器来扩大或延伸人眼的观察能力。目前出现的电子听诊仪、红外热像仪、光纤内窥镜和激光全息摄影仪等现代手段,使传统方法又恢复了活力,成为一种有效的诊断方法。

(2)振动与噪声测量法

机械设备在运行过程中,不可避免地会产生振动和噪声,而振动和噪声又是故障诊断的重要信息,它反映了设备的工作状态。通常情况下,振动和噪声的增加,会表明设备具有故障倾向。那么,只要掌握所研究的机械设备振动与噪声的特征和变化规律,就可以对设备故障进行诊断。进一步的研究还表明,振动和噪声的强弱及其包含的主要频率成分与故障的类型、程度、部位及原因等有着密切的联系。因此,对机械设备振动和噪声信号的测试、分析和识别已经成为近代机械故障诊断的主要内容。

(3)无损检测法

无损检测法是一种从材料和产品的无损检验技术中发展起来的方法,它是在不破坏材料表面及内部结构的情况下检测机械零部件缺陷的方法。该方法使用的手段包括超声、红外、射线、声发射、渗透染色等。这一方法目前已发展成一个独立的分支,在检测由裂纹、砂眼、缩孔等缺陷造成的设备故障时比较有效。其局限性主要是,某些方法如超声、射线检测等有时不便于在动态下进行。

(4)磨损残余物测定法

机械零部件,如轴承、齿轮、活塞环、钢套等,在运行过程中的磨损残余物可以在润滑油中找到。通过直接检查残余物、润滑油混浊度以及油样分析等,可以获得设备的磨损状态信息,从而判断哪个零部件磨损了。目前磨损残余物测定方法在工程机械、汽车、飞机发动机监测等方面已取得了良好的效果。

(5)机械性能参数测定法

机械性能参数测定法是指用测量机械设备的输入或输出的关系来判断其运行状态是否正常,主要用于状态监测或作为故障诊断的辅助手段。常见性能参数如机床的加工精度,压缩机的压力、流量,内燃机的功率、耗油量等。一般这些数据可以直接从机械设备的仪表上读出。

6.4.2 旋转机械故障诊断实例

1. 旋转机械振动信号测试与分析

(1)任务提出

旋转机械是机械设备的重要组成部分,在大型石油、化工、电力、冶金等行业有着广泛应用,如汽轮机、发电机、鼓风机、压缩机等都是典型的旋转机械,它们以转子及其他回转部件作为工作的主体,是流程生产系统中的核心设备,一旦发生故障,将造成巨大损失。本文以基于柔性转子实验台的故障模拟检测与诊断系统为例介绍对旋转机械进行故障诊断的方法。

(2)方案确定

旋转机械工作过程中,伴随故障必然会有振动、噪声、温度、压力等物理参数的变化,通过振动测试来判断和识别设备的工作状态和故障是一种有效方法。旋转机械是由转动部件和非转动部件构成的,转动部件包括转子及与转子连接的联轴器、齿轮、滚动轴承等;非转动部件包括滑动轴承、轴承座、机壳以及地基等。

旋转机械的振动测试有其特殊性:一是其振动一般呈现很强的周期性;二是对大型设备来讲,其振动测试的主要对象是转动部件,即转子或转轴。转子是设备的核心部件,整个设备能否正常工作主要取决于转子能否正常运转,同时转子的运动和其他回转件及非回转件是有联系的,机械故障大多都与转子及其组件(齿轮、轴承)直接相关,这类故障大约占70%,而从其他零部件能够发现的故障较少。

既然大多数振动故障都直接与转子的运动有关,那么可以从监测转子的振动信号入手。

(3)测量系统组成

柔性转子故障模拟检测与诊断系统组成,如图 6.23 和图 6.24 所示。

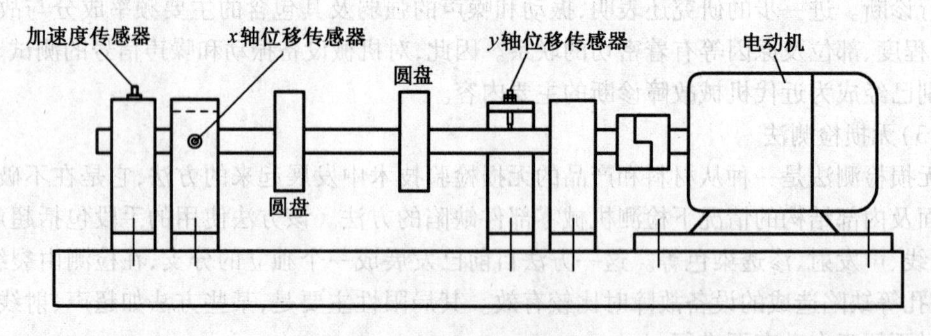

图 6.23　柔性转子故障模拟试验台

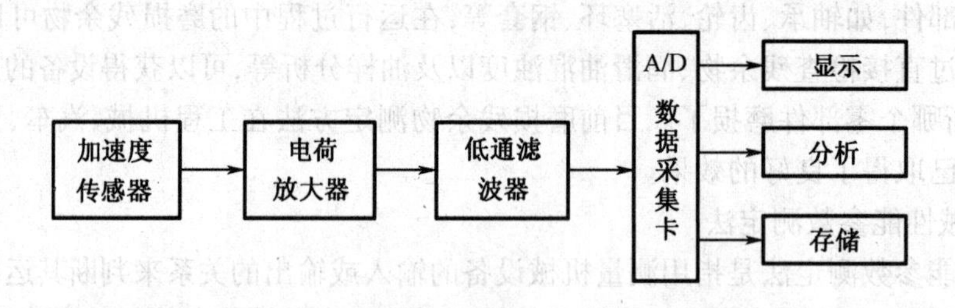

图 6.24　转子故障数据采集及诊断系统

选择加速度传感器固定在转子实验台的轴承座上(y 向),传感器的输出端接电荷放大器、低通滤波器,经过调理后的模拟信号,接入数据采集卡,输入计算机,再由计算机对采集到的数据进行分析、存储和显示。其中测试装置硬件及其参数如下:

压电加速度传感器　频率响应范围为 1 ~ 10 kHz;

电荷放大器　频率响应范围为 0.3 ~ 100 kHz;

低通滤波器　增益为 0 ~ 20 dB;

输入阻抗≥100 kΩ;

下截止频率为 30 Hz ~ 10 kHz;

A/D 数据采集卡　研华 PCI－1710HG；

串激可调速交流电动机　电动机调速范围为 0～12 000 r/min。

(4)实验结果分析

对实验数据进行分析后，结果如图 6.25 所示。通过对时域信号(如图 6.25(a)所示)的分析得出，转子的振动信号，振动的幅值分布在－1.0～1.0 V 之间，由于采用了 300 Hz 的低通滤波器，高频噪声已经被滤掉，曲线比较平滑。

对时域信号进行频谱分析，结果如图 6.25(b)所示，频谱中的主要频率分量是轴的旋转频率，约为 50 Hz 及 2 阶倍频，但是倍频幅值很小，这说明转子主要存在的是不平衡故障，实际试验时在圆盘上安装了不平衡配重，说明诊断结论正确。

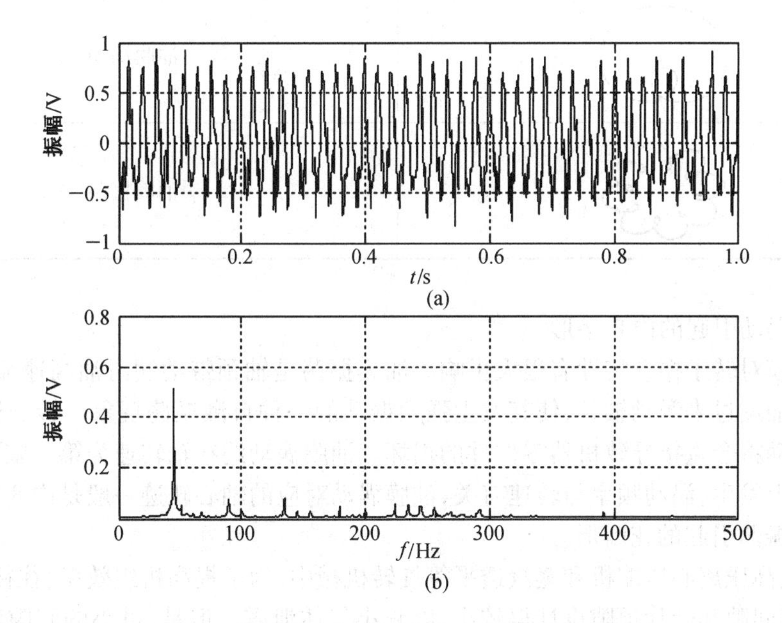

图 6.25　转子的加速度振动信号波形及幅值频谱图

2. 旋转机械轴心轨迹合成与分析

(1)任务提出

在旋转机械故障诊断中，转子轴心的位置与转子振动信号相比，更能直观地反映转轴的运行情况，转子的轴心轨迹包含了大量的故障信息。因此，转子轴心轨迹分析法是判断转子运行状态和故障征兆的重要根据。转子轴心轨迹是指转子上轴心一点相对于轴承座运动而形成的轨迹。特定的轴心轨迹对应着特定的故障类型。本文以基于转子实验台的轴心轨迹合成与分析系统为例介绍轴心轨迹分析法。

(2)方案确定

轴心轨迹携带的信息表现为其形状、旋转方向和稳定性等，因此轴心轨迹分析法通常包括以下三种方法。

①轴心轨迹形状分析

轴心轨迹的形状与其运行的状态及发生故障的类型有着密切的关系，表 6.3 给出了几种典型的轴心轨迹形状对应的典型故障。

表 6.3 轴心轨迹形状与典型故障

轴心轨迹形状	对应的典型的故障
	转子不平衡
	转子不对中
	油膜涡动
	油膜振荡

a. 油膜涡动引起的内 8 字形

轴承油膜对转子振动特性有很大影响。油膜振荡是轴颈带动润滑油高速流动时，高速流动的润滑油反过来激励轴颈，使其发生强烈振动的一种自激振荡现象。转子轴径在油膜中的剧烈振动将会直接导致机器零部件的损坏。油膜涡动约在轴转速为第一临界转速的二倍或二倍以上发生，涡动频率与转速有关，油膜涡动对应的轴心轨迹一般是内 8 字形。

b. 油膜振荡引起的花瓣形

在高速、高压离心压缩机和蒸汽透平等旋转机械中，为了提高机组效率，往往把轴封、级间密封、油封间隙和叶片顶隙设计得较小，以减小气体泄露。但是，过小的间隙除了会引起流体动力激振之外，还会发生转子与静止部件的摩擦。转子碰摩的定量分析比较困难。一般来说，在频谱图上出现频谱成分比较丰富，不仅有工频分量，还有高次和低次谐波分量。当碰摩加剧时，这些谐波分量的增长很快。油膜振荡对应的轴心轨迹为花瓣形。

②轴心轨迹旋转方向分析

若轴的旋转方向与轴心轨迹的旋转方向一致，称为正向进动；反之，称为逆向进动。绝大多数情况下为正向进动。例如，当转子具有不平衡、不对中故障时，或当转子在轴承或密封装置流体动力激振下，由于油膜失稳产生的亚同步涡动均为正向进动。在少数情况下，例如，转子和定子之间的干摩擦和某些具有螺旋桨的旋转机械由于叶片的动力作用，则会产生逆向进动。

③轴心轨迹的稳定性分析

轴心轨迹在通常情况下保持稳定，然而，一旦发生形状、大小的变化或轨迹紊乱，则表明机械设备运行状态已发生变化或进入异常。

(3)测量系统组成

选取涡流式位移传感器采集轴心径向位移信号。涡流式位移传感器具有零频率响应，线圈中有频率较高(1 MHz~2 MHz)的交变电压通过，有较宽的带宽(10 kHz)，线性度好，在线性范围内灵敏度不随初始间隙的大小改变等优点，不仅可以用来测量转子轴心的振动位移,而且还可以测量转子轴心的静态位置的偏离,这在判断转子运转过程中轴心是否处于正常的离心位置是很有用处的。目前涡流式位移传感器广泛应用于各类转子的振动监测。

涡流式传感器主要参数:

灵敏度 2.5 V/mm;

测量范围 0.4 mm ~ 2.4 mm;

供电电源 ±12 V;

A/D 数据采集卡 NI PCI - 6251。

安装传感器时,需要在转子的径向选取两个测点,一般是在互相垂直的两个方向上安装两个同一型号的涡流式传感器。水平方向 x 测点以在轴中心高度处为宜,垂直方向 y 测点在轴的径向正顶端,并且 x 测点与 y 测点尽量在同一垂直平面内。x 测点和 y 测点传感器的探头与转子表面的静止间隙调整为 2 mm 左右,保证传感器工作在线性范围内。转子轴心轨迹合成与分析系统,如图 6.26 所示。

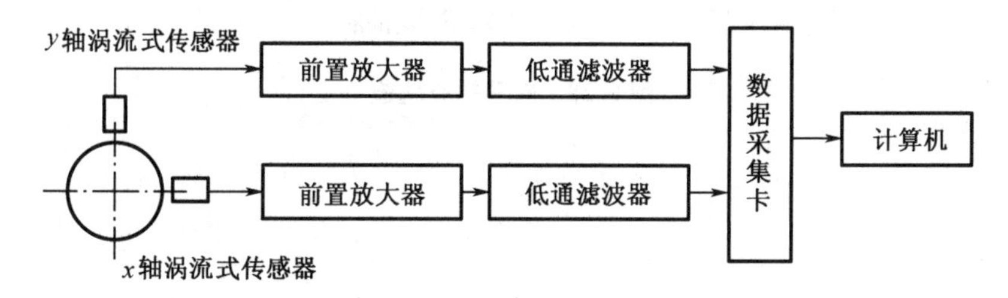

图 6.26 转子轴心轨迹合成与分析系统

(4)实验结果分析

图 6.27 为在某个稳定转速时,同时采集的 x 方向与 y 方向振动位移信号(图的上半部分)和幅值频谱(图的下半部分)。可见,y 轴频谱特征和图 6.25 的加速度频谱特征相似,而 x 轴频谱的二倍频成分明显增大,说明存在不对中故障,将两路信号合成轴心轨迹之后,如图 6.28 所示,轨迹形状为月牙形,这是轻微不对中的典型故障特征。实际转子仍为不平衡状态,而且由于安装原因肯定存在一定程度的不对中现象。

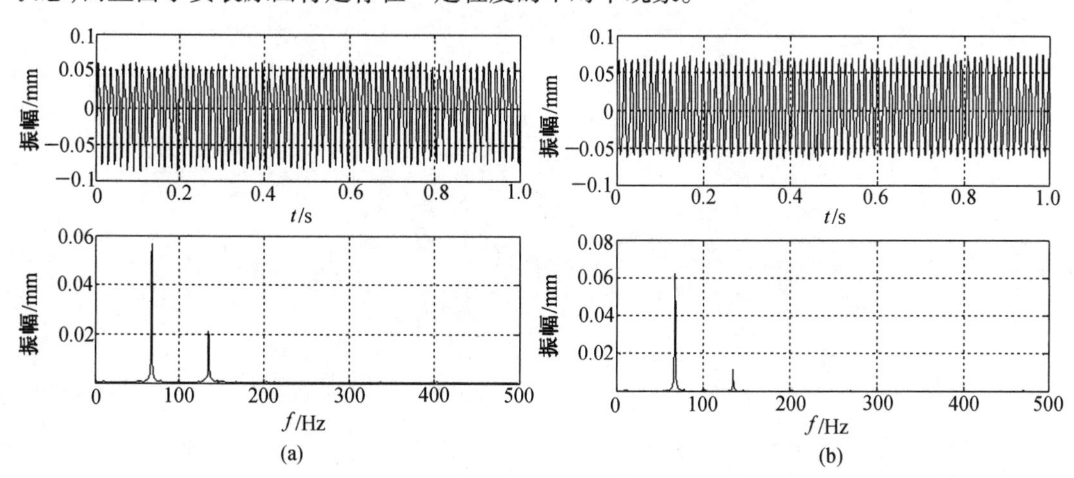

图 6.27 x 方向和 y 方向振动轴位移时域波形(上)及频谱图(下)

(a)x 轴;(b)y 轴

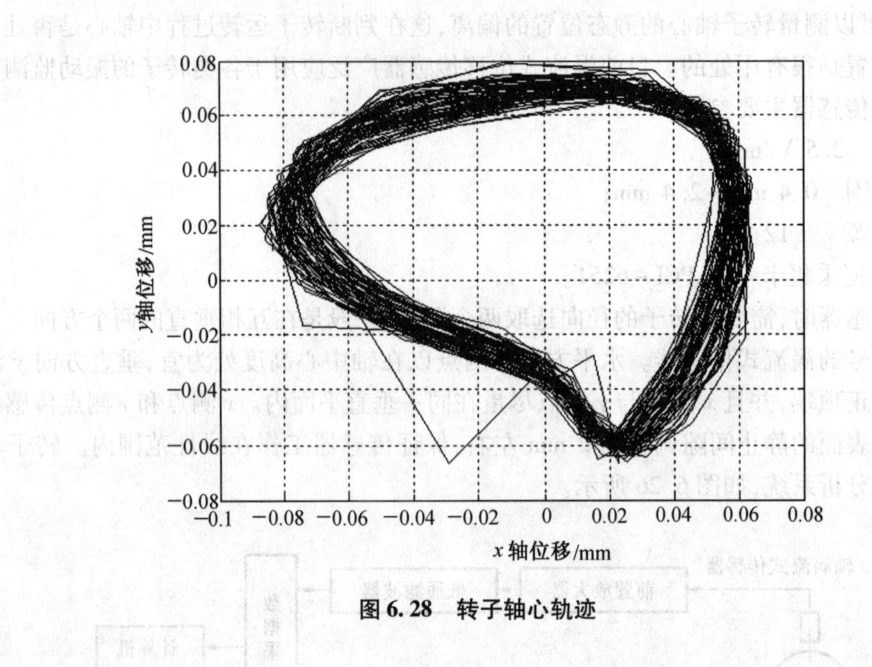
y轴位移/mm
x轴位移/mm
0.08
0.06
0.04
0.02
0
−0.02
−0.04
−0.06
−0.08
−0.1
−0.08
−0.06
−0.04
−0.02
0
0.02
0.04
0.06
0.08

图 6.28　转子轴心轨迹

第 7 章　虚拟仪器技术

【教学提示】

本章介绍虚拟仪器的基本概念和软、硬件组成，重点介绍图形编程语言 LabVIEW 的数据采集和信号分析功能，在此基础上给出了 LabVIEW 用于信号分析的实例。

【教学指导】

1. 了解虚拟仪器的基本概念和组成；
2. 掌握如何应用 LabVIEW 的 NI DAQmx 采集卡完成测试信号的数据采集；
3. 学会如何利用 LabVIEW 的信号分析功能对测试信号进行时域分析和频域分析。

7.1 虚拟仪器概述

传统的硬件仪器因其自身的固有缺点，无法满足技术发展对测试仪器功能日益强大的需求，因此用软件替代硬件成为仪器仪表领域一个发展的必然趋势。20 世纪 80 年代中期，随着计算机技术与电子技术的飞速发展，在以计算机为平台的测控仪器中软件和总线的作用日益突出，不但取代了许多原来由硬件完成的功能，而且还能完成许多硬件不能胜任的功能，这就标志着“软件化仪器”时代的到来。这种全新模式的“软件化仪器”称为“虚拟仪器”，它是继智能仪器之后的新一代仪器系统。虚拟仪器的出现彻底改变了传统仪器的观念，是测控仪器的重要发展方向。

7.1.1 虚拟仪器的概念

计算机和仪器的密切结合是仪器发展的一个重要方向。这种结合有两种方式：一种方式是将计算机装入仪器，其典型的例子就是智能化仪器，目前已经出现了许多含有嵌入式系统的仪器；另一种方式是将仪器装入计算机，以通用计算机硬件及操作系统为依托，实现各种仪器的功能，虚拟仪器就是利用这种方式，可以说虚拟仪器是基于计算机的仪器。

美国国家仪器公司（National Instruments Corporation, NIC）首先提出了虚拟仪器的概念。虚拟仪器（Virtual Instrument, VI）是由计算机硬件资源、模块化仪器硬件和用于数据分析、过程通信及图形用户界面的软件组成的测控系统，是一种由计算机操纵的模块化仪器系统。虚拟仪器是计算机硬件、软件和总线技术在向其他相关技术领域密集渗透过程中，与测试技术和仪器仪表技术密切结合的一项全新成果。

虚拟仪器实际上是一个按照仪器需求组织的数据采集系统，其涉及的基础理论主要是数据采集和数字信号处理。图 7.1 反映了常见虚拟仪器的组建方案。

虚拟仪器的特点在于：在通用硬件平台确定后，由软件取代传统仪器中的硬件来完成仪器功能；仪器的功能无需厂家事先定义，直接由用户根据需要由软件直接定义；仪器性能的改进和功能的扩展只需进行相关软件的更新，无需购买新的仪器；虚拟仪器的研制周期较传统仪器大为缩短,并且具有开放、灵活,以及可与计算机同步发展,与互联网及周边设备互联等优势。虚拟仪器由通用仪器硬件系统和应用软件系统两大部分构成。

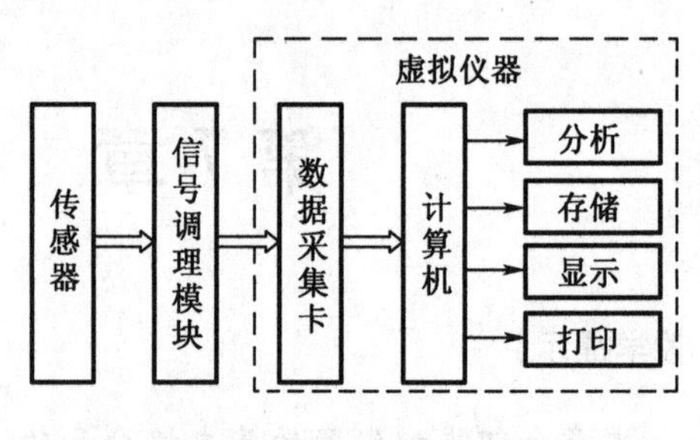

图 7.1 虚拟仪器的组成

7.1.2 虚拟仪器硬件系统

虚拟仪器的硬件系统一般分为两个部分:计算机和 I/O 接口设备。

计算机管理着虚拟仪器的硬件资源,是硬件平台的核心,一般为 PC 机、便携式计算机、工作站和嵌入式计算机等。

I/O 接口设备主要完成输入信号的采集、放大和模/数转换,主要包括 GPIB,VXI,PXI 和 DAQ 四种标准体系结构。

1. GPIB 通用接口总线

GPIB(General Purpose Interface Bus)是计算机和仪器间的标准通信协议。这种接口总线的硬件规格和软件协议已经纳入国际工业标准 IEEE488.1 和 IEEE488.2,目前多数仪器都配置了遵循 IEEE488 的 GPIB 接口。GPIB 系统包括一台计算机、一块 GPIB 接口卡和若干台 GPIB 仪器,每台 GPIB 仪器有单独的地址,如需增加、减少或更换地址,只需对计算机软件作相应改动即可。GPIB 仪器的缺点在于,传输速度较低,一般低于 500 kB/s,不适于速度要求较高的应用场合。

2. VXI 总线系统

VXI(VME bus Extention for Instrumentation)总线系统是 VME 总线在仪器领域的扩展,是继 GPIB 第二代自动测试系统之后,推出的一种开放的新一代自动测试系统工业总线标准。VXI 系统由主机箱、零槽控制器、具有多种功能的模块仪器、驱动软件和系统应用软件等组成。由于 VXI 总线是一种开放标准,用户可方便地随意更换系统中各功能模块,即插即用组成新系统。VXI 标准总线具有模块化、系列化、通用化的优点,VXI 仪器具有互换性和互操作性的优势。

3. PXI 总线系统

PXI(PCI Extention for Instrumentation) 总线系统是 PCI 在仪器领域的扩展,是 NI 公司于 1997 年发布的一种新的开放性、模块化仪器总线规范。PXI 在 PCI 内核技术上增加了用于多板同步的触发总线和参考时钟、用于精确定时的星形触发总线及用于相邻模块间高速通信的局部总线等。PXI 兼容 Compact PCI 机械规范,并增加了主动冷却、环境测试等要求,可实现多厂商产品的互操作性和系统的易集成性。

4. DAQ 数据采集系统

DAQ(Data Acquisition) 数据采集系统是基于计算机标准总线(如 PCI,ISA 和 USB 等)的一种数据采集功能模块。在 PC 机上挂接 DAQ 功能模块,配合相应的软件就可以构成一台具有若干功能的 PC 仪器,各种 DAQ 功能模块如示波器、数字万用表、动态信号分析仪和波形发生器等可供选择使用。这种基于 DAQ 的仪器既可享用 PC 的资源,又能满足测量需求的多样性。随着 A/D 转换技术的发展,DAQ 的采样速率已达到每秒 GB 数量级精度可达 24 位,通道数多达 64 个,并能任意结合数字 I/O、计数器/定时器等通道。

7.1.3 虚拟仪器软件系统

虚拟仪器软件系统主要包括三个部分：VISA库、仪器驱动程序和应用软件。

VISA（Virtual Instrumentation Software Architecture）体系结构是标准的I/O函数库及其相关规范的总称，通常称I/O函数库为VISA库。它驻留于计算机系统之中，执行仪器总线的特殊功能，是计算机与仪器之间的软件层连接，实现对仪器的程控，对于仪器驱动程序开发者来说是一个可调用的操纵函数集。

仪器驱动程序主要用来完成特定外部硬件设备的扩展、驱动与通信。每个模块都有自己的驱动程序，仪器厂商以源码的形式提供给用户。

应用软件是设计开发虚拟仪器所必需的软件开发工具，目前主要有两种：一种是图形化编程语言，具有代表性的有LabVIEW，HPVEE系统，图形化编程语言具有编程简单、直观、开发效率高的特点；另一种是文本式编程语言，主要有C，Visual C++，LabWindows/CVI等，文本式编程语言具有编程灵活、运行速度快的特点。

7.2 LabVIEW 简介

LabVIEW（Laboratory Virtual Instrument Engineering Workbench）是美国NI公司推出的一种基于G语言（Graphics Language）的虚拟仪器软件开发工具，是一种图形化的编程语言。它广泛地被工业界、学术界和研究实验室所接受，被公认为是标准的数据采集和仪器控制软件。LabVIEW不仅提供了DAQ，GPIB，VXI，PXI，RS-232/485等各种仪器通信总线标准所用的功能函数，还内置了支持TCP/IP和ActiveX等软件标准的库函数，并支持常用网络协议，方便网络、远程测控仪器的开发。LabVIEW为虚拟仪器设计者提供了一个便捷、轻松的设计环境，其图形化的编程界面使编程过程变得生动有趣。

在LabVIEW中开发的程序都称为VI（虚拟仪器），其扩展名默认为.vi。所有的VI都包括Front panel（前面板）、Block diagram（程序框图）、Icon and connector pane（图标和连接器端口）三部分。

7.2.1 前面板

从开始菜单中运行“National Instruments LabVIEW 8.5”，在计算机屏幕上将出现LabVIEW启动窗口，点击“新建→VI”之后，就会建立一个待编辑的空的程序，有前面板和程序框图两个窗口。其中前面板是图形化的用户界面，也是用户与程序交流的窗口，相当于一个仪器面板。前面板主要放置控件，控件分为输入控件和显示控件两类，这些控件可以根据需要从控件选板上选取，通过这些控件用户与计算机可以进行交互式地输入和输出。

以图7.2所示正弦波发生器为例，用户可以通过前面板自行输入正弦波的幅值、频率、相位和直流偏移量等参数，运行程序之后，在波形显示器中就可以生成正弦波，在指针式显示表中显示正弦波幅值大小。

7.2.2 程序框图

程序框图是定义VI功能的图形化的程序源代码，是实现VI功能的核心部分。程序框图相当于仪器箱内的功能部件，在许多情况下，使用VI可以仿真标准仪器。程序框图主要

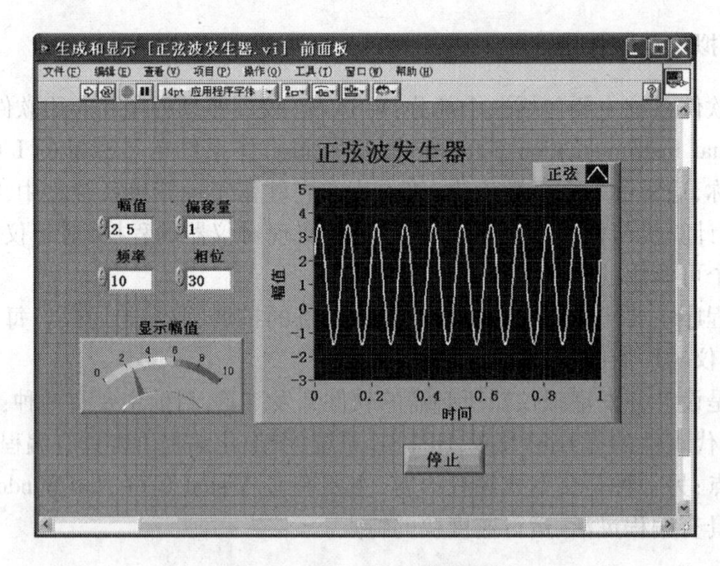

图 7.2　正弦波发生器前面板

由节点、端点、连接线和程序结构组成，如图 7.3 所示。

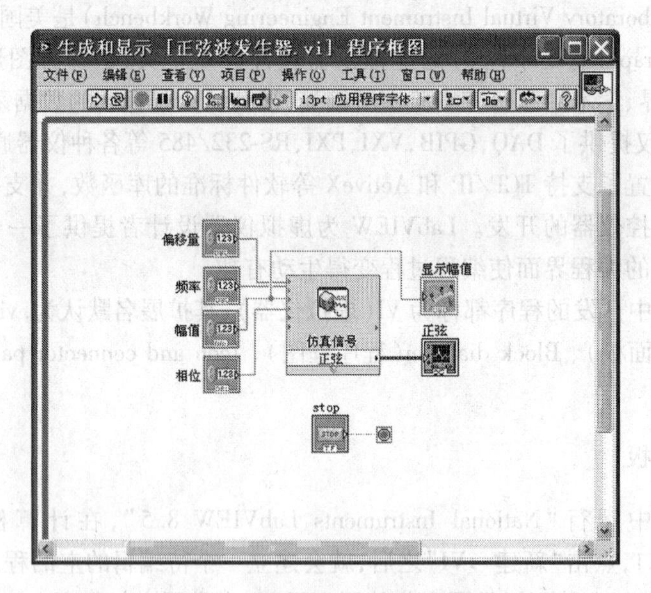

图 7.3　正弦波发生器程序框图

节点是实现程序功能的基本单元，类似于文本编辑程序的语句。节点包括函数、子 VI 和 Express VI（快速 VI）；函数是由 LabVIEW 编译好了的图形源代码，包括了创建 LabVIEW 程序所需的大部分功能 VI 和仪器接口、数据通信、数据采集、信号处理与数学分析等功能 VI。子 VI 类似于子程序，可以被其他 VI 调用，用户可以自行创建子 VI，并可以为它编辑图标和定义连接器。Express VI 是一类特殊的子 VI，它可以通过对话框的输入方式完成参数的配置，使得用户无需面对复杂的连线，在没有全面了解具体的编程操作之前就可以交互式地完成配置，为用户提供了更加方便、简洁的编程途径，但是它并不支持在程序运行中的交互配置。

端点是节点连线的位置,即数据传递的端口。

连接线是端点之间的数据流通道,数据在连接线中是单向流动的,从源端口向一个或多个输入端口流入,再从输出端口流出。

程序结构是一种程序流控制节点,它们在程序框图中的外形一般是大小可以缩放的边框,边框内有子 VI,边框上有数据输入/输出的接线端口,也叫隧道。按照不同的结构功能,边框内子 VI 可反复执行、按照条件执行或者按一定顺序执行。程序结构主要包括 While 循环、For 循环、定时循环,以及 Case 结构、Sequence 结构和公式节点等。

While 循环控制程序反复执行一段代码直到某个条件发生;For 循环控制一段程序代码执行设定的循环次数;定时循环可以对循环执行的时间进行更精确的控制并增加更多的控制功能;Case 结构包含两个以上子 VI,子 VI 框图重叠在一起,每一个子 VI 对应一个条件分支,当满足该条件时运行相应的子 VI;Sequence 结构可以包含一个或多个子 VI 框图,有层叠式和平铺式两种结构,无论哪种结构都是依子 VI 框图的编号按顺序执行;公式节点能够完成复杂的数学运算,而又不必像使用函数编写程序图形代码那样麻烦,使用公式节点可以直接在边框内输入多个公式,代码看上去就像一小段 C 语言代码。

7.2.3 模板

LabVIEW 为用户提供了各种模板,包括工具(Tools)模板、控件(Controls)模板和函数(Functions)模板。

1. 工具模板

工具模板提供了各种用于创建、修改和调试 VI 的工具,包括操作工具,定位工具,标签工具,连线工具,滚动窗口,断点操作,探针工具和颜色工具等,如图 7.4 所示。

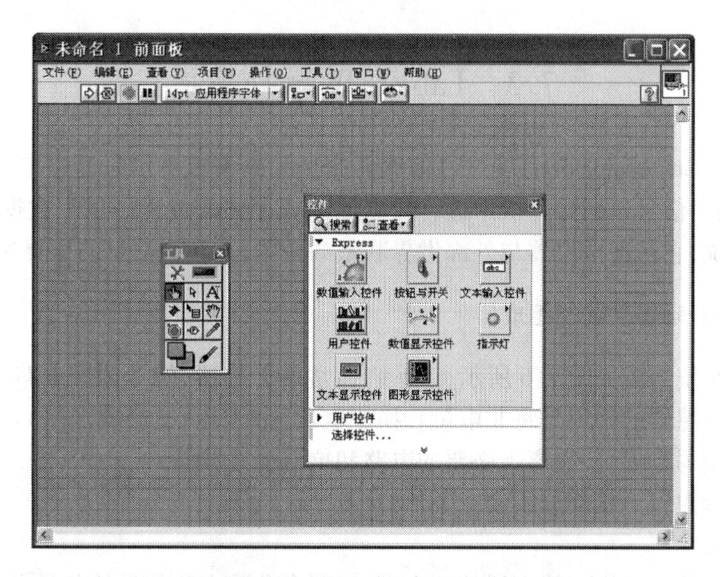

图 7.4 编辑前面板所需工具模板和控件模板

2. 控件模板

控件模板用来给前面板添加各种输出显示对象和输入控制对象。控件模板上常用的控件有数值、文本输入控件,用户控件,按钮与开关,数值、文本、图形显示控件,指示灯等,如图

7.4 所示。每一个控件还包含相应的子模板，通过它们可以找到创建 VI 所需的对象工具。

3. 函数模板

函数模板用来在程序框图中创建 VI，和控制模板一样，模板上的功能节点都是按层次组织的，打开时只显示顶层图标，每一个图标表示一个子模板，每个子模板又能展开成若干个功能节点。函数模板上除了输入、输出，信号操作，算数比较和执行过程控制之外，还提供了强大的信号分析功能，如仿真信号、滤波器、频谱测量、曲线拟合等，如图 7.5 所示。

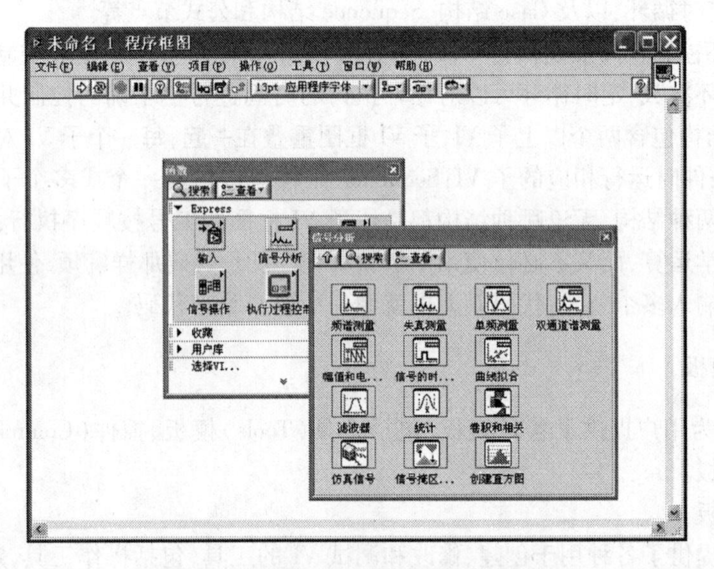

图 7.5 编辑程序框图所需的函数模板

7.3 LabVIEW 数据采集

数据采集(Data Acquisition)就是将传感器测量到的模拟电信号经过信号调理、A/D 转换后，转换成数字信号送到计算机中进行数据处理或存储的过程。用于数据采集的设备称为数据采集系统，它是虚拟仪器与外部世界联系的桥梁，是获取信息的重要途径。

7.3.1 数据采集系统的组成

数据采集系统组成如图 7.6 所示，该系统通常由传感器、信号调理电路、数据采集卡和计算机组成。传感器的作用是将非电量转换成电量(如电压、电流或功率)。信号调理电路的作用是放大微弱电信号，隔离不必要的电路和抗混叠滤波等。

数据采集卡由以下几部分组成。

1. 多路开关

将多路信号轮流切换到放大器的输入端，实现多参数多路信号的分时采集。

2. 放大器

将多路开关切换由多路开关切换进入放大器的信号被放大(或衰减)到采样环节的量程范围，放大器通常为增益可调放大器，使用者可根据输入信号的不同选择不同的增益。

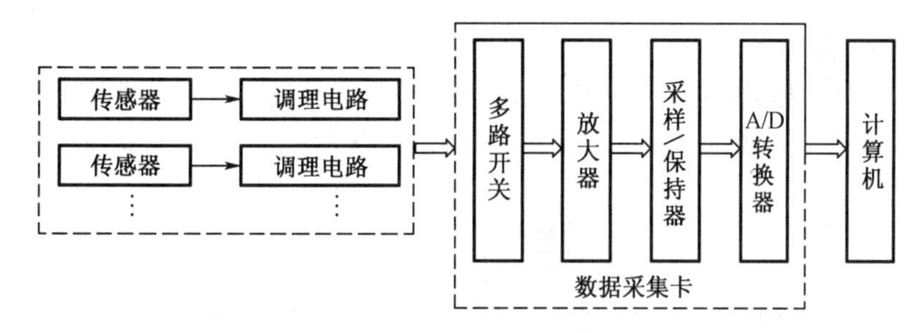

图 7.6 多通道数据采集系统

3. 采样/保持器

通过采样对信号进行离散化，并保持离散幅值的恒定，保证 A/D 转换器的转换精度。

4. A/D 转换器

将输入的模拟量转化为数字量输出，并完成信号幅值的量化。

以上四个部分都处在计算机的前向通道，是组成数据采集卡的主要环节，与其他有关电路如定时器/计数器、总线接口电路等集成在一块电路板上，完成对数据的采集、放大和 A/D 转换任务。

7.3.2 数据采集卡基本性能指标

使用者在构建测量系统时，必须对数据采集卡的性能指标有所了解并正确选择参数。数据采集卡主要性能指标如下。

1. 采样率

采样率即 A/D 转换的速率，指单位时间内数据采集卡对模拟信号的采样次数。采样率越高，对信号的数字表达就越精确。为了使采样后输出的离散时间序列能不失真地复现原输入信号，采样频率必须满足采样定理，即采样频率 f_s 至少为输入信号最高频率 f_{max} 的两倍，而实际系统中为了保证采样精度，通常取 $f_s=(7\sim10)f_{max}$。

2. 分辨率

分辨率是指数据采集卡可分辨的输入信号最小变化量，通常用 A/D 转换器输出的二进制位数表示，分辨率越高，数据采集卡能识别的信号变化量越小。目前分辨率最低为 12 位，可满足一般应用要求，对于较高的要求，可以使用 16 位或 24 位分辨率的数据采集卡。

3. 量程范围

量程范围是指 A/D 转换器能够数字化的最大和最小模拟信号电压值。数据采集卡提供了可选择的量程范围，如 0 ~ 10 V，-5 ~ 5 V 等。

4. 增益

增益表示对输入信号放大或缩小的倍数。给输入信号设置一个合理的增益值，可使信号的动态范围与数据采集卡的量程范围相匹配，从而能更准确地复原信号。通常增益的选择是在 LabVIEW 中通过设置信号输入范围来实现的，LabVIEW 会根据输入范围来自动配置增益。

7.3.3 信号连接方式

测试信号接入数据采集卡时，通常有三种不同的信号连接方式，即参考单端输入 RSE (Referenced Single-Ended)、非参考单端输入 NRSE(Non-Referenced Single-Ended)和差分输入 DIFF(Differential)。

1. 参考单端输入

参考单端输入是把输入信号参考点与放大器的负极连接起来,接到数据采集卡的模拟输入地端,以一个共同的接地点为参考点的输入模式,如图 7.7 所示。该输入模式用于测试浮动信号。

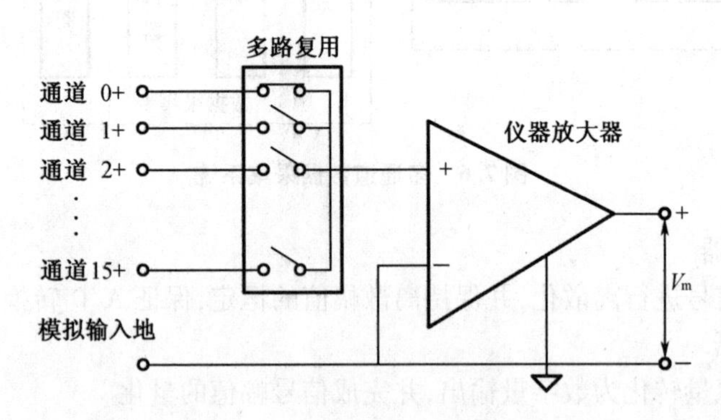

图 7.7 参考单端输入测量系统

2. 非参考单端输入

非参考单端输入因为所有输入信号都已经接地,所以信号参考点无须再接地,而是接到放大器模拟输入参考点即可,如图 7.8 所示。该输入模式用于测试接地信号。

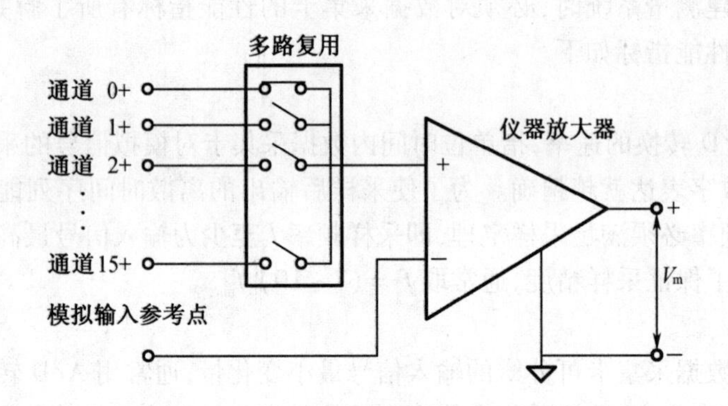

图 7.8 非参考单端输入测量系统

当输入信号符合以下条件时可以使用参考单端输入和非参考单端输入模式:

(1)高电平信号(通常大于 1 V);

(2)信号电缆较短(通常小于 5 m)或有屏蔽,环境无噪声;

(3)所有信号可以共享一个公共参考点。

3. 差分输入

差分输入模式是将输入信号的正负极分别接入两个通道,该模式下测试系统只读取信号两极之间的电压差,而不会测量共模电压,如图 7.9 所示。差分输入模式是一种比较理想的输入模式,该模式下系统不仅抑制接地回路感应误差,而且一定程度上会抑制环境噪声。

当输入信号符合以下条件时可以使用差分输入模式:

(1)低电平信号(通常小于 1 V);

(2)信号电缆较长或无屏蔽,环境噪声较大;

(3)输入信号要求单独的参考点。

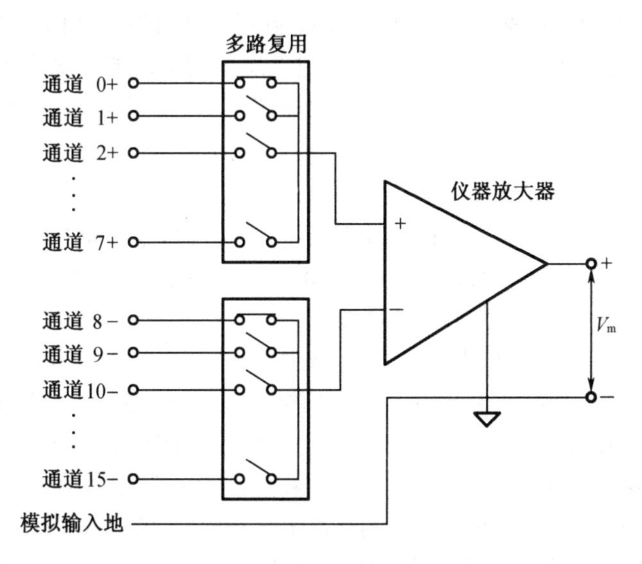

图7.9 差分输入测量系统

7.3.4 数据采集卡功能及设置

1. 数据采集卡功能

数据采集卡通常具有模拟输入、模拟输出、数字I/O和计数器/计时器的功能。

(1)模拟输入

模拟输入是数据采集卡最基本的功能,一个模拟信号通过模拟输入部分可以转化为数字信号供计算机分析处理,A/D的采样率、分辨率等参数直接影响着模拟输入的质量。

(2)模拟输出

模拟输出是将数字信号转化为模拟信号输出,为测试系统提供激励信号,输出信号受数模转换器(D/A)的建立时间、转换率、分辨率等因素影响,建立时间和转换率决定了输出信号幅值改变的快慢,如建立时间短、转换率高的D/A可以提供一个较高频率的信号。应该根据实际需要选择D/A的参数指标。

(3)数字I/O

常见的应用是在计算机和外设如打印机、数据记录仪等之间传送数据。它的重要参数包括数字端口数、接收(发送)率、驱动能力等,如果输出去驱动电动机、灯、开关型加热器等用电器,就不必用较高的数据转换率。数字端口数要能同控制对象配合,而且需要的电流要小于采集卡所能提供的驱动电流,但加上合适的数字信号调理设备,仍可以用采集卡输出的低电流的TTL电平信号去监控高电压、大电流的工业设备。

(4)计数器/计时器

计数器可以用到许多场合,如定时、产生方波等。计数器包括三个重要信号:门限信号、计数信号、输出。门限信号实际上是触发信号——使计数器工作或不工作;计数信号也即信号源,它提供了计数器操作的时间基准;输出是在输出线上产生脉冲或方波。计数器最重要的参数是分辨率和时钟频率,高分辨率意味着计数器可以计更多的数,时钟频率决定了计数的快慢,频率越高,计数速度就越快。

2. 数据采集卡软件设置

数据采集卡都有自己的驱动程序，该程序控制采集卡的硬件操作。通常这个驱动程序是由采集卡的供应商提供的，用户一般无须通过低层就能与采集卡硬件打交道。

NI 公司还提供了一个数据采集卡的软件配置工具，测试与自动化资源管理器 MAX（Measurement & Automation Explorer）。

数据采集卡的软件设置涉及以下几个参数：

设备号（Device），在 NI 采集设置工具中设定。该参数告诉 LabVIEW 你该使用什么卡，数据采集 VI 不受卡的类型影响，也就是说，如果你稍后使用了另一种卡，并且赋予它同样的设备号，你的 VI 程序可正常工作而无须修改。

通道（Channels），指定数据样本的物理源。例如，一个卡有 16 个模拟输入通道，你就可以同时采集 16 组数据点。在 LabVIEW VI 中，一个通道或一组通道都用一个字符串来指定。

采样率（Scan Rate），是指采集卡每秒从各通道采集数据的次数，缺省值是 1 000 samples /s。

采样数（Number of Samples/ch），每通道要采集的样本数，缺省值是 1 000。

最大电压（High Limit），是被测信号的最高电平，其缺省值是 0，可设置为 10 V 或 5 V。

最小电压（Low Limit），是被测信号的最低电平，其缺省值是 0。设为缺省值时系统将按照采集卡参数设置处理。

最大电压和最小电压的值将决定采集系统的增益。大多数采集卡输入信号变化的缺省值为 -10 V 到 10 V，如果你将其设为 -5 V 到 5 V，则增益为 2；如果你将其设为 -1 V 到 1 V，则增益为 10。如果你设置一个理论上的增益是得不到支持的，LabVIEW 会自动将其调整到最近的预置值。典型的采集卡所支持的增益值有 0.5，1，2，5，10，20，50，100。

以 NI 数据采集卡 DAQ - PCI - 6251 为例介绍其驱动过程。本卡配套硬件包括 DAQ - PCI - 6251 数据采集卡一个，转接盒一个，电缆一套。

DAQ - PCI - 6251 数据采集卡主要技术指标如下：

模拟输入通道数　15 个通道；

模拟输出通道数　2 个通道；

量程　-10 V ~10 V；

分辨率　16 位；

单通道最大采样率　100 kHz/s。

LabVIEW 自 7.0 版本以来，在传统 DAQ VI 基础上新增了 DAQmx VI，二者不兼容。DAQmx VI 有更好的性能，实现了新的多线程支持，系统性能在一定程度上得到了提高。

在 DAQmx VI 数据采集系统中，通过用户接口 MAX（测试与自动化资源管理器 Measurement & Automation Explorer），可以对硬件进行各种必要的设置和测试，MAX 是访问计算机中各种硬件资源的一个接口软件，它可以配置 NI 公司的软件和硬件，比如对 NI 硬件进行安装和设置、执行硬件测试和诊断、创建新的通道和任务、查看连接到系统的设备和仪器等。

7.3.5　DAQmx 数据采集实例

基于 NI - DAQmx 的数据采集系统总体结构如图 7.10 所示。在执行数据采集任务时，首先通过 MAX 对数据采集卡进行必要的设置和测试，然后调用 DAQmx 采集函数编写数据采集程序，实现数据采集。同时还可以使用 DAQmx 提供的数据采集助手（DAQ Assistant）这个辅助工具，进行快速交互式的硬件设置和自动生成数据采集程序图形代码，一旦涉及相关测试任务,DAQ Assistant 就会自动打开。

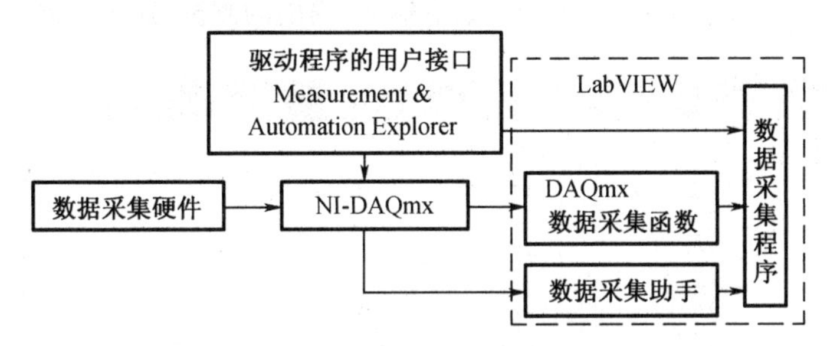

图 7.10 基于 NI - DAQmx 的数据采集系统结构图

下面以数据采集卡 DAQ - PCI - 6251 为例,介绍 DAQmx 数据采集应用实例。首先安装数据采集卡 DAQ - PCI - 6251 和 DAQmx 驱动程序,然后打开 MAX,在"设备和接口"选项下,会列出检测到的硬件"NI PCI - 6251 : Dev1",如图 7.11 所示,通过右键单击该硬件名,弹出快捷菜单,可以对硬件进行设置和测试。

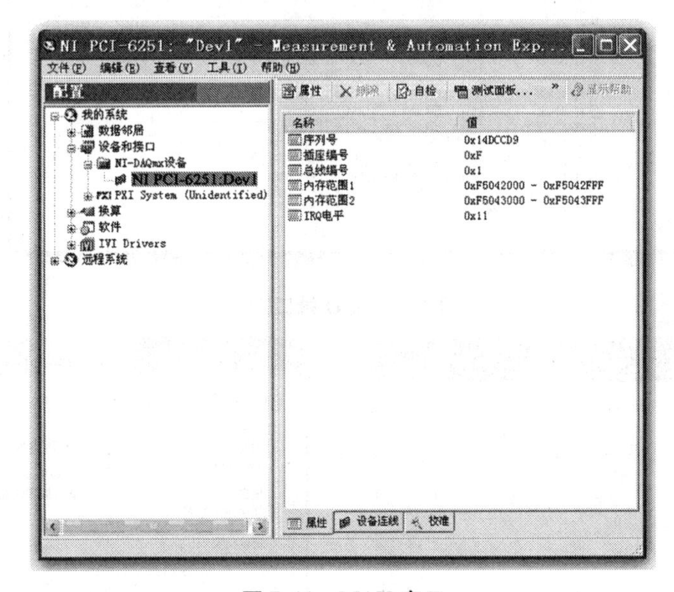

图 7.11 MAX 窗口

通过点击端口说明文档,能够得到 NI PCI - 6251 的 I/O 端口定义,I/O 端口通过 68 芯电缆引出到 SCB - 68 接线端子板,所有输入/输出信号通过端子板连接,端子板上的标号定义与图一致,如图 7.12 所示。

打开如图 7.13 所示的测试面板,可以对数据采集卡 PCI - 6251 进行模拟输入测试。用信号发生器产生正弦信号,并将输出的正负端,分别接入 NI PCI - 6251 接线端子板上 67 针和 68 针两个输入端,在测试面板上选择"模拟输入"选项,选择通道名"Dev1/ai0",信号输入配置选择 RSE(参考单端输入),单击"开始" 按钮,完成对 NI PCI - 6251 采集卡的测试。图中显示模拟输入信号为正弦信号,表明硬件模拟输入功能正常。

在测试面板上选择模拟输出按钮,就会显示模拟输出测试面板,如图 7.14 所示。将接线端子板上 22 针和 55 针分别接入示波器的输入端,选择通道名"Dev1/ao0",模式为"正弦波发生器”，正弦波幅值设置为1，单击“开始”按钮，产生正弦波输出给示波器，完成测试。测试面板还可以进行数字输入/输出和计数器输入/输出的测试，这里不再一一介绍。

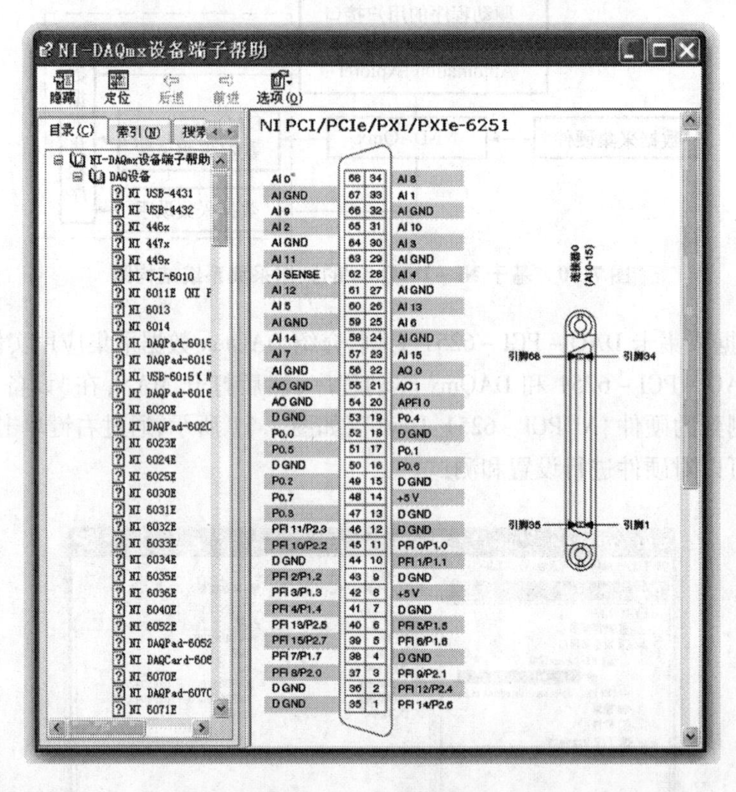

图7.12　I/O 端口定义

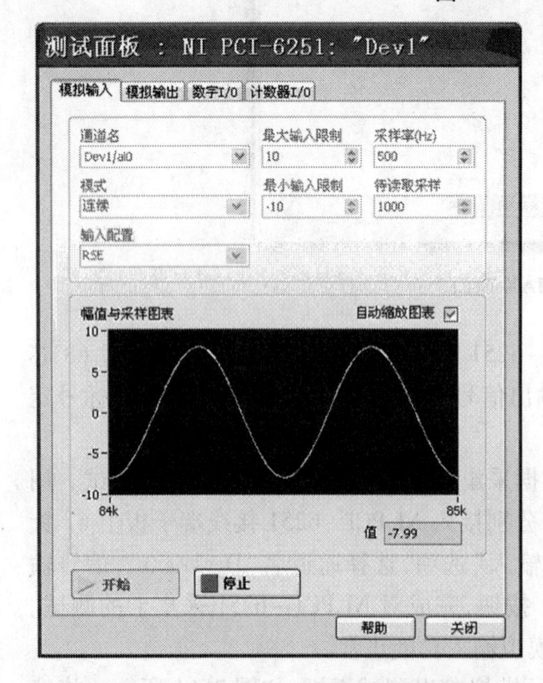

图7.13　NI-DAQ 模拟输入测试面板

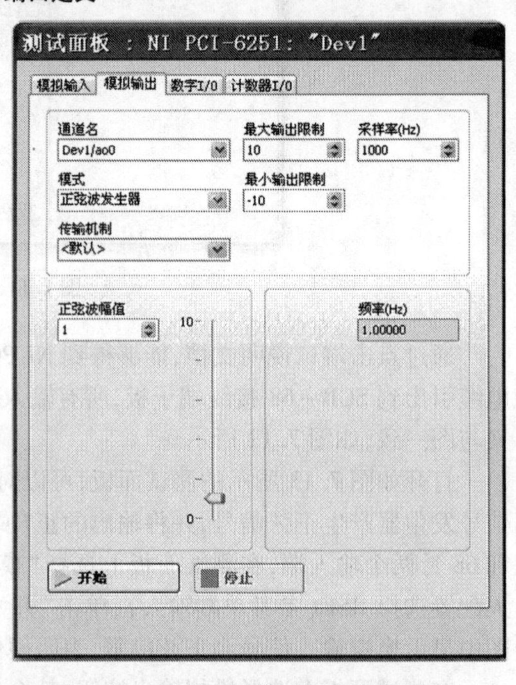

图7.14　NI-DAQ 模拟输出测试面板

采集模拟信号是测试系统中最普遍、最典型的任务，下面通过完成模拟信号输入和模拟信号输出任务，介绍创建数据采集程序的一般方法。

1. 模拟输入

模拟输入既可以通过数据采集助手 DAQ Assistant 实现，也可以通过 DAQmx 数据采集函数编程实现。

（1）数据采集助手 DAQ Assistant 的应用

在 MAX 中右键点击“数据邻居”，弹出“创建新任务”快捷菜单，点击进入新建对话框；选择 NI－DAQmx 任务，然后单击“下一步”，进入选择任务的测量类型页面；选择“模拟输入”选项后，进入下一级对话框，对模拟输入任务进一步细分；单击“电压”按钮，进入下一级对话框，在这里选择物理通道，物理通道用设备名和通道类型加通道号表示，例如“Dev1/ai0”；单击“下一步”按钮进入下一页，键入新建任务的名称“我的电压任务_1”，单击“完成”，新建任务的设置结束。

接下来，NI－DAQmx 任务页面会自动打开，显示数据采集助手的参数设置和信号测试面板，如图 7.15 所示，对模拟信号的采样模式、采样数、采样率、输入范围、接线方式、缩放等参数进行设置，然后单击“运行”按钮进行模拟信号采集。信号源接入 NI－DAQmx 数据采集卡的方法与用测试面板采集信号方法相同。

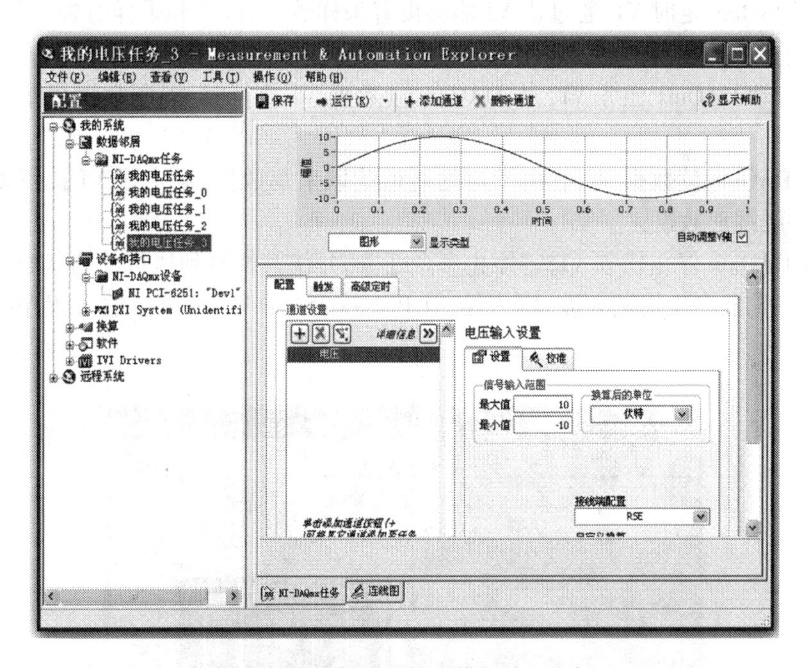

图 7.15 数据采集助手模拟输入面板

（2）DAQmx 数据采集函数的应用

LabVIEW 中的 DAQmx 数据采集函数位于函数子选板“测量 I/O→DAQmx Data Acquisition”中，DAQmx 数据采集函数的模拟输入程序框图如图 7.16 所示。

DAQmx 数据采集程序运行步骤如下：

①选择 DAQmx 新建虚拟通道 VI，创建一个测量模拟电压信号的虚拟通道，在这个 VI 的参数设置中，选择物理通道“Dev1/ai0”，测量电压的最大值和最小值设为 10 V 和 －10 V，

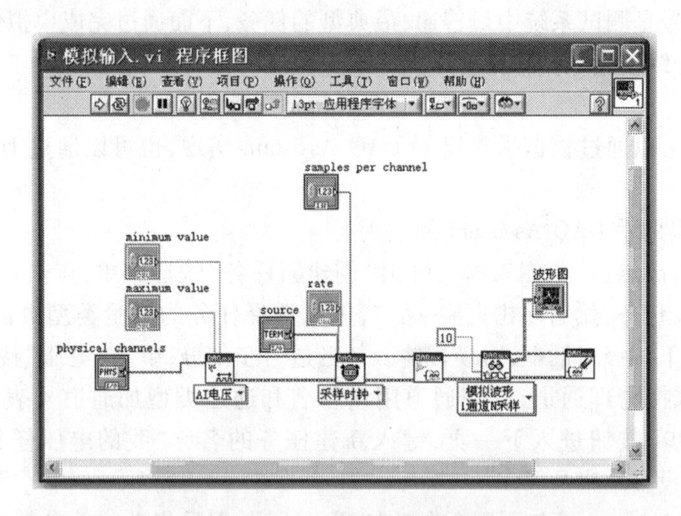

图 7.16　DAQmx 数据采集函数的模拟输入程序框图

信号连接方式采用差分输入 DIFF，并将输入方式设为前面板窗口输入，方便用户直接进行参数设置；

②选择 DAQmx 定时 VI，通过该 VI 能够设置采样数、采样率和采样时钟信号源，并将输入模式设为前面板输入；

③选择启动 DAQmx 任务 VI，当 DAQmx 读数据 VI 执行时，限制数据采集任务的自动启动；

④选择 DAQmx 读数据 VI，它由指定的通道读取采集数据，设定该 VI 执行单通道多点采样，返回一维波形数组；

⑤选择 DAQmx 停止任务 VI，它停止一个任务，并使其恢复到执行前的状态。

用信号发生器产生周期方波，输入给 NI PCI－6251 采集卡，模拟输入程序执行结果如图 7.17 所示。

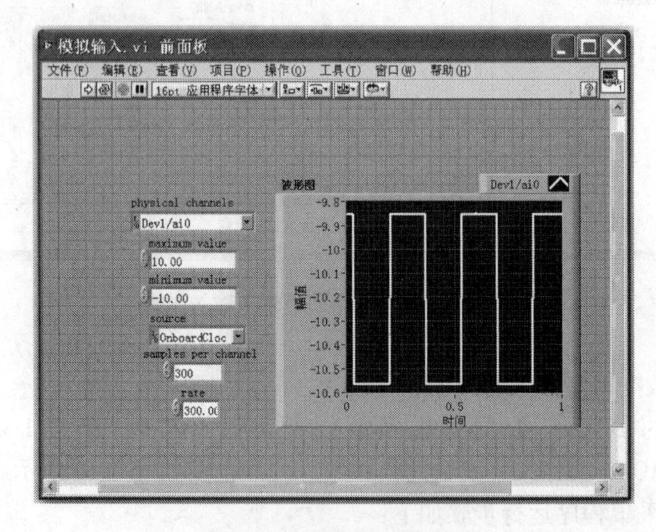

图 7.17　模拟输入面板

2. 模拟输出

多功能 DAQ 数据采集卡用数/模转换器(DAC)能够将数字信号转换成模拟信号输出,这一功能也同样可以由数据采集助手 DAQ Assistant 实现或通过 DAQmx 数据采集 VI 实现。以周期三角波信号的模拟输出为例,由数据采集助手执行的模拟输出结果如图 7.18 所示。由 DAQmx 数据采集 VI 执行的模拟输出程序框图如图 7.19 所示,模拟输出波形如图 7.20 所示,模拟输出的编程可参照模拟输入的编程方法。

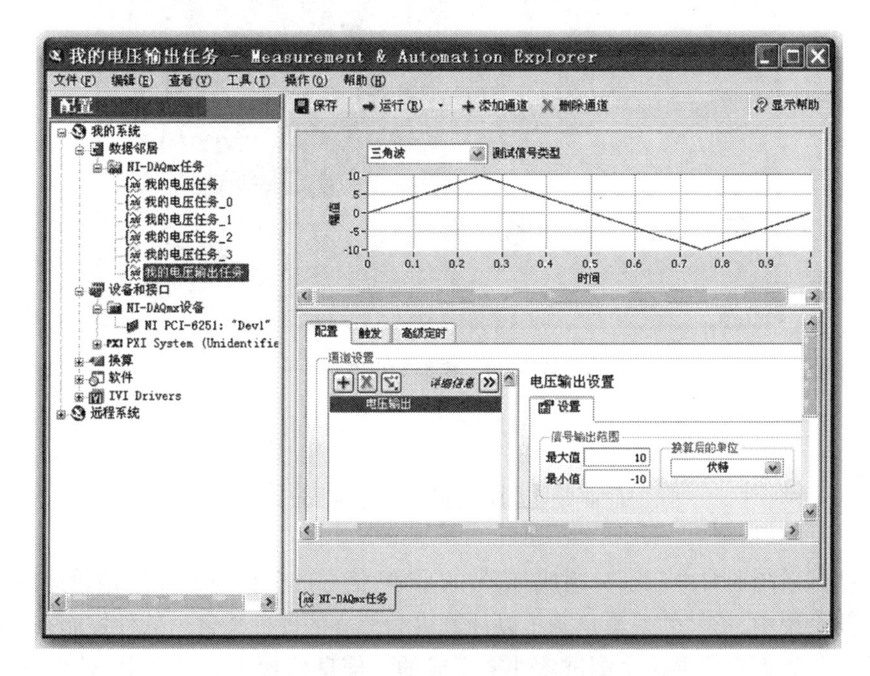

图 7.18 数据采集助手模拟输出面板

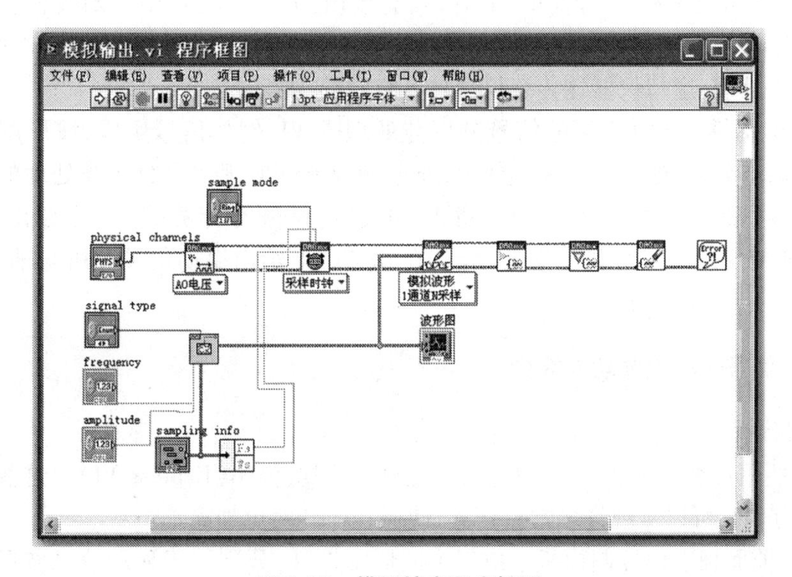

图 7.19 模拟输出程序框图

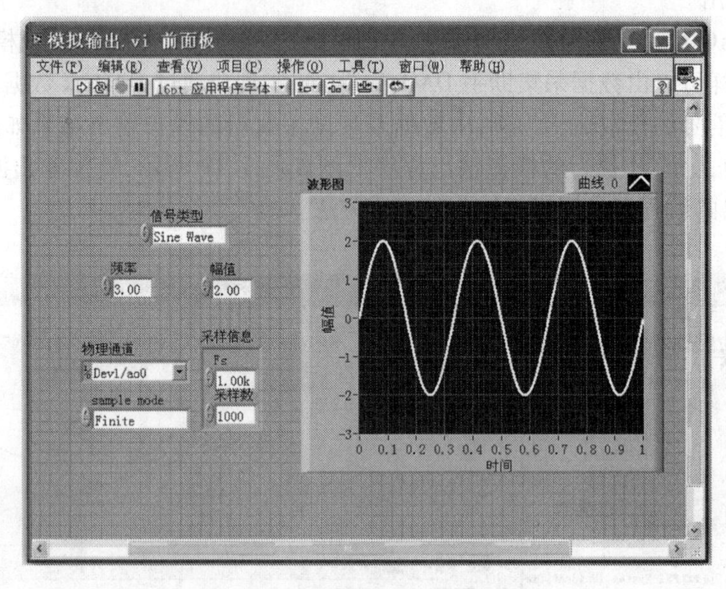

图 7.20 模拟输出波形

7.4 LabVIEW 信号分析

一个测试系统通常由三部分组成:信号的采集,信号的分析与处理,结果的输出与显示。在虚拟仪器系统中,信号的采集是基于以计算机为核心的硬件平台由软件控制来完成的,而信号的分析与处理则主要是由测试软件来完成的。信息蕴含于信号之中,只有通过对信号的分析与处理才能获得有用信息,因此信号分析与处理是构成测量系统必不可少的重要组成部分。尤其是信号的一些特征值,如峰值、有效值、方差、频谱、相关函数、概率密度函数等,若用硬件电路实现是极其复杂、困难和昂贵的,而用软件编程实现则容易得多,因此对于信号的分析与处理,虚拟仪器比传统仪器具有绝对的优势。

LabVIEW 提供了各种常用的信号分析与处理子 VI,例如信号生成,波形调理,波形测量,信号运算,谱分析,滤波器和窗函数等,通过编程能够实现信号分析与处理的主要功能,像时域分析、频域分析、相关分析、数字滤波、曲线拟合和数学运算等。本节给出几个简单的例子,介绍如何实现信号分析的主要功能,在此基础上给出振动信号分析与轴心轨迹分析实例。

7.4.1 信号分析主要功能简介

1. 频谱分析

为了方便用户编程,LabVIEW 提供了一些快速测量程序(Express VI)。这些 VI 内部封装了更多的子 VI,可以实现许多常见任务,使得程序开发更加简单。

首先,在前面板上由控制模板生成三个波形图控件,分别用于显示信号波形、幅频谱和相频谱。然后,切换到程序框图页面,由函数模板通过“Express→输入→仿真信号”路径,选择仿真信号 VI,并将该 VI 的频率、幅值、相位和占空比参数设为用户输入模式,执行程序之前,用户可以通过前面板手动设置,其余参数由属性对话框完成设置,信号类型选为方波。最后,由函数模板通过"Express→信号分析→频谱测量"路径,选择频谱测量 VI。将各 VI 正确连线,完成编程。程序框图和前面板程序执行结果如图 7.21 和图 7.22 所示。

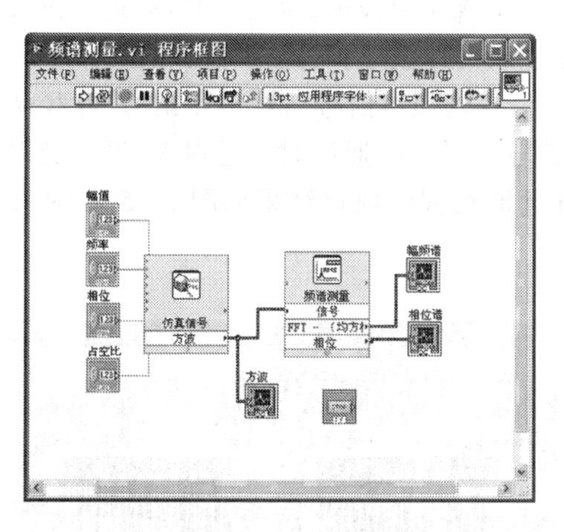

图 7.21　频谱分析程序框图

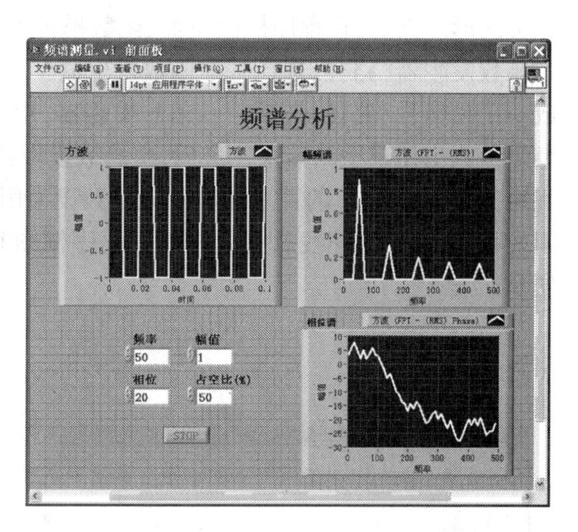

图 7.22　频谱分析前面板程序执行结果

2. 滤波器

首先,在前面板上由控制模板生成两个波形图控件,分别用于显示夹带噪声的信号波形和滤波后的信号波形。然后,在程序框图页面,由函数模板选择两个仿真信号 VI,分别用于产生正弦信号和叠加噪声的正弦信号,将两路信号输入公式 VI,再将合成的信号输入到滤波器 VI,滤波器类型选择低通滤波器,低截止频率由用户输入。最后,将滤波后的信号输入给电平测量 VI,用于计算滤波后信号的均方根值,并显示具体数值。程序框图和前面板程序执行结果如图 7.23 和图 7.24 所示。

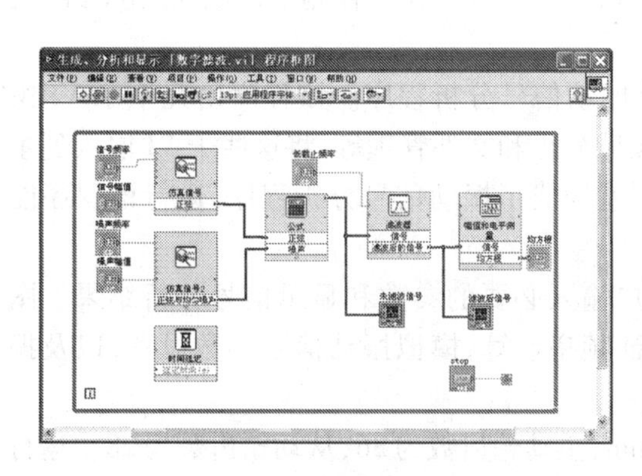

图 7.23　滤波器程序框图

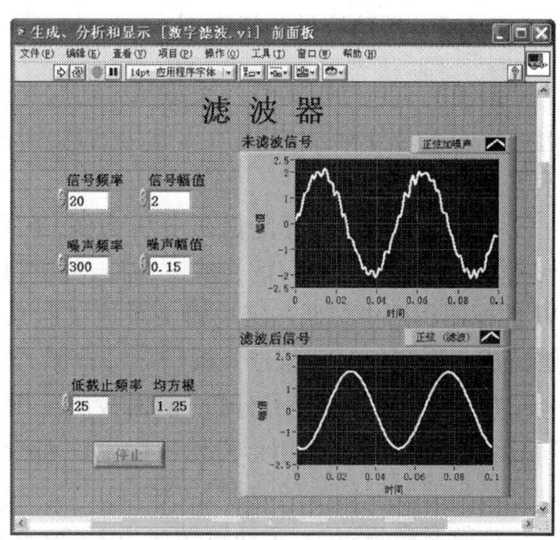

图 7.24　滤波器前面板程序执行结果

3. 互相关分析

互相关分析是时域分析中常用的方法，用来分析两个特征量 X 和 Y 之间的关联程度。首先，在前面板上，由控制模板生成三个波形图控件，分别用于显示 X 原波形、Y 原波形和互相关波形。然后，在程序框图页面，函数模板上由“编程→波形→模拟波形→波形生成→基本函数发生器”路径，选择基本函数发生器 VI，用于生成 X 原波形，再由“信号处理→信号生成→正弦信号”路径，选择正弦信号发生器，用于生成 Y 原波形，两路信号的幅值、频率和周期等参数由用户手动输入。最后，由函数模板经“信号处理→信号运算→互相关”路径调用互相关 VI，将该 VI 的算法和归一化参数设为用户输入，另外，通过时间延迟 VI 设置延迟时间。将各 VI 正确连线后完成编程。程序框图和前面板程序执行结果如图 7.25 和图 7.26 所示。

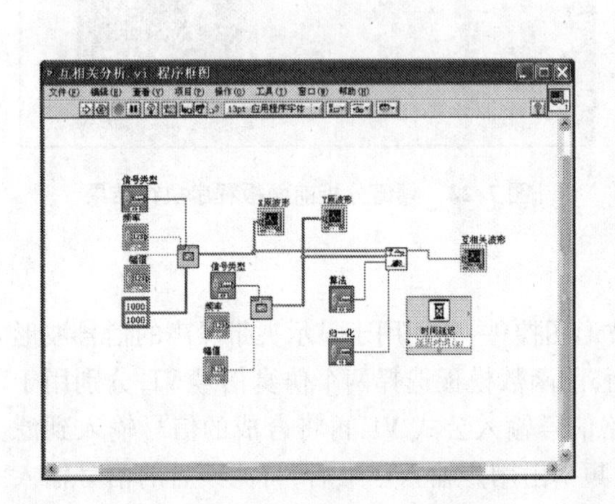

图 7.25　互相关分析程序框图

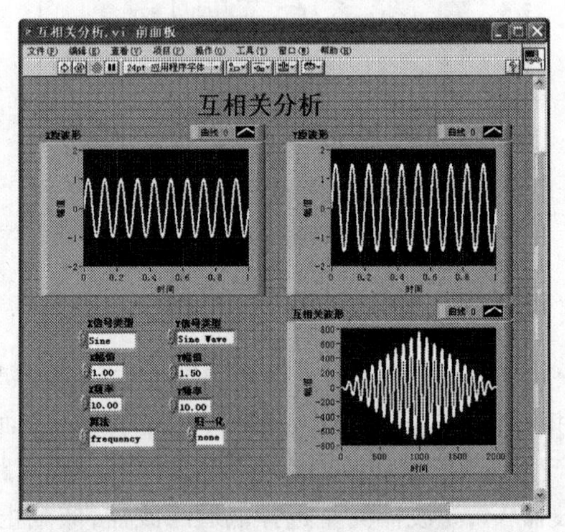

图 7.26　互相关分析前面板程序执行结果

7.4.2　振动信号分析实例

振动测试包括振动信号采集和振动信号分析两大部分。采集到振动信号之后，只有通过一定的信号分析，才能提取出有用信息，因此振动信号分析在工程测试领域和故障诊断技术方面占有重要地位。

本节以齿轮故障诊断信号分析为例，编写振动信号分析程序。该程序由几个子 VI 组成，包括特征频率计算，信号滤波，时域分析，频域分析和文件管理等，将这些子 VI 嵌入到主 VI 的框图程序中按照一定逻辑关系连接起来，就构成了振动信号分析程序，运行该程序能够完成一系列的振动信号分析。

“齿轮故障诊断信号分析”前面板用于用户输入必要的参数和显示信号分析结果。图 7.27 显示的功能区域用于齿轮参数设置和特征频率计算，模拟振动信号参数设置，以及振动信号和滤波后信号的波形显示。

齿轮参数设置为：主动轮转速为 1 470 r/min，主动轮齿数为36，从动轮齿数为28。运行程序后，计算出主动轮与从动轮旋转频率分别为 24.5 Hz 和 31.5 Hz。

振动信号参数设置为：正弦波 1 的频率为 24.5 Hz，幅值为 4 V，相位为 0°；正弦波 2 的频率为 31.5 Hz，幅值为 1 V，相位为 0°；叠加的高斯白噪声标准差为 1；采样频率为 1 kHz，

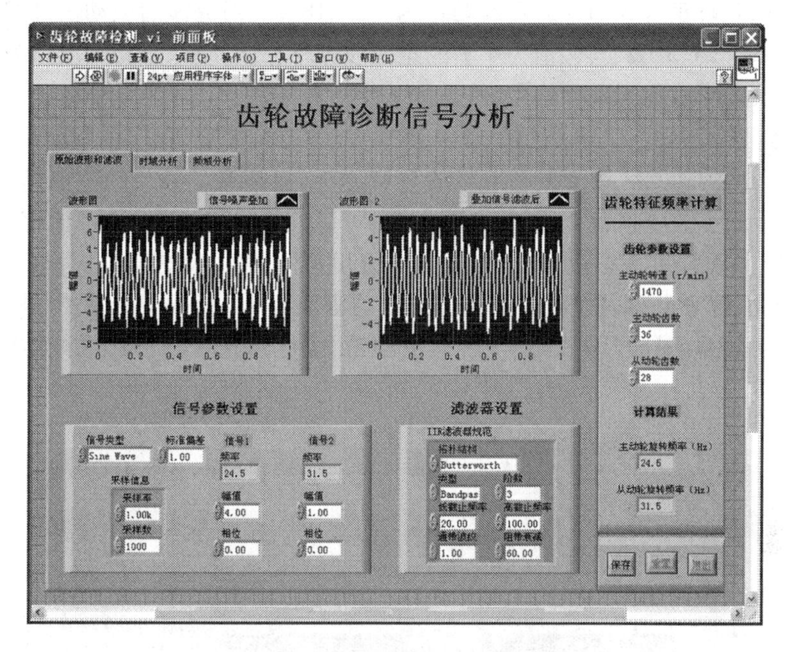

图 7.27 原始波形和滤波显示结果

采样点数为 1 000。

滤波器参数设置为:选择 Butterworth 滤波器,滤波类型选择为 Bandpass(带通滤波),高截止频率为 100 Hz,低截止频率为 20 Hz,阶数选 3 阶。程序运行结果如图 7.28 所示。

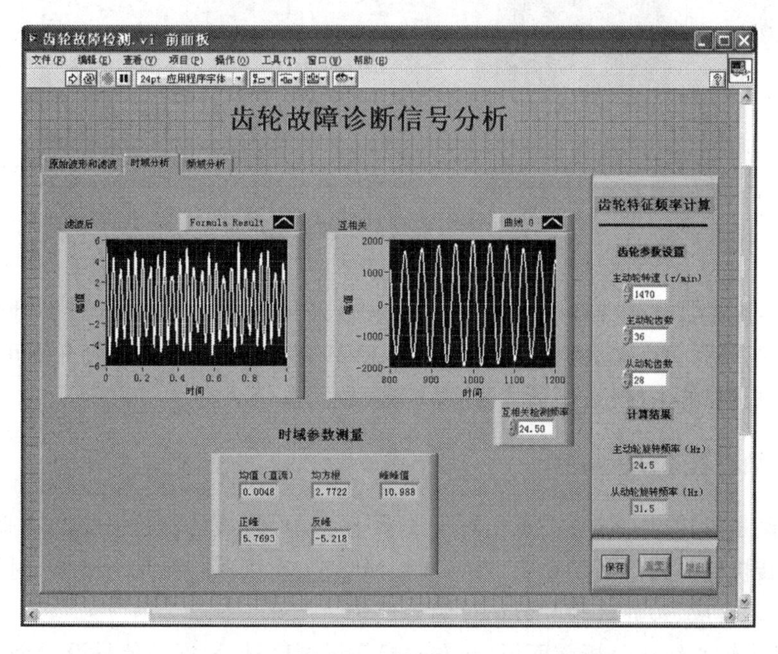

图 7.28 时域参数计算和互相关分析结果

图 7.28 显示的功能区用于振动信号的时域分析,包括齿轮振动信号的参数计算、波形显示和相关分析。计算结果表明,信号的均值为 0.004 8 V,均方根值为 2.772 2 V,峰 - 峰

值为10.988 V,正峰值为5.769 3 V,反峰值为-5.218 V。对滤波后振动信号进行互相关分析,设检测频率为24.5 Hz,与幅值为4 V的正弦波频率相同,结果互相关波形为振幅衰减趋势的周期信号,表明检测到同频信号,但是由于噪声并未完全滤除掉,因此互相关波形的幅值有衰减趋势。

图7.29显示的功能区用于振动信号的频域分析,包括振动信号的幅值谱、相位谱和自功率谱波形显示,和故障报警。通过幅值谱波形可以看出,低频信号的幅值比高频信号高,表明低频信号振动强度大。功率谱波形更加突出振动强度大的信号。设定报警阈值为2.2 V,结果显示频率为24.5 Hz的低频信号振动幅值为2.225 6 V,已超出阈值,报警信号变为红色,表明低频信号即为故障信号,即主动轮为故障齿轮。频域分析能够用于查找故障源。

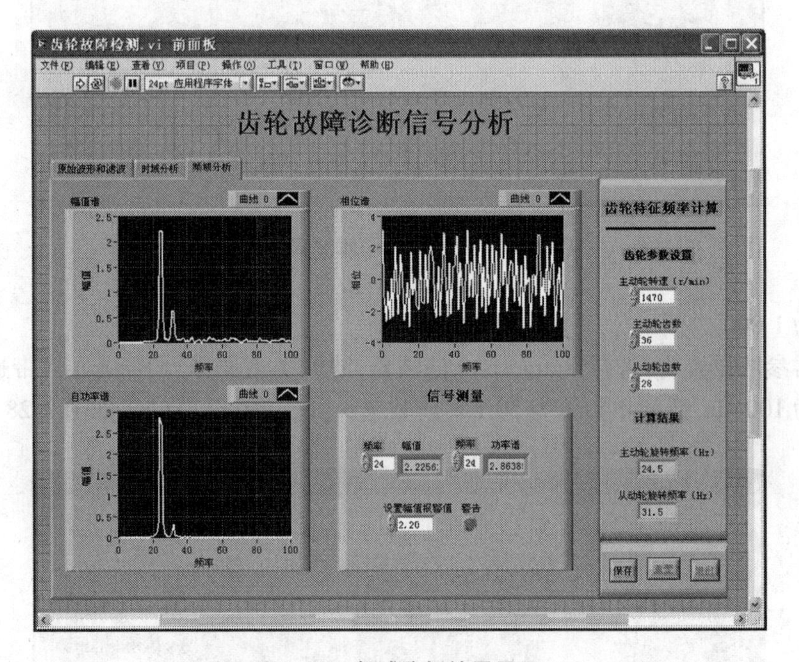

图7.29　频域分析结果显示

最后进行测量数据的保存。点击保存按钮,输入保存的文件名以及保存地址,点击确定按钮即可。保存后,可在相关路径下找到一个LVM文件,用电子表格打开即可看到所保存的均值、均方根值、峰-峰值、幅值等时频域参数数据。

7.4.3　轴心轨迹分析实例

轴心轨迹是指转子上轴心一点相对于轴承座运动而形成的轨迹。监测轴心轨迹并提取其特征是旋转机械故障诊断的重要方法。轴心轨迹分析程序包括信号滤波、时域分析、频域分析、轴心轨迹合成、边界检验和数据存储等模块。

图7.30为轴心轨迹分析前面板,在右边参数设置区域,X通道信号设置为正弦信号,幅值为7 V,频率为10 Hz,相位为0°;Y通道信号设置为正弦信号,幅值为9 V,频率为10 Hz,相位为80°,两路信号均叠加均匀白噪声,噪声标准差为1 V。采样率设为1 kHz,采样数设为1 000。滤波参数设置为低通滤波器,下截止频率设为100 Hz,采样率设为1 000 Hz。

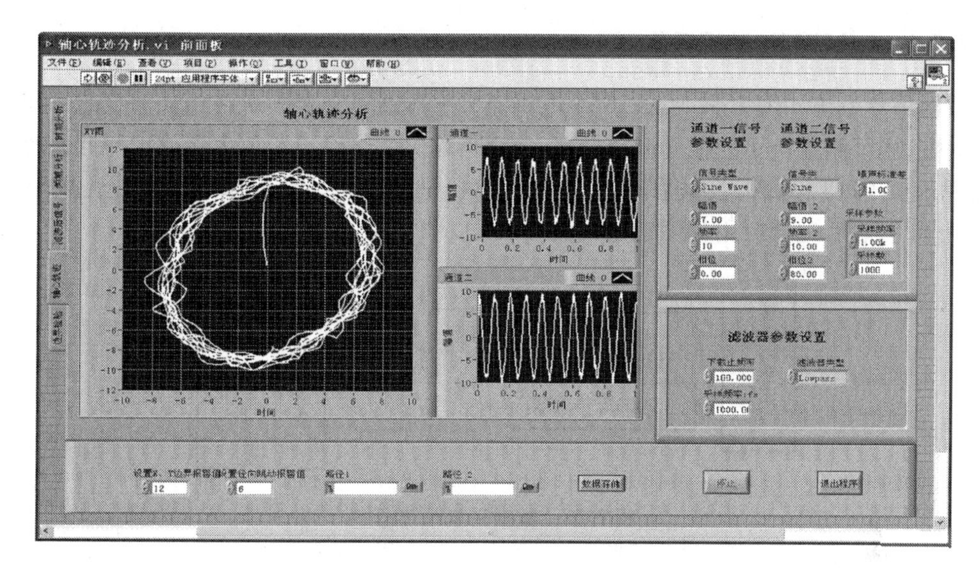

图 7.30 轴心轨迹分析前面板

程序运行时首先对带有噪声的 X 通道和 Y 通道信号进行滤波,将滤波后两路信号进行合成,产生如 XY 坐标中的轴心轨迹,轨迹的形状有一点偏椭圆形,表明故障原因为转子质量偏心,这与预先设置的 X 通道和 Y 通道信号幅值不等的情况相符。

本程序还有超出边界阈值报警功能和数据存储功能。

7.5 LabVIEW 在转子轴心轨迹识别中的应用

转子轴心轨迹作为转子振动状态的一类重要图形征兆,包含了大量的故障信息,是专家在旋转机械设备故障诊断过程中所依据的重要线索。由于轴心轨迹的提纯效果、特征提取方法和形状识别水平,都直接影响着机械设备故障诊断的水平,因此研究和开发转子轴心轨迹识别方法非常重要。

转子轴心轨迹的测量,通常在转子径向的某一截面两个相互垂直的方向上安装两个电涡流传感器,分别测得转子的径向振动位移,然后将两个方向的振动位移合成封闭的轴心轨迹图形。然后分析转子轴心轨迹的形状,根据经验判别该形状包含的转子故障信息。传统的轴心轨迹形状分析是由工程人员凭借经验通过人工观察完成的。而开发基于 LabVIEW 转子轴心轨迹自动识别系统,对于旋转机械故障的在线诊断具有重要的意义。

完成转子轴心轨迹的识别,需开发多个模块,并将其集成到一起,实现集测量、仿真、计算、分析于一体的 LabVIEW 轴心轨迹测量与识别系统。该系统各模块如图 7.31 所示。

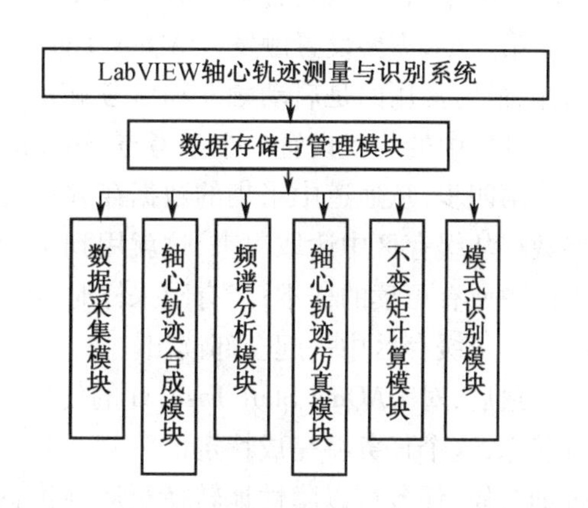

图 7.31 LabVIEW 轴心轨迹测量与识别系统

7.5.1 LabVIEW 数据采集

数据采集系统如图7.32所示，两个电涡流传感器通过支架固定在相互垂直的x和y两个方向上，用于测量转子的径向振动位移，传感器输出信号经电荷放大器放大与低通滤波器滤波后，经NI PCI-6251数据采集卡，送到计算机进行处理。数据采集卡首先需要驱动程序进行驱动，然后配合应用程序来完成数据采集。

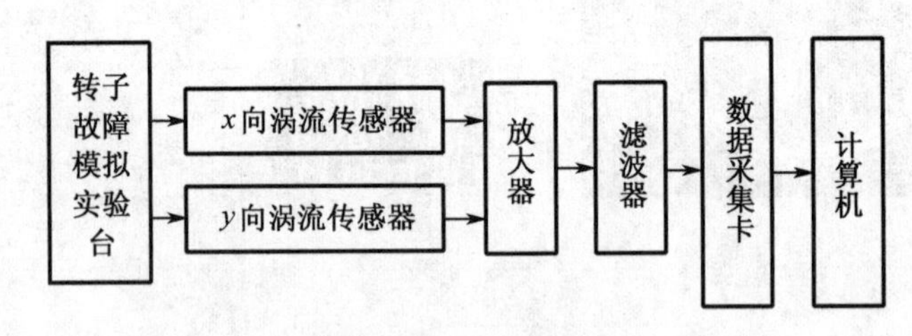

图7.32　数据采集系统框图

LabVIEW的两大基本功能是DAQ数据采集和仪器控制。DAQ数据采集是LabVIEW的核心技术之一，也是LabVIEW与其他编程语言相比较的优势所在，甚至可以认为，DAQ数据采集是LabVIEW最大的功能。

一般地说，数据采集卡都有自己的驱动程序，驱动程序控制数据采集卡的硬件操作。目前NI公司的数据采集卡驱动软件有NI-DAQ和NI-DAQmx，这两种驱动软件提供各种DAQ函数节点，用户可以很方便地访问硬件。

本实验采用的是DAQmx作为驱动程序。对于数据采集来说，有几个组成部分是必不可少的，如采集通道、定时、触发、启动和清除等。

第一步，要设置虚拟通道，我们用到的是DAQmx Create Virtual Channel. vi。该VI的作用是为指定任务添加一个或一批虚拟通道。如果没有指定任务，它将建立一个任务。由于其多态性，其I/O通道类型可以是模拟输入输出、数字I/O或者计数器输出等。

第二步，用到的是DAQmx Timing. vi。数据采集一定要设置采样数、采样率以及采样模式等，这些都是在该VI实现的。它用于指定设备的数据采集操作是否连续或有限，为有限的操作指定或生成的样本数，以及在需要时创建一个缓冲区。对于模拟输入这种需要采样定时的操作，它可以设置采样时钟源及采样速率。

第三步，需要设置触发，DAQmx Tigger. vi配置一个触发器使DAQ设备完成一个特定的动作，最为常用的是启动触发和参考触发。启动触发，初始化一个采集或生成；参考触发，则在采样集中的位置设置一个参考点，触发前数据采集结束，而触发后数据采集开始。

第四步，从通道中采集的数据存放在缓存区，如果要对数据进行更进一步的处理，需要将数据从缓存区中读取出来，这就用到了DAQmx Read. vi。当连续采样时，该VI会读取缓存区中所有可读的样本；当有限采样时，该VI会等任务获取了所有被请求的样本，然后将这些样本从缓存区中一起全部读出。

最后，对DAQmx Start Task. vi的使用。该VI显示的将一个任务转换至运行状态，在运行状态，这个任务将完成特定的采集或生成。如果程序中没有使用该VI，当读取或写入执行的时候，任务可以隐性地转换至运行状态，或者自动开始。

虽然不是在任何时候都需要用到该VI，但是启动一个与硬件定时有关的采集生成任务时会用到。例如,在循环之中,就应该使用该 VI,否则任务会不断重复地启动或停止,这样会降低执行性能。

图 7.33 是用 NI – DAQmx 编制的数据采集程序的部分程序。

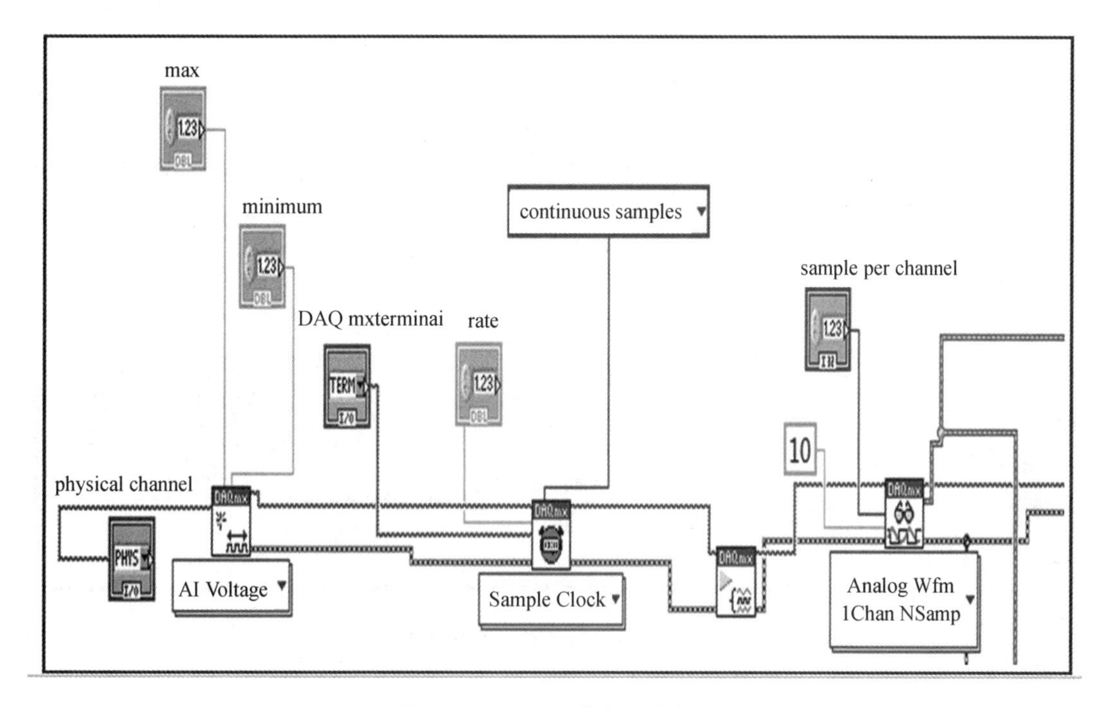

图 7.33 DAQmx 数据采集程序

从图 7.33 中可以看到创建虚拟通道 VI、定时 VI、启动任务 VI 和读取 VI。这些 VI 都有一些输入输出端子用以连接一些必要的控件,进行参数的设定,比如采样数、采样率等。

图 7.33 只是单通道的数据采集程序,由于本实验所采集的是两路电压信号,并且需要将两路信号合成封闭的轴心轨迹,用 DAQmx 编制的程序比较烦琐,信号流程复杂,不宜与随后的信号处理程序进行整合,所以放弃了 DAQmx,改用 DAQ 助手完成数据采集任务。

DAQ 助手是建立在 DAQmx 上的一个基于步骤的向导,它拥有一个交互式的图形界面,无需编程就能一步一步地完成测量任务、采集通道、信号自定义等配置,而且能够自动生成代码,实现 DAQmx 应用的快速开发。

首先驱动数据采集卡新建一个采集两路信号的任务,并设置采样数、采样率、采样模式、测量模式等,随后将这个任务生成代码,这时在新建 VI 的程序框图上就会生成一个 DAQ 助手图标。图 7.34 是 DAQ 助手生成的数据采集程序,其中也包括了两路信号的轴心轨迹合成程序。

从图 7.34 可以看到,由 DAQ 助手生成的数据采集程序经滤波器滤波后,由拆分数组节点将两路信号分开连接波形显示控件和写入测量文件控件,用以实现位移信号的实时显示和数据存储。接下来信号连接到了频谱分析控件,分别对两路信号进行频谱分析。最后,两路信号输入到 XY 波形显示控件完成轴心轨迹的合成。用该程序在实验台上进行了数据采集实验,实验结果如图 7.35 所示,LabVIEW 程序的前面板给出了两路转子径向位移信号的时域波形以及合成的轴心轨迹。

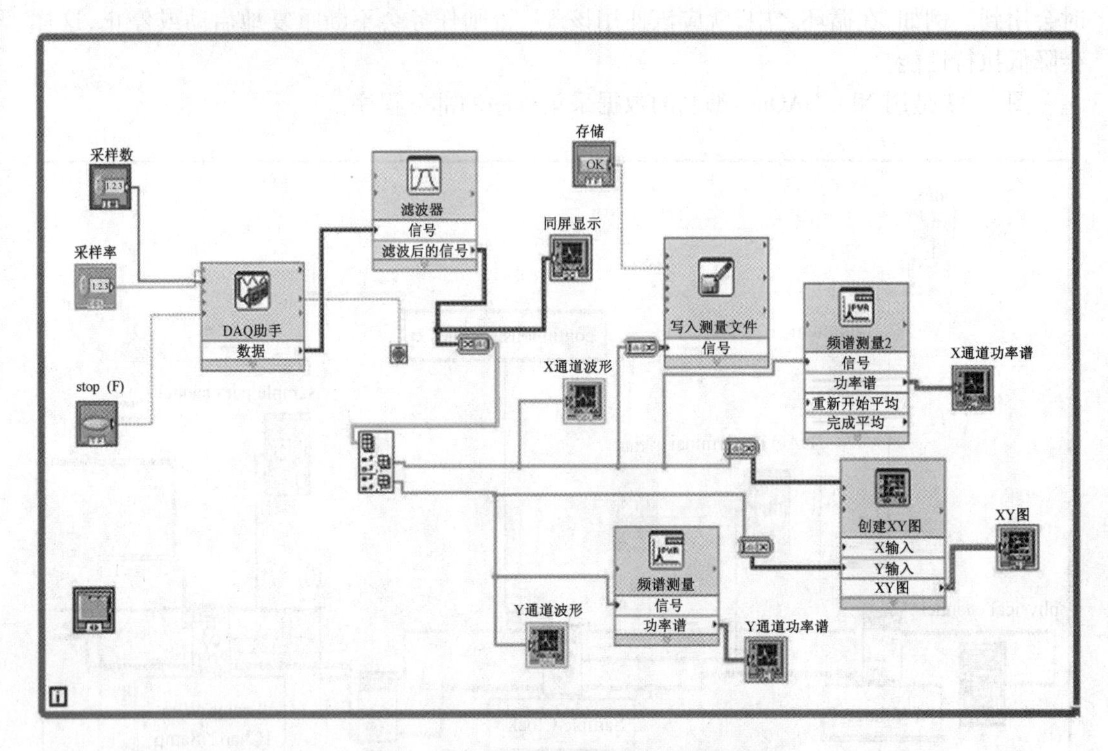

图 7.34　数据采集与轴心轨迹合成程序

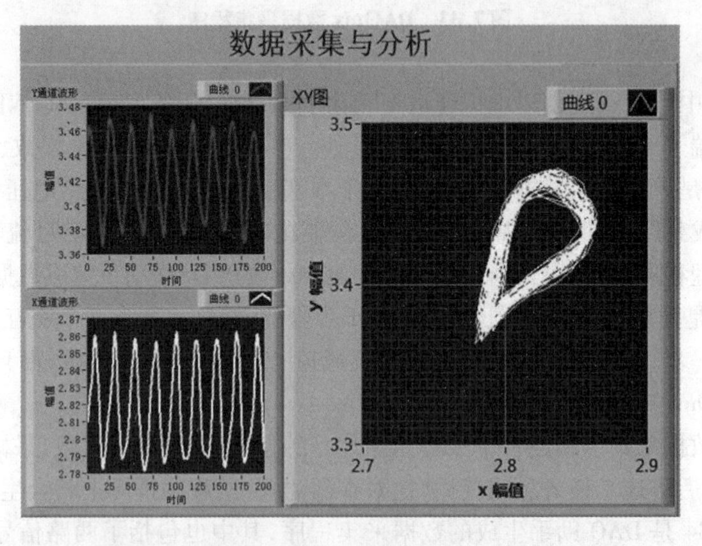

图 7.35　两路转子径向位移信号与合成的轴心轨迹

所采集的数据需要进行保存以便随时读取和分析。LabVIEW 中已经把读取和保存功能进行了模块化处理，变成了一个控件，需要时选取它们并设置参数即可。如图 7.36 为数据存储的操作截图，图 7.37 为读取数据时操作截图。

图 7.36　数据存储操作截图

图 7.37　数据读取操作截图

7.5.2　LabVIEW 轴心轨迹仿真程序

开发轴心轨迹图形的自动识别程序,需要建立一个标准图形库与待测轴心轨迹进行比较,才能完成图形的自动识别。这个标准图形库就是根据长期的故障诊断经验总结出来的转子典型故障所对应的轴心轨迹形状。不同的转子故障,其轴心轨迹图形也是不同的。例如,转子不平衡故障时,轴心轨迹近似为椭圆;转子不对中故障时,轴心轨迹近似为“香蕉”形或“外 8 字”形等。

当转子系统发生故障或出现异常时,转子轴心轨迹形状变得不规则,因此研究每路分量的特征频率将会得到许多故障信息。

由前面的数据采集程序得到的径向位移信号的波形可以看出,单路信号波形在低通滤波后近似为正弦波,由此我们构造了如下方程式来仿真单路径向位移信号。

$$\begin{cases}x(t) = A_1\sin(\omega t + \alpha_1) + A_2\sin(2\omega t + \alpha_2)\\ y(t) = B_1\cos(\omega t + \beta_1) + B_2\cos(2\omega t + \beta_2)\end{cases} \tag{7.1}$$

式中,$A_1,A_2,\alpha_1,\alpha_2,B_1,B_2,\beta_1,\beta_2$分别为$x(t)$和$y(t)$两路信号的幅值和初始相位角。在复平面,将两路信号进行合成,构成复函数

$$z(t) = x(t) + \mathrm{j}y(t) \tag{7.2}$$

适当设置公式(7.1)中的8个参数,就能仿真出典型故障对应的轴心轨迹图形,图7.38显示的为LabVIEW仿真出的6种轴心轨迹图形。在用公式仿真轴心轨迹图形时,不同的轴心轨迹图形与振动频率之间有对应的关系,具体描述如下。

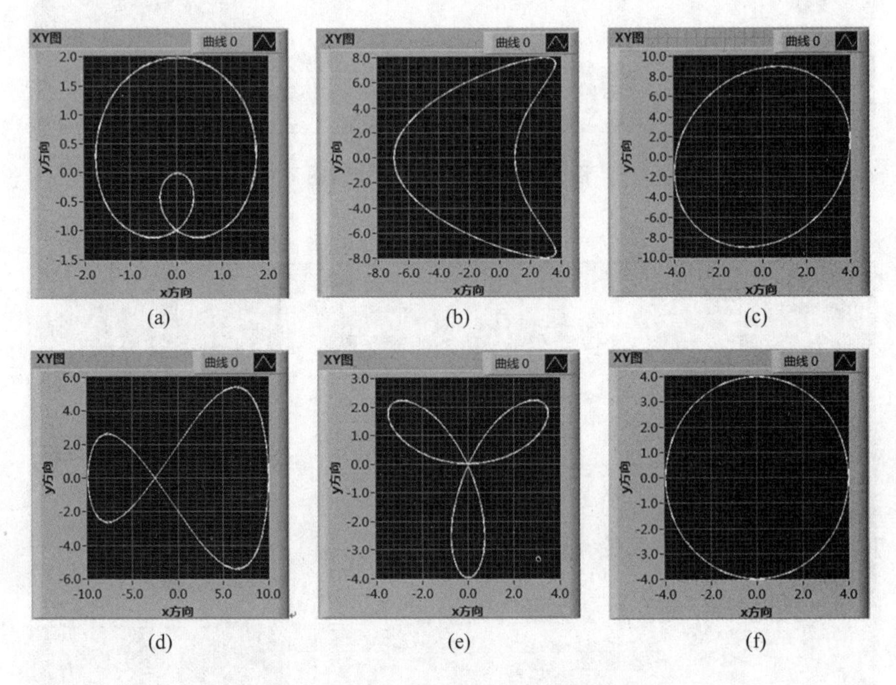

图7.38 LabVIEW仿真轴心轨迹图形

(a)油膜涡动;(b)综合故障;(c)转子不平衡;(d)转子不对中;(e)转子碰磨;(f)理想状态

当$x(t),y(t)$的二倍频分量的幅值均为0时,轴心轨迹的形状随一倍频分量的幅值和初始相位变化,其形状为直线、椭圆和圆。当$x(t),y(t)$的一倍频分量的初始相位相等时,轴心轨迹为一条直线,其斜率由一倍频分量的幅值确定;当$x(t),y(t)$的一倍频分量的幅值相等,并且一倍频分量的初始相位差为90°时,轴心轨迹是圆形,否则为椭圆。

当$x(t)$或者$y(t)$的二倍频分量的幅值为0时,轴心轨迹的形状随一倍频和二倍频分量的幅值和相位变化,其形状为圆弧、外8字形和香蕉形等;当$x(t)$和$y(t)$的一倍频分量的幅值之比大于2倍以上时,轴心轨迹呈现圆弧形、外8字形和香蕉形,其曲率随二倍频分量的幅值增大而增大。

当$x(t),y(t)$的一倍频和二倍频分量的幅值均不为0时,轴心轨迹的形状随一倍频和二倍频分量的幅值和初始相位变化,其形状具有直线、椭圆、圆、内8字形、外8字形、香蕉形以及其他各种复杂不规则的形状。

以上的这些轴心轨迹图形的仿真都是由LabVIEW程序完成的,图7.39为LabVIEW轴

心轨迹仿真程序的前面板。

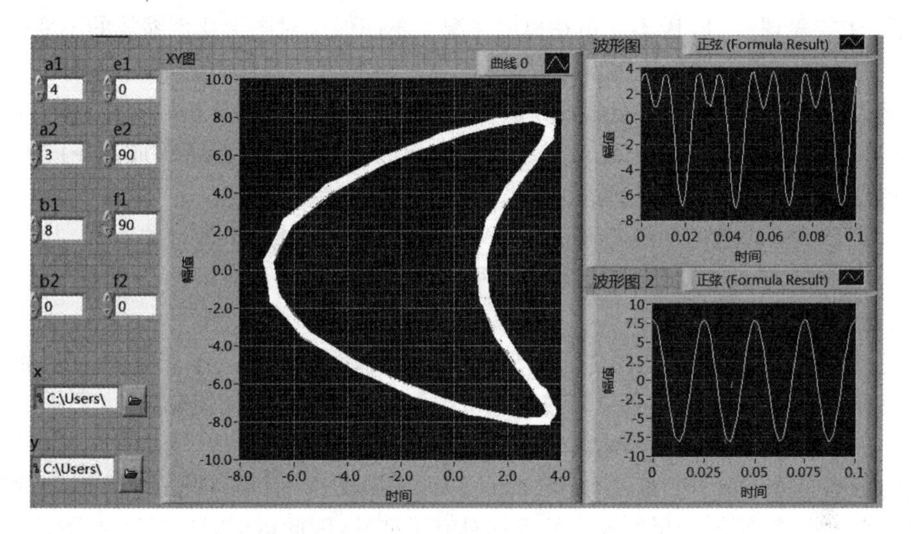

图 7.39 轴心轨迹仿真程序前面板示意图

7.5.3 轴心轨迹形状识别原理

转子轴心轨迹形状的识别,其核心技术是模式识别技术,也就是一个二维图形的模式识别问题。其核心内容有两部分,即特征提取和特征分类。特征提取,是对图形所包含的输入信息进行处理和分析,将不易受随机因素干扰的信息作为该图形的特征提取出来。特征分类,是去除冗余信息的过程,具有提高识别精度、减少运算量和提高运算速度的作用。良好的特征应具有可区分性、稳定性和独立性。

1. 轴心轨迹的特征提取

特征提取主要是对图形作各种变换及定义图形的不变性质,常用的方法有以下三种。

(1)几何特征法:通过对轴心轨迹图形进行几何运算,使其具有规定的性质。

(2)矩方法:以 Hu 氏不变矩最为常用,有一定的应用局限,现有许多改进方法。

(3)编码方法:主要用于对输入神经网络的数据进行改进编码,提高网络的分辨率,涉及数据压缩技术。常用的方法有离散余弦变换法,平面图形可变等长度压缩编码方法,加权编码法,小波神经网络数据压缩法。这些方法可使降噪后的轴心轨迹图形编码得到较大的压缩,加快了网络的训练速度,使神经网络识别系统比传统的布尔编码方法有更高的准确率和稳定性。

在对轴心轨迹进行了图形特征的提取之后就可以进行识别了,这涉及一个合理的分类问题。识别的分类实际也是模式识别问题,即将所提取的特征按一定规则分为若干个模式,确定模式中心,将输入信号与已知的各个模式中心进行匹配,根据一定的判定规则,确定输入信号应归入哪一个模式。具体方法主要包括概率统计方法、神经网络方法、关联度分析方法等。

二维图形识别常采用基于统计特征的矩不变性进行自动识别。矩是一种线性特征,可以用来对区域进行描述,而不变矩由于在尺度、平移和旋转等条件下的稳定性被广泛用于模式识别领域。Hu 在 1962 年给出了连续函数矩的定义和关于矩的基本性质,证明了有关矩的平移的不变性、伸缩的不变性和旋转的不变性等性质,具体给出了具有平移、旋转和比例不变性的七个不变矩的定义。但实验及理论分析都表明在离散情况下 Hu 氏不变矩有一定的局限性，主要表现在 Hu 氏不变矩在离散情况下不能保证对图形比例缩放的不变性。

矩在统计学中用于表征随机量的分布，而在力学中用于表征物质的空间分布。若把二值图或灰度图看作二维密度分布函数，就可把矩技术应用于图像分析中。矩就可以用于描述一幅图像的特征，并提取为与统计学和力学中相似的特征。矩能够被应用于图像分类与识别，如景物匹配、直方图匹配、图像重建、目标识别和图像检索等。

1961 年，Hu 由代数不变量的理论推出一系列的矩不变量用于形状的识别。这里的“不变”意味着图像或图形的某些特征量在下列情形下保持不变：大小变化（尺度）、位置变化（平移）、方向变化（旋转）。

我们假设同一物体的不同图像之间只相差一个旋转、平移和尺度变换，即同一物体的不同图像差别有物体摆放的方向、位置或摄像机与物体间距离不同引起的尺度不同。因此可以找到一些不变量，这些量只与物体形状有关，与它们的位置、方位、尺度无关，这就是这里要讨论的矩不变量。矩不变量是目标图像的一种区域描述，也是目标的特征匹配的常用方法。由于它对平移、旋转和尺度变化的目标具有不变性，因此可以对经过区域分割得到不同目标图像区域计算其不变矩，并以不变矩作为特征量来对具有旋转和尺度变化的目标图像进行识别。

2. 不变矩计算方法

不变矩的计算方法分为不变面矩和不变线矩，其区别是前者对图形填充求面积分，后者对图像的轮廓求线积分。根据轴心轨迹作为二维矢量曲线的特点，以及简化自动识别程序的编制，本课题采用的是不变线矩作为识别的工具。

直接用普通矩或中心矩进行特征表示，不能使特征值同时具有平移、旋转和比例不变性。如果利用归一化中心矩，则特征矩不仅具有平移不变性，而且还具有伸缩不变性。如果希望图像的特征对平移、旋转和比例变换均具有不变性，则可以利用规格化中心矩的线性组合，以期理论上达到图形的不变特征构造的目的。

不变矩的构造方法如下：

$$\begin{aligned}
\varphi_1 &= \eta_{20} + \eta_{02} \\
\varphi_2 &= (\eta_{20} - \eta_{02})^2 + 4\eta_{11} \\
\varphi_3 &= (\eta_{30} - 3\eta_{12})^2 + (\eta_{03} - 3\eta_{21})^2 \\
\varphi_4 &= (\eta_{30} + \eta_{12})^2 + (\eta_{03} + 3\eta_{21})^2 \\
\varphi_5 &= (\eta_{30} - 3\eta_{12})(\eta_{30} + \eta_{12})[(\eta_{30} + \eta_{12})^2 - 3(\eta_{03} + 3\eta_{21})^2] + \\
&\quad (3\eta_{21} - \eta_{03})(\eta_{03} + \eta_{21})[3(\eta_{30} + \eta_{12})^2 - (\eta_{03} + 3\eta_{21})^2] \\
\varphi_6 &= (\eta_{20} - \eta_{02})[(\eta_{30} + \eta_{12})^2 - (\eta_{03} + \eta_{21})^2] + 4\eta_{11}(\eta_{30} + \eta_{12})(\eta_{03} + \eta_{21}) \\
\varphi_7 &= (3\eta_{21} - \eta_{03})(\eta_{30} + \eta_{12})[(\eta_{30} + \eta_{12})^2 - 3(\eta_{03} + 3\eta_{21})^2] + \\
&\quad (3\eta_{21} - \eta_{03})(\eta_{03} + \eta_{21})[3(\eta_{30} + \eta_{12})^2 - (\eta_{03} + 3\eta_{21})^2]
\end{aligned} \tag{7.3}$$

式(7.3)为七个不变矩函数式 $\varphi_1 \sim \varphi_7$，对于轴心轨迹图形，可以认为其经过的各点的灰度值相同，即取 $f(x,y)=1$，轴心轨迹没有经过的点灰度值为零，即 $f(x,y)=0$，由此可以定义轴心轨迹 c 的 $p+q$ 阶矩 m_{pq} 为

$$m_{pq} = \int x^p y^q d_s, \quad (p,q = 0,1,2,3,\cdots) \tag{7.4}$$

满足平移不变性的中心矩为

$$\mu_{pq} = (x - \bar{x})^p (y - \bar{y})^q d_s, \quad (p,q = 0,1,2,3,\cdots) \tag{7.5}$$

式中,$\bar{x}$,$\bar{y}$ 代表图形的质心,即$\begin{cases}\bar{x} = m_{10}/m_{00} \\ \bar{y} = m_{01}/m_{00}\end{cases}$。

对 μ_{pq} 进行归一化处理,得到离散状态下归一化的不变线矩 η_{pq},即

$$\eta_{pq} = \frac{\mu_{pq}}{\mu_{00}^{1+\frac{p+q}{2}}} \quad (p + q \geqslant 2) \tag{7.6}$$

由于所采集的数据是有限的,可以认为轴心轨迹是由 N 个离散点组成的,离散状态下的不变线矩可以表示为

$$m'_{pq} = \sum_{i=1}^{N-1} x_i^p y_i^q \Delta s_i, \quad (p,q = 0,1,2,3,\cdots) \tag{7.7}$$

满足平移不变性的中心矩表示为

$$\mu_{pq} = \sum_{i=1}^{N-1} (x_i - \bar{x})^p (y_i - \bar{y})^q \Delta s_i, \quad (p,q = 0,1,2,3,\cdots) \tag{7.8}$$

式中,$\bar{x}$,$\bar{y}$ 代表图形的质心,即$\begin{cases}\bar{x} = m_{10}/m_{00} \\ \bar{y} = m_{01}/m_{00}\end{cases}$。

Δs_i 表示为

$$\Delta s_i = \sqrt{(x_i - x_{i-1})^2 + (y_i - y_{i-1})^2} \tag{7.9}$$

当数据为离散状态时,不变矩并不能满足对轴心轨迹图形比例缩放的不变性,若直接用于计算,会产生很大误差。因此需要对原不变矩算法进行改进。通过引入比例因子 ρ,可得到缩放后的图像不变矩 $\varphi'_1 \sim \varphi'_7$,再以 φ'_1 为基础,消除比例因子 ρ 的影响,构造出新的矩函数 $\phi_2 \sim \phi_7$(其中没有 ϕ_1)。

离散数据的不变矩计算大多为求和运算,因为数据较多,所以对不变矩的计算可以转化为数组的求和运算。将 x 方向和 y 方向采集的数据转换成数组,对数组进行运算就是对数组中各元素进行运算。不变矩计算模块的前面板如图 7.40 所示。

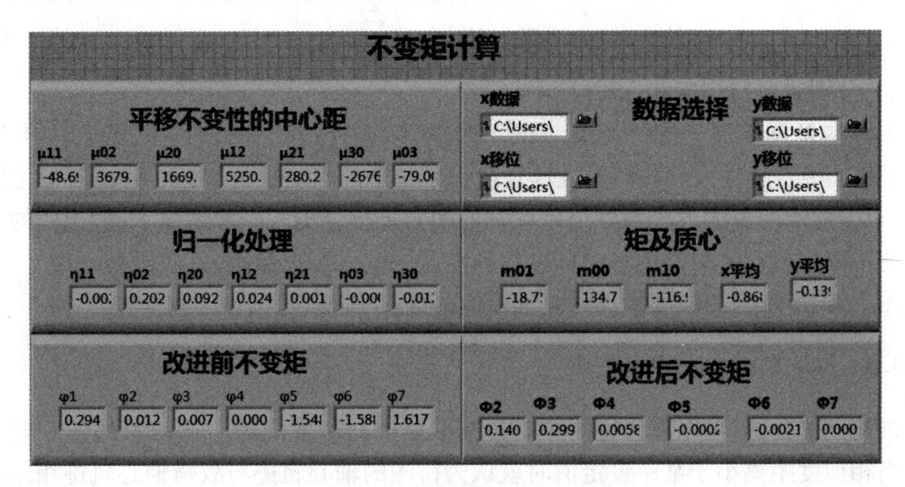

图 7.40 不变矩计算模块的前面板

在计算仿真轴心轨迹的不变矩时我们通过改变参数来改变轴心轨迹的大小和方向等,

发现不变矩值会在小数上有微小的变化，基本上可以认为是不变的。所以我们将各种情况下的不变矩值求取平均值作为标准值。表7.1所示为计算出的不变矩值。

表7.1　轴心轨迹不变矩值

$\phi_2 \sim \phi_7$	ϕ_2	ϕ_3	ϕ_4	ϕ_5	ϕ_6	ϕ_7
椭圆形	2.1	4.31	4.31	8.63	5.51	9.52
香蕉形	2.164	3.419	3.419	6.838	4.88	6.59
内八字形	3.835	3.294	3.294	6.589	4.88	6.59
外八字形	2.1	4.47	4.47	8.954	5.56	9.48
梅花形	3.835	3.249	3.249	6.589	5.21	7.1

3. 相似度距离计算

提取图形的形状特征以后，就需要判断两幅图形的相似度。对于一个给定的样本集合Ω，用n维空间中的一个点表示样本集合中的某一个样本，两个样本间的相似度度量$\delta(x_i, x_j)$应该满足下面的要求：

(1)相似度度量应该是非负值，即满足$\delta(x_i, x_j) \geqslant 0$；

(2)样本自身的相似度度量应该最大；

(3)相似度度量应该满足对称性，也就是$\delta(x_i, x_j) = \delta(x_j, x_i)$；

(4)在模式类满足紧致性的条件下，相似度度量应该是点与点之间距离的单调函数。

可见，两个特征向量之间的距离是它们相似度的一种很好的度量。如果对应同一类型的特征点在特征空间中间距较小，不同类型的特征点间距较大，这样分类就比较明确。因此，在一个给定维数的特征空间中，我们应该使不同类型的特征向量尽量分开。在距离相似度度量方法中，最常用到的相似度度量是欧氏距离。模式样本向量$\boldsymbol{X}$与$\boldsymbol{Y}$之间的欧氏距离定义为

$$D(x,y) = \|\boldsymbol{X} - \boldsymbol{Y}\| = \sqrt{\sum_{i=1}^{n} (x_i - y_i)^2} \tag{7.10}$$

式中，$\boldsymbol{X}, \boldsymbol{Y}$分别对应待测矩和标准矩，$n=6$。

如果样本$\boldsymbol{X}$和$\boldsymbol{Y}$属于同一类型，则欧氏距离$D(x, y)$较小；如果它们属于不同的类型，则欧氏距离$D(x, y)$较大。我们通过计算待识别图形的不变矩值与标准特征向量之间的欧氏距离，根据欧氏距离的大小对各个待识别的图形进行分类。一般情况下，待识别的轴心轨迹图形的不变矩值与哪一类图形的标准特征向量的欧氏距离最小，就属于哪一类。

如图7.41所示为相似度距离计算程序的前面板。

7.5.4　轴心轨迹自动识别程序

通过前面的公式，可以算出待测矩与各标准矩的相似度距离。自动识别轴心轨迹的思路就是当相似度距离小于某一设定值时就认为待测的轴心轨迹与故障轴心轨迹相似。这一设定值的确定需要大量实验，既要满足识别准确性又要满足识别的灵活性，经过大量的实验，我把设定值确定为“1”。

将前面编制的三个程序设定为子程序，在主程序中调用这些子程序，将对应的子程序部

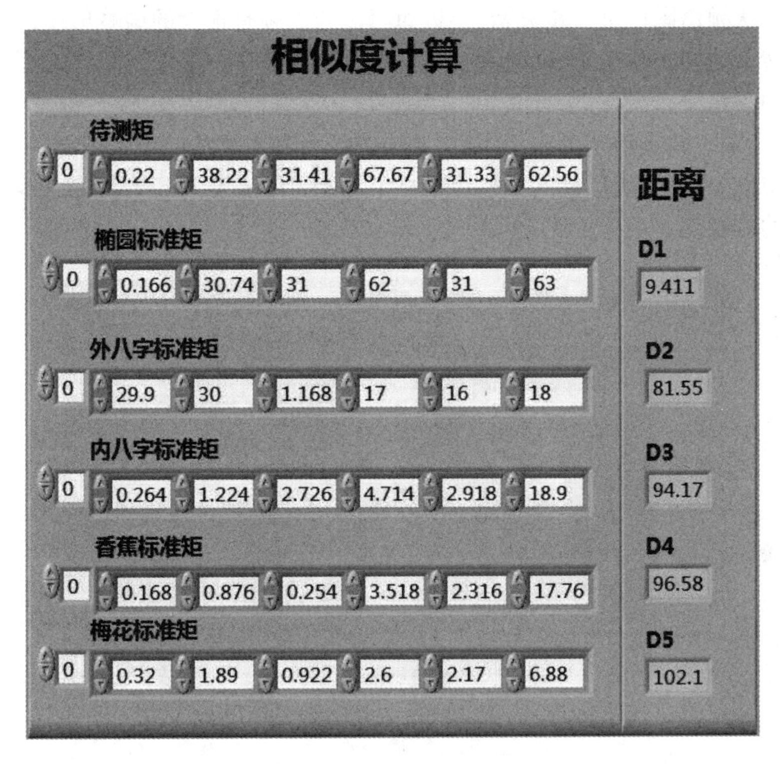

图 7.41　相似度距离计算程序的前面板示意图

分用流线连接，合理分配前面板上的各种显示控件，图 7.42 所示即为该程序的前面板。对采集的数据进行轴心轨迹合成，并运行不变矩算法和相似度距离计算程序，轴心轨迹自动识别结果如图 7.42 所示，分析结论为质量不平衡故障。

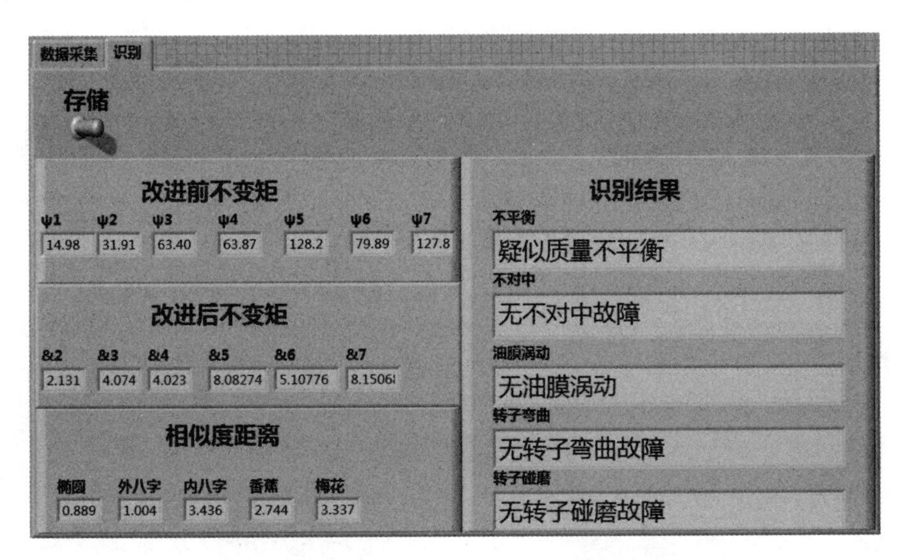

图 7.42　轴心轨迹自动识别程序前面板示意图

为了验证该算法的正确性，对测量到的实验台转子的轴心轨迹进行了频谱分析，信号频谱分析模块的前面板如图 7.43 所示。轴心轨迹的形状与“椭圆”最相似，初步可以判断为转子不平衡。从频谱图作进一步分析，接近50 Hz的基频有很大的谱峰出现，表明振动能量主要集中在转子的回转频率上，同时在二倍频率处也出现了非常小的谱峰，这是典型的转子不平衡故障的频谱分布规律。

可见，通过轴心轨迹形状的人工识别，基于图像不变矩算法的模式识别，以及频谱分析，得出的故障结论一致，证明了模式识别方法的正确性，和基于LabVIEW轴心轨迹测量与识别系统运行的有效性。

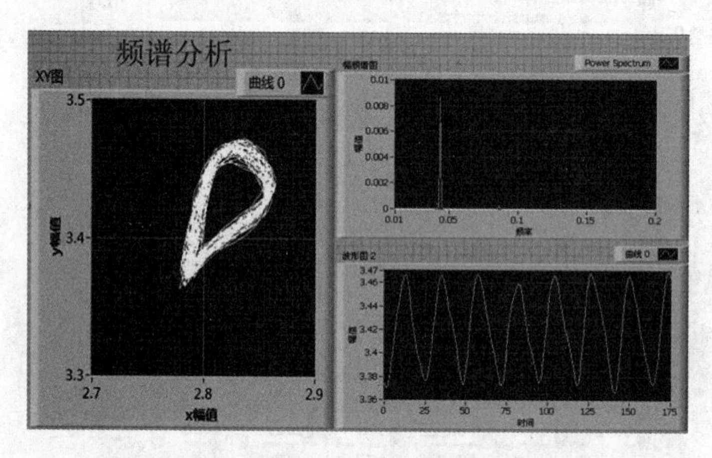

图7.43　信号频谱分析的前面板示意图

参 考 文 献

[1] 熊诗波,黄长艺. 机械工程测试技术基础[M]. 北京:机械工业出版社, 2006.

[2] 黄惟公,曾盛绰. 机械工程测试与信号分析[M]. 重庆:重庆大学出版社,2002.

[3] 张优云,陈花玲,张小栋,等. 现代机械测试技术[M]. 北京:科学出版社,2005.

[4] 潘宏侠. 机械工程测试技术[M]. 北京:国防工业出版社,2011.

[5] 张淼. 机械工程测试技术[M]. 北京:高等教育出版社,2008.

[6] 黄长艺,严普强. 机械工程测试技术基础[M]. 2 版. 北京:机械工业出版社,1998.

[7] 秦树人. 机械工程测试原理与技术[M]. 重庆:重庆大学出版社,2002.

[8] 强锡富. 传感器[M]. 3 版. 北京:机械工业出版社,2004.

[9] 徐科军. 传感器与检测技术[M]. 北京:电子工业出版社,2004.

[10] 侯国章. 测试与传感技术[M]. 2 版. 哈尔滨:哈尔滨工业大学出版社,2000.

[11] 王化祥,张淑英. 传感器原理及应用[M]. 天津:天津大学出版社,2005.

[12] 朱蕴璞,孔德仁,王芳. 传感器原理及应用[M]. 北京:国防工业出版社,2005.

[13] 叶湘滨,熊飞丽,张文娜. 传感器与测试技术[M]. 北京:国防工业出版社,2007.

[14] 杨清梅. 传感器与测试技术[M]. 哈尔滨:哈尔滨工程大学出版社,2005.

[15] 戴焯. 传感与检测技术[M]. 武汉:武汉理工大学出版社,2004.

[16] 王昌明,孔德仁,何云峰,等. 传感器检测技术[M]. 北京:北京航空航天大学出版社, 2005.

[17] 贾民平,张洪亭,周剑英. 测试技术[M]. 北京:高等教育出版社,2006.

[18] 刘红丽,张菊秀. 传感与检测技术[M]. 北京:国防工业出版社,2007.

[19] 谢志萍. 传感器与检测技术[M]. 北京:电子工业出版社,2004.

[20] 孔德仁,朱蕴璞,狄长安. 工程测试技术[M]. 北京:科学出版社,2004.

[21] 廖伯瑜. 机械故障诊断基础[M]. 北京:冶金工业出版社,1995.

[22] 徐晓东,郑对元,肖武. LabVIEW8. 5 常用功能与编程实例精讲[M]. 北京:电子工业出版社, 2009.

[23] 侯国屏,王坤,叶齐鑫. LabVIEW7. 1 编程与虚拟仪器设计[M]. 北京:清华大学出版社,2005.

[24] 雷振山,赵晨光,魏丽,等. LabVIEW8. 2 基础教程[M]. 北京:中国铁道出版社,2008.

[25] 刘君华,贾惠芹,丁晖,等. 虚拟仪器图形化编程语言 LabVIEW 教程[M]. 西安:西安电子科技大学出版社,2001.

[26] 柏林,王见,秦树人. 虚拟仪器及其在机械测试中的应用[M]. 北京:科学出版社,2007.

[27] 龙华伟,顾永刚. LabVIEW8. 2. 1 与 DAQ 数据采集[M]. 北京:清华大学出版社,2008.

[28] 范云霄,刘桦. 测试技术与信号处理[M]. 北京:中国计量出版社,2002.

[29] 朱名铨. 机电工程智能测试技术与系统[M]. 北京:高等教育出版社,2002.

[30] 陈孝桢. 信号测试与参数估计根源[M]. 北京:科学出版社,2004.

[31] 韩建海,马伟,尚振东,等.机械工程测试技术[M].北京:清华大学出版社,2010.
[32] 杨将新,杨世锡,唐贵基,等.机械工程测试技术[M].北京:高等教育出版社,2008.
[33] 施文康,余晓芬. 检测技术[M].北京:机械工业出版社,2005.
[34] 周生国. 机械工程测试技术[M].北京:北京理工大学出版社,1993.
[35] 顾建新,祁国宁,谭建荣. 现代制造系统工程导论[M].杭州:浙江大学出版社,2007.
[36] 吴国庆,王格芳,郭阳宽.现代测控技术及应用[M].北京:电子工业出版社,2007.
[37] 祝海林. 机械工程测试技术[M].北京:机械工业出版社,2012.
[38] 陈花玲,徐光华,张小栋.机械工程测试技术[M].北京:机械工业出版社,2009.